U0174216

产品设计与开发系列丛书

# 面向装配的塑料零件设计

## （原书第 8 版）

[美] 保罗·A. 特雷（Paul A. Tres） 编著

陈敦 译

机械工业出版社

塑料制品的种类在过去的几十年里一直在以平均每年超过 5%的速度增长，这使得塑料成为目前世界上种类增长最快的物质材料之一。本书系统全面地介绍了塑料材料的基础知识，塑料零件的主要装配技术及相应的设计要点。本书基于"正确的方式"和"错误的方式"的案例对比方式，提供了相应的分步计算方法及计算实例，有助于相关技术人员及管理人员理解掌握。

　　本书可供从事塑料零件开发的设计人员、制造人员及管理人员参考使用，也可供高等院校相关专业师生参考。

Paul A. Tres, Designing Plastic Parts for Assembly, 8th Edition

ISBN 978-1-569-90668-2

© 2017 Carl Hanser Verlag, Munich

All rights reserved.

Simplified Chinese Translation Copyright © 2023 by China Machine Press. This edition is authorized for sale in the Chinese mainland (excluding Hong Kong SAR, Macao SAR and Taiwan).

No part of this book may be reproduced or transmitted in any form or by any means, electronic or mechanical, including photocopying, recording or by any information storage and retrieval system, without permission in writing, from the publisher.

　　本书中文简体字版由 Carl Hanser Verlag 授权机械工业出版社在中国大陆地区（不包括香港、澳门特别行政区及台湾地区）独家出版发行。未经出版者书面许可，不得以任何方式抄袭、复制或节录本书中的任何部分。

　　北京市版权局著作权合同登记　图字：01-2020-5838 号。

## 图书在版编目（CIP）数据

面向装配的塑料零件设计：原书第 8 版/（美）保罗·A. 特雷（Paul A. Tres）编著；陈敦译. —北京：机械工业出版社，2023.6（2024.1 重印）

（产品设计与开发系列丛书）

书名原文：Designing Plastic Parts for Assembly 8th Edition

ISBN 978-7-111-73035-4

Ⅰ.①面… Ⅱ.①保… ②陈… Ⅲ.①塑料-零部件-设计 Ⅳ.①TH13

中国国家版本馆 CIP 数据核字（2023）第 069800 号

机械工业出版社（北京市百万庄大街22号　邮政编码100037）
策划编辑：雷云辉　　　　　　　责任编辑：雷云辉
责任校对：樊钟英　贾立萍　　　封面设计：鞠　杨
责任印制：张　博
北京建宏印刷有限公司印刷
2024 年 1 月第 1 版第 2 次印刷
169mm×239mm · 21.75 印张 · 387 千字
标准书号：ISBN 978-7-111-73035-4
定价：139.00 元

电话服务　　　　　　　　　网络服务
客服电话：010-88361066　　机 工 官 网：www.cmpbook.com
　　　　　010-88379833　　机 工 官 博：weibo.com/cmp1952
　　　　　010-68326294　　金 书 网：www.golden-book.com
封底无防伪标均为盗版　　　机工教育服务网：www.cmpedu.com

面对塑料零件设计和装配设计中的问题或难点，应如何确认具体的设计参数和细节？常识告诉我们，设计者应该结合经验和计算提出并评估解决方案。遗憾的是，由于塑料零件的种类和应用繁多，即使是经验丰富的设计者，也无法做到完全熟悉。至于计算验证，更是长期被忽略。本书为这些问题提供了解决方案。

首先，本书介绍了设计者必备的塑料材料知识、安全系数、塑料材料的强度和非线性因素，并引出塑料零件设计基础知识。

接下来，本书对塑料零件的各种装配方案进行了十分全面详尽的介绍。书中给出了焊接、压入装配、活动铰链、卡扣装配、黏接、模内装配和紧固件7大类装配方式，每种大类又细分出多种子类别，例如，焊接又包含超声波焊接、振动焊接、激光焊接等11种子类别。书中针对以上每种装配方案提供了相应的设计参考或准则，且辅以真实案例加以说明。

另外，本书以"手把手"的方式展示了每种设计方案的计算验证过程。只要具备基本的高等数学知识，就可以利用本书的方法进行计算。例如，计算卡扣所需的装配力，评估卡扣在装配过程中的最大等效应力等。

本书内容全面，可以作为设计者的常备工具书，但建议读者先通读本书以获得对塑料零件设计和装配的全面了解，然后再针对实际问题翻看相应章节，查找对策。

由于译者水平有限，书中难免有翻译不当之处，敬请读者批评指正。可扫描封底二维码进群讨论技术问题、交流不同观点。

陈　敦

# 序

　　《面向装配的塑料零件设计》作为设计工程师的必备资料，在第 8 版中增加了"紧固件"这一十分有益的章节。保罗从对塑料的介绍开始，阐述了许多主题，包括从树脂的组成这类基础知识到各种塑料属性。这些内容是塑料相关行业从业人员所需的基础知识，保罗以简明、系统的方式将它们展现给大家。书中提供的塑料材料基础知识，可以为读者强大的设计能力打下坚实基础。令 DENSO（全球化的汽车零部件供应商）感兴趣的是，保罗在本书中介绍了安全系数的原理及其详细内容，而安全系数在当今汽车行业以及其他行业都是非常重要的；另外，本书还对塑料强度进行了介绍，这些介绍既可作为读者知识的有益补充，也可作为设计者的详细计算指南。

　　本书的主要内容是装配技术和相应塑料零件设计的注意事项。在本书中，读者可以方便地找到关于多种连接技术的清晰介绍和确保产品品质所需的设计要点；同时，通过阅读本书，设计工程师对生产工艺也能有一定的了解。本书的特别之处在于，保罗通过其特有的"正确的方式"和"错误的方式"案例对比，使得无论是新手工程师还是管理人员，都能容易地理解书中的案例。对于书中的绝大多数主题，保罗利用现实生活中的案例，将其要点阐述得十分清晰明了。本书通俗易懂，针对不同装配技术，提供了标准化的设计方法、逐步的计算指导和案例。

　　作为一家全球化的汽车零部件供应商，DENSO 利用了书中提到的许多方案，这些方案连同保罗的本地培训课程，已经成为必不可少的资源。除了本书，保罗的补充培训课程也帮助了非常多的 DENSO 工程人员。保罗在"汽车塑料零件设计"课程上倾注了大量心血，虽然该课程未能出书，但本书已经包含了该课程的精髓；最后，考虑到书中保罗的详细讲解和他对该领域专业知识的精通，本人向涉及塑料产品开发的人员强烈推荐本书。

道格拉斯·E. 巴顿

自动机工程师学会 2017 届主席

DENSO 国际美国公司执行副总裁、首席技术官

于密歇根，绍斯菲尔德

# 前　言

过去数十年，世界塑料产品的年均增长率超过了 5%，这使塑料成为迄今为止全球增长最快的材料种类。这种增长与塑料的多功能性有关。除此之外，设计和装配也许是促进这一增长的重要因素之一。在新产品设计过程中，对可装配性的优化已成为基本的设计原则。该书就是该原则的集大成之作，保罗在书中精确地阐述了与该原则相关的所有技术要点。

对于新产品的工程师、开发者和设计师来说，该书是必读的。该书内容详尽，提供了大量案例，并辅以简洁有效的图例以便于清晰理解。由于这个特点，该书可以作为大学塑料工程相关课程和产品开发项目课程的有益材料。

在塑料工程师协会，我们必须对设备制造商及其产品开发人员进行培训，让他们知道在设计过程中如何充分利用塑料零件所拥有的巨大潜力及其带来的各种可能性，这里包括塑料零件之间的连接设计以及塑料零件与其他材料零件的连接设计。

我确信该书能为读者了解塑料行业提供新的途径和机会。该书构思巧妙，内容翔实，可作为有经验的塑料工程师以及产品开发人员（即便他们只有极为有限的关于塑料属性和性能的知识）极其有益的指导资料。

维姆·德·沃斯
塑料工程师协会首席执行官
于比利时，东弗兰德，隆兹

# 目　录

译者序

序

前言

第1章　了解塑料材料 ……………………………………………………… 1

1.1　基本树脂 ……………………………………………………… 1

1.1.1　热塑性塑料 ……………………………………… 1

1.1.2　热固性塑料 ……………………………………… 2

1.2　基本结构 ……………………………………………………… 2

1.2.1　晶体 ……………………………………………… 2

1.2.2　无定形体 ………………………………………… 3

1.2.3　液晶聚合物 ……………………………………… 3

1.2.4　新型聚合物技术 ………………………………… 4

1.3　均聚物和共聚物 ……………………………………………… 6

1.4　增强体 ………………………………………………………… 6

1.5　填充剂 ………………………………………………………… 7

1.6　添加剂 ………………………………………………………… 11

1.7　物理性质 ……………………………………………………… 11

1.7.1　密度和比重 ……………………………………… 12

1.7.2　弹性 ……………………………………………… 13

1.7.3　塑性 ……………………………………………… 15

1.7.4　延展性 …………………………………………… 16

　　　　1.7.5　韧性 ……………………………………………… 16
　　　　1.7.6　脆性 ……………………………………………… 17
　　　　1.7.7　缺口敏感性 ………………………………………… 17
　　　　1.7.8　各向同性 …………………………………………… 20
　　　　1.7.9　各向异性 …………………………………………… 20
　　　　1.7.10　吸水性 …………………………………………… 20
　　　　1.7.11　成型收缩 ………………………………………… 21
　　1.8　力学性能 ……………………………………………………… 22
　　　　1.8.1　正应力 ……………………………………………… 22
　　　　1.8.2　正应变 ……………………………………………… 22
　　　　1.8.3　应力-应变曲线 …………………………………… 23
　　1.9　蠕变 …………………………………………………………… 24
　　　　1.9.1　介绍 ………………………………………………… 24
　　　　1.9.2　蠕变试验 …………………………………………… 24
　　　　1.9.3　蠕变曲线 …………………………………………… 25
　　　　1.9.4　应力松弛 …………………………………………… 26
　　1.10　冲击性能 …………………………………………………… 27
　　1.11　热性能 ……………………………………………………… 28
　　　　1.11.1　熔点 ……………………………………………… 28
　　　　1.11.2　玻璃化转变温度 ………………………………… 28
　　　　1.11.3　热变形温度 ……………………………………… 28
　　　　1.11.4　热膨胀系数 ……………………………………… 29
　　　　1.11.5　热导率 …………………………………………… 31
　　　　1.11.6　温度对力学性能的影响 ………………………… 31
　　　　1.11.7　案例：行星齿轮的寿命和耐久性 ……………… 32

第2章　了解安全系数 ……………………………………………… 37
　　2.1　什么是安全系数 …………………………………………… 37
　　2.2　使用安全系数 ……………………………………………… 37

第3章　塑料材料的强度 …………………………………………… 40
　　3.1　拉伸强度 …………………………………………………… 40
　　3.2　压应力 ……………………………………………………… 42
　　3.3　剪切应力 …………………………………………………… 43

3.4　扭转应力 ·············································· 43

3.5　伸长 ·················································· 44

3.6　真应力-应变曲线和工程应力-应变曲线 ·············· 45

3.7　泊松比 ················································ 46

3.8　模量 ·················································· 48

3.9　应力关系 ·············································· 51

3.10　塑料零件设计基础知识 ······························ 53

3.11　总结 ················································· 62

第 4 章　非线性因素 ········································· **63**

4.1　材料因素 ·············································· 63

4.2　几何因素 ·············································· 64

4.3　有限元分析 ············································ 65

4.4　总结 ·················································· 66

第 5 章　塑料焊接技术 ······································· **67**

5.1　超声波焊接 ············································ 67

5.1.1　超声波设备 ······································ 67

5.1.2　焊头设计 ········································ 69

5.1.3　超声波焊接技术 ·································· 71

5.1.4　控制方法 ········································ 73

5.2　超声波热熔 ············································ 88

5.2.1　标准热熔结构的设计 ······························ 89

5.2.2　沉头式热熔结构的设计 ···························· 90

5.2.3　球形热熔结构的设计 ······························ 91

5.2.4　中空柱形热熔结构的设计 ·························· 91

5.2.5　滚花形热熔结构的设计 ···························· 92

5.3　超声波点焊 ············································ 93

5.4　超声波卷边 ············································ 94

5.5　超声波柱焊 ············································ 94

5.6　旋转焊接 ·············································· 95

5.6.1　过程 ············································ 95

5.6.2　设备 ············································ 97

5.6.3　焊接参数 ········································ 98

5.6.4 焊接接头设计 ………………………………………… 100
5.7 热板焊接 ……………………………………………………… 103
　5.7.1 过程 ……………………………………………………… 104
　5.7.2 接头设计 ………………………………………………… 105
5.8 振动焊接 ……………………………………………………… 108
　5.8.1 过程 ……………………………………………………… 110
　5.8.2 设备 ……………………………………………………… 112
　5.8.3 连接设计 ………………………………………………… 112
　5.8.4 振动焊接中的常见问题 ……………………………… 116
5.9 电磁焊接 ……………………………………………………… 117
　5.9.1 设备 ……………………………………………………… 118
　5.9.2 过程 ……………………………………………………… 118
　5.9.3 接头设计 ………………………………………………… 118
5.10 射频焊接 …………………………………………………… 121
　5.10.1 设备 …………………………………………………… 121
　5.10.2 过程 …………………………………………………… 121
5.11 激光焊接 …………………………………………………… 123
　5.11.1 设备 …………………………………………………… 123
　5.11.2 过程 …………………………………………………… 125
　5.11.3 非接触焊接 …………………………………………… 125
　5.11.4 透射焊接 ……………………………………………… 126
　5.11.5 中间膜和 ClearWeld™ 焊接 ………………………… 131
　5.11.6 聚合物 ………………………………………………… 132
　5.11.7 应用 …………………………………………………… 132
5.12 总结 ………………………………………………………… 135

第6章 压入装配 ………………………………………………… 137
6.1 介绍 …………………………………………………………… 137
6.2 符号和定义 …………………………………………………… 137
6.3 几何定义 ……………………………………………………… 138
6.4 安全系数 ……………………………………………………… 138
6.5 蠕变 …………………………………………………………… 139
6.6 载荷 …………………………………………………………… 139
6.7 压入装配理论 ………………………………………………… 140

6.8　设计准则 ………………………………………………… 141

6.9　案例：塑料轴和塑料滑轮 ……………………………… 142

　　6.9.1　不同聚合物制成的轴和滑轮 ……………………… 142

　　6.9.2　安全系数的选择 …………………………………… 142

　　6.9.3　材料性质 …………………………………………… 143

6.10　解决方案：塑料轴和塑料滑轮 ……………………… 154

　　6.10.1　工况 A …………………………………………… 154

　　6.10.2　工况 B …………………………………………… 155

　　6.10.3　工况 C …………………………………………… 156

　　6.10.4　工况 D …………………………………………… 157

6.11　案例：金属球轴承和塑料凹槽 ……………………… 158

　　6.11.1　可熔型芯注射成型 ……………………………… 158

　　6.11.2　上进气歧管信息 ………………………………… 160

　　6.11.3　设计思路 ………………………………………… 163

　　6.11.4　材料性质 ………………………………………… 164

　　6.11.5　解决方案 ………………………………………… 170

6.12　成功的压入配合 ……………………………………… 173

6.13　总结 …………………………………………………… 176

第 7 章　活动铰链 ……………………………………………… 178

7.1　介绍 …………………………………………………… 178

7.2　聚丙烯和聚乙烯铰链的典型设计 …………………… 178

7.3　活动铰链的常见错误设计 …………………………… 180

7.4　用于工程塑料的基本设计 …………………………… 180

7.5　活动铰链设计分析 …………………………………… 181

　　7.5.1　弯曲引起的弹性应变 ……………………………… 181

　　7.5.2　弯曲引起的塑性应变 ……………………………… 183

　　7.5.3　弯曲和拉伸叠加所引起的塑性应变 …………… 184

7.6　计算机流程图 ………………………………………… 191

7.7　计算机流程图用到的公式 …………………………… 193

7.8　案例 …………………………………………………… 195

　　7.8.1　连接器 ……………………………………………… 195

　　7.8.2　材料对比 …………………………………………… 198

　　7.8.3　点火线缆支架 …………………………………… 200

7.9　铰链异常问题的处理 ···························· 202

7.10　压制铰链 ································· 203

7.11　油罐铰链设计 ····························· 206

7.12　总结 ··································· 207

7.13　练习 ··································· 207

第 8 章　卡扣装配 ·································· 212

8.1　介绍 ···································· 212

8.2　材料选择 ································· 215

8.3　卡扣设计需要注意的点 ························· 216

8.4　卡扣设计理论 ····························· 217

8.4.1　符号和定义 ··························· 217

8.4.2　几何条件 ···························· 219

8.4.3　应力-应变曲线和方程 ····················· 219

8.4.4　瞬时惯性矩 ··························· 221

8.4.5　转角 ······························ 221

8.4.6　转角积分方程的解 ······················· 221

8.4.7　挠度方程 ···························· 223

8.4.8　挠度积分方程的解 ······················· 223

8.4.9　最大挠度 ···························· 224

8.4.10　自锁角 ···························· 226

8.5　案例：单向连续悬臂的矩形截面卡扣 ··················· 226

8.6　环形卡扣 ································· 230

8.6.1　案例：圆环卡扣，刚性公扣和柔性母扣 ·············· 231

8.6.2　符号和定义 ··························· 232

8.6.3　几何定义 ···························· 232

8.6.4　材料选择及其性质 ······················· 233

8.6.5　基本方程 ···························· 233

8.6.6　装配角度 ···························· 234

8.6.7　案例：电子手表 ························· 235

8.7　扭转卡扣 ································· 239

8.7.1　符号和定义 ··························· 240

8.7.2　基本方程 ···························· 241

8.7.3　材料性质 ···························· 241

　　　　8.7.4　求解 ……………………………………… 242

　　8.8　案例：吹塑成型塑料瓶装配体 …………………… 243

　　8.9　模具 …………………………………………… 244

　　8.10　案例：致命卡扣 ……………………………… 245

　　8.11　装配过程 ……………………………………… 249

　　8.12　卡扣的常见问题 ……………………………… 251

　　8.13　可维护性 ……………………………………… 251

　　8.14　练习 …………………………………………… 252

　　8.15　总结 …………………………………………… 256

第9章　黏接 ………………………………………………… 257

　　9.1　失效理论 ……………………………………… 257

　　9.2　表面能 ………………………………………… 258

　　9.3　表面处理 ……………………………………… 260

　　9.4　黏合剂的种类 ………………………………… 262

　　9.5　黏合剂的优点和缺点 ………………………… 264

　　9.6　黏接处的应力开裂 …………………………… 264

　　9.7　黏接结构设计 ………………………………… 265

　　9.8　总结 …………………………………………… 268

第10章　模内装配 ………………………………………… 269

　　10.1　包胶成型 ……………………………………… 269

　　10.2　模内装配 ……………………………………… 270

　　10.3　铰链设计 ……………………………………… 272

　　10.4　模具设计 ……………………………………… 274

　　10.5　案例：IMA 在汽车行业的应用 ……………… 279

　　10.6　总结 …………………………………………… 281

第11章　紧固件 …………………………………………… 282

　　11.1　螺纹成形 ……………………………………… 283

　　11.2　案例：汽车底盘挡泥板 ……………………… 290

　　11.3　螺纹切削 ……………………………………… 295

　　11.4　总结 …………………………………………… 296

附录 ………………………………………………………… 297

　　附录 A　强制位移 ………………………………… 297

附录 B　点力 ………………………………………… 305

附录 C　成型工艺数据记录 ………………………… 316

附录 D　修模和检查记录 …………………………… 317

附录 E　和塑料零件设计相关的网站 ……………… 318

参考文献 ……………………………………………… 324

## 第 1 章

了解塑料材料

## 1.1 基本树脂

树脂聚合物分为两大类：热塑性树脂和热固性树脂。

热塑性树脂由单独的分子链组成，这些分子链具有线性结构，而且分子链之间没有形成化学键。

热固性树脂的分子链通过化学键互相连接，这种连接称为交联，并由此形成网状结构。

### 1.1.1 热塑性塑料

热塑性塑料的一个主要特性是，它们能被反复地加热软化或冷却硬化。热塑性塑料的分子通过分子间作用力（范德瓦耳斯力）结合在一起。在成型过程中，当对热塑性塑料加热和施加压力时，分子间的连接被破坏，分子链之间产生相对运动。在成型循环的保压阶段，分子链在其新位置冷却。在新形状中，分子链之间的键合重新形成。

因其具有重新成键能力，热塑性塑料非常适合用于可回收零件（见图 1-1）。

受热时，微观上看，分子链之间相互滑动，从而造成宏观上的塑料熔体流动。冷却后，分子链之间再次形成牢固键合。实际应用中，回收次

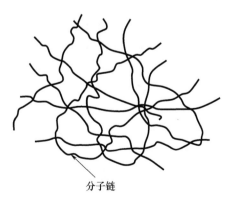

分子链

图 1-1 热塑性塑料：分子链

数是有限的，具体次数取决于该热塑性塑料本身的性质。

热塑性塑料包括聚碳酸酯、聚酰胺、缩醛、丙烯酸酯、热塑性弹性体（TPEs）和聚乙烯等。

### 1.1.2 热固性塑料

在成型过程中，热固性塑料将产生化学变化。

在成型过程中，热固性塑料分子链受热并弯曲，分子链之间产生交联（见图 1-2），这个过程也被称为聚合反应。当再次加热时，这些交联阻碍了分子链的滑动。如果在交联完成后施加过多热量，则会导致热固性塑料被降解破坏。因此，加热和加压并不能让热固性塑料重新熔化，这也意味着热固性塑料不能被回收。

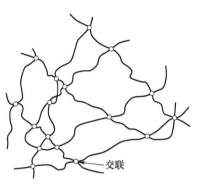

图 1-2 热固性塑料：交联

## 1.2 基本结构

### 1.2.1 晶体

结晶聚合物由规律且紧密排列的分子链组成（见图 1-3）。在显微镜下，可以看到分子链具有类似鞋带的形状。高度规律化排列的区域显示出晶体特性。

需要强调的是，完全结晶在聚合物成型过程中很少存在，总会有一些无定形区域存在于零件中。成型过程中，零件表面先冷却，因而零件表面最有可能缺乏结晶特性。即使在理想成型工艺条件下，很多

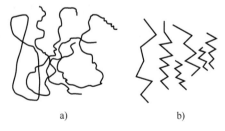

a)                    b)

图 1-3 结晶聚合物的分子链
a) 熔体  b) 固体

结晶聚合物仅仅能达到 35%～40% 的结晶度。也就是说，从整个零件来讲，只有一部分（略多于 1/3）具有规律性的晶体结构。

典型的结晶聚合物包括缩醛、聚酰胺（尼龙）、聚乙烯（PE）、聚丙烯（PP）、聚酯（PET、PBT）和聚苯硫醚（PPS）。

## 1.2.2　无定形体

无定形聚合物具有无序或随机的分子排列（见图 1-4）。典型的非结晶或无定形结构赋予聚合物更高的伸长率和柔韧性。相比结晶结构，无定形结构也拥有更高的碰撞强度。

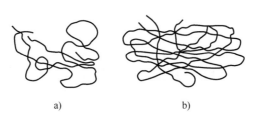

a)　　　　　　　　　　　b)

图 1-4　无定形聚合物分子链
a）熔体　b）固体

无定形聚合物包括丙烯腈-丁二烯-苯乙烯共聚物（ABS）、苯乙烯-丙烯腈共聚物（SAN）、聚氯乙烯（PVC）、聚碳酸酯（PC）和聚苯乙烯（PS）。表 1-1 给出了无定形聚合物和半结晶聚合物的一些不同性质。

表 1-1　无定形和半结晶聚合物的典型性质比较

| 性质 | 无定形聚合物 | 半结晶聚合物 |
| --- | --- | --- |
| 耐化学性 | 差 | 非常好 |
| 抗蠕变性能 | 非常好 | 好 |
| 屈服伸长率 | 平均 0.4%~0.8% | 平均 0.5%~0.8% |
| 疲劳强度 | 差 | 非常好 |
| 力学性能 | 好 | 非常好 |
| 软化温度 | 软化范围 | 定义点 |
| 缺口敏感性 | 差 | 好 |
| 工作温度 | 好 | 非常好 |
| 收缩率 | 非常好 | 差 |

## 1.2.3　液晶聚合物

液晶聚合物（Liquid Crystal Polymers，LCP）通常被认为是一种独立和特殊的聚合物种类。其分子链类似杆状且坚硬，无论是熔融状态还是固态，这些分子链都成互相平行排列的结构（见图 1-5）。这种平行排列的分子链使得 LCP 拥有结晶材料和无定形材料的双重特性。

图 1-5　液晶聚合物的分子链
a) 熔体　b) 固体

### 1.2.4　新型聚合物技术

**1. 固有可导聚合物**

从出现以来，聚合物就被认为是电和热的绝缘体。过去数十年，一些生产商尝试通过金属填料或增强体使得聚合物具有可导性。但这些提高聚合物可导性的尝试并未取得明显效果。

固有可导聚合物（Inherently Conductive Polymers，ICP）的出现改变了这一情况。由于对 ICP 研究的开创性贡献，艾伦·黑格、艾伦·麦克迪尔米德和白川英树被授予 2000 年诺贝尔化学奖。

上述几位科学家以及许多其他研究者发现，通过向聚合物添加原子或从聚合物中去除原子，塑料可以获得导电或导热能力。这个过程（即掺杂）通常通过去除或添加传导电子，使得聚合物带正电荷或负电荷。掺杂剂是一类化学物质，它们能提供额外的自由电子来传导电荷，或者，通过夺取分子的电子使其形成空穴，空穴能通过吸收电子来传导电荷。由于聚合物仅拥有少量电子，这些电子可以更加自由地移动，从而实现传导。

最有前途的 ICP 材料是聚乙炔、聚苯胺（PAni）和聚吡咯（PPY）。它们能作为添加剂加入现有聚合物，从而使其可导，例如丙烯酸酯（即聚甲基丙烯酸甲酯或 PMMA）、聚氯乙烯（PVC）、聚丙烯（PP）和其他材料。

**2. 电光聚合物**

电光聚合物（Electro-optic Polymers，EOP）不同于其他树脂材料，但它的部分性质与 ICP 材料相同。如果对其施加电场，EOP 材料将呈现光学特性：辉光。构成聚合物的大分子造成了该现象。如果施加电压，分子中的电子将跃迁到更高能级，随后电子回到原有能级，并伴随有发光现象，这一现象也被称为电致发光。来自英格兰剑桥大学的理查德·弗兰德和杰里米·巴勒斯研发了第一款电致发光聚合物聚亚苯基亚乙烯（PPV）。他们将一个树脂薄层置于两个电极（其中一个是透明电极）之间，从而使得该薄层发出辉光。

不同的聚合物会发出不同颜色的光。例如，PPV 发出绿光，聚噻吩（PT）发出红光，聚芴（PF）发出蓝光。当施加电场（通常是 3~5V 的低压）时，聚合物的苯电子被激发。随后苯电子回到原有能级并伴随着发光。光线的颜色取决于树脂种类，这种光线通常鲜艳而柔和。

发光显示体（Light-emitting Display，LED）的制造过程可以简单概括为，先在载体金属箔、玻璃或塑料上沉积一层透明导电层作为电极；然后在其上形成一层厚度小于 1μm 的发光聚合物（Light-emitting Polymer，LEP）；最后，在 LEP 顶部沉积另一层电极，从而实现其显示功能（见图 1-6）。

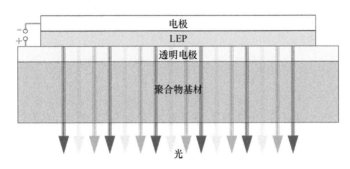

图 1-6 LED 截面图（其中包含了一层薄的 LEP）

值得注意的是，如果利用密封技术阻止空气和水蒸气进入 LEP 与电极之间的间隙，则显示的稳定性和性能会得到极大提高。某些 LED 的连续工作寿命已经超过了 50000h。

**3. 生物聚合物**

聚乳酸（PLA）是一种生物聚合物，它由非常长的乳酸分子链组成。将糖发酵并聚合可以得到乳酸，这里的糖分可提取自淀粉农作物，如玉米和土豆。

PLA 的力学性能，如拉伸强度和弹性模量，与聚对苯二甲酸乙二醇酯（PET）相近，但其外观，如透明度和光泽度，则与聚苯乙烯（PS）相近。PLA、PET 和 PS 的物理及力学性能比较见表 1-2。

表 1-2 PLA、PET 和 PS 的物理及力学性能比较

| 性质 | ASTM 测试标准 | PLA | PET | PS |
|---|---|---|---|---|
| 比重 | D792 | 1.21 | 1.37 | 1.05 |
| 熔体指数/(g/min)，90℃ | D1238 | 10~30 | 1~10 | 1~25 |
| 透明度 | 15 | 透明 | 不透明 | 透明 |
| 拉伸屈服强度/(lbf/in$^2$) | D638 | 7000 | 9000 | 6000 |
| 拉伸应变（%） | D638 | 2.5 | 3 | 1.5 |

（续）

| 性质 | ASTM 测试标准 | PLA | PET | PS |
|---|---|---|---|---|
| 悬臂梁式缺口冲击强度/(ft·lbf/in) | D790 | 0.3 | 0.7 | 0.01 |
| 弯曲强度/(lbf/in$^2$) | D790 | 12000 | 16000 | 11500 |
| 弯曲模量/(lbf/in$^2$) | D790 | 555000 | 500000 | 430000 |

注：1lbf/in$^2$ = 6894.76Pa，1ft·lbf/in = 53.38J/m。

## 1.3 均聚物和共聚物

均聚物在整个分子链上只有一种重复单元。分子链中，单体之间的连接种类均相同（见图 1-7）。

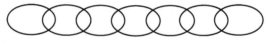

图 1-7 均聚物分子链

在共聚物分子链中，单体之间的连接种类多于一种，并且这些连接随机分布在分子链中（见图 1-8）。由于重复单元不同，共聚物和均聚物的性质有所区别。如果基本单元改变，则该单元对应区域的物理和力学性能将发生变化。

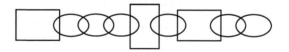

图 1-8 共聚物分子链

## 1.4 增强体

增强纤维能极大地提高热塑性和热固性塑料的大多数力学和热性能。玻璃纤维、碳纤维和聚芳酰胺纤维是用于塑料材料的典型增强体。

玻璃纤维增强体由熔融玻璃拉拔而成，其外形为细长丝状。通常用聚合物薄膜将多股玻璃纤维包裹起来，从而形成一条多股玻璃纤维束。典型的纤维直径为 0.002~0.02mm。多股玻璃纤维束可作为中间产物或作为增强体直接加到树脂中。

玻璃纤维的拉伸强度为 3000~5000MPa，弹性模量为 70000~90000MPa，极限应变为 4%~5%。

增强体有几种不同外形，例如连续较长的线状、编织网状、粗纺线状或切碎的较短纤维。连续的长纤维一般用于片状模塑料成型（Sheet Molding Compounding，SMC）。切碎的较短纤维用于多种成型工艺的聚合物，例如注射成型和模压成型。这里的纤维长度通常在 3~12mm 或更长。

碳纤维的拉伸强度范围为 340~5500MPa，弹性模量范围为 35000~700000MPa。聚芳酰胺纤维的拉伸强度范围为 3500~5000MPa，弹性模量范围为 80000~175000MPa。

## 1.5　填充剂

填充剂能影响材料的物理性质，但不能大幅提升其力学性能。可作为填充剂的材料包括滑石粉、硅灰石、云母、玻璃球、二氧化硅和碳酸钙。

云母有两种基本类型：金云母和白云母。它们的颗粒尺寸在 40~325 目之间。

玻璃球可以是实心的或中空的。它们的尺寸在 0.005~5mm 之间。两种类型的玻璃球都可以覆盖一层特殊的涂料，该涂料可以提升填充剂和基材之间的结合力。

纳米复合是一种新的技术。与聚合物基材结合的黏土添加剂颗粒或纳米填充剂颗粒尺寸非常小，仅仅约为一毫米的百万分之一（一英寸的两千五百万分之一）。作为对比，传统的热塑性塑料，比如聚烯烃，其填充剂尺寸通常大 1000 倍或更多。添加 2.5%纳米黏土填充剂的聚烯烃零件，与添加 10 倍量滑石粉的零件相比，具有相同的刚度，但却轻得多。重量的降低幅度可达 20%，具体数值取决于零件以及被纳米复合聚合物所替换的原有材料。

玻璃泡是空心球状的颗粒，典型尺寸在 10~200μm 之间，它能用于降低热塑性聚合物零件的重量。它们有许多名称，包括玻璃微球和空心玻璃微球。从每磅的价格来看，玻璃球比诸如滑石粉和碳酸钙等传统填充剂贵很多。但是大多数玻璃泡以体积计算价格，而且玻璃泡仅占全部材料体积的 3%~5%，这些因素减轻了其对最终价格的影响。大多数用于热塑性塑料的玻璃泡由高温熔融工艺制成，其原材料是硼硅酸盐玻璃。图 1-9 和图 1-10 所示是玻璃泡的扫描电子显微镜的显微照片。

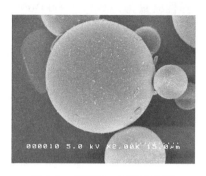

图 1-9　玻璃泡，型号 S60HS
（图片来源：3M 公司）

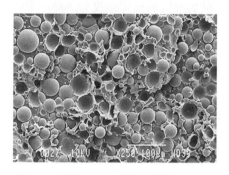

图 1-10　添加 40%（体积分数）S60HS
玻璃泡的聚丙烯（图片来源：3M 公司）

玻璃微球的密度变化范围较广，从 $0.1 \sim 1.0 g/cm^3$。玻璃微球密度越大，其抗压强度越高，这是因为密度越大，玻璃微球壁厚越厚。当终端用户为某一特定应用选择玻璃微球时，在玻璃微球强度可以满足生产工艺条件的前提下，他们倾向于选择密度最低的玻璃微球，因此，强度-密度关系是非常重要的影响因素。

1. 玻璃微球性能

玻璃微球最常见的用途是作为热塑性塑料的减重填充剂。除了能减轻重量，玻璃微球还具有与其他传统填充剂相似的作用，如减轻成型收缩和翘曲，减小线膨胀系数。玻璃微球的其他特性和优点包括低热导率和降低成型时长，因为含有玻璃微球的材料所需的加热和冷却时间更短。

玻璃微球的缺点是其价格贵于传统填充剂。相对实心填充剂，较低的密度能部分补偿成本的增加。后续章节会对该问题进行详细的讨论。

2. 配料

为了承受配料和注射成型时的静水压力和剪力，用于挤出成型和注射成型的玻璃微球的强度应分别大于 $3500lbf/in^2$ 和 $10000lbf/in^2$。实际使用中，对玻璃微球的具体性能要求取决于材料配方和成型工艺条件。更高的填充比例要求更高的玻璃微球强度、更高的螺杆速度、更高的挤出机压力和强力的挤出机混合器。

为使玻璃微球的损坏最小化，有必要使用双螺杆挤出机或巴斯往复式单螺杆挤出机，同时还需要配备后置进料口用于添加玻璃微球。对于位于进料口之后的螺杆部分，应优化螺杆螺纹，使其产生的剪切应力最小。应优先使用分布式混合器，例如齿轮式混合器，但不推荐强力的弥散式混合器，例如反向螺纹式混合器和捏合块式混合器。也不推荐单螺杆挤出机，因为它们通常没有后置的进料口，而且包含了可能造成过大剪切应力的挡板或狭窄的缝隙。可以以短切玻璃纤维混合系统为参照，并在其基础上加以改进，从而设计出适合玻璃微球的低剪切应力挤出系统。

尽管玻璃微球与体积喂料器兼容，但更推荐与双轴失重式喂料器配合使用。相比简单的开口料斗，螺杆驱动的后置喂料器能提供更稳定的喂料性能。玻璃微球会因为漏气而被液化（经常发生在初次填充料斗时），这将导致料斗被这些液体填满。如果料斗未加满玻璃微球，应盖住喂料器出口以防止玻璃微球液化。

即使添加了玻璃微球，原有基材的造粒方式也是适用的。对于较高玻璃微球填充量的聚合物，建议使用水下拉条造粒机或水滑道造粒机。

### 3. 注射成型

多功能三段式螺杆（进料、压缩和计量）可以用于玻璃微球相关工艺。如前文所说，不建议使用弥散式混合螺杆，如屏障型、通气型和双螺纹型。推荐使用分布式混合螺杆。

应选用较大尺寸的喷嘴或浇口套。另外，尽量避免使用内部流道形状为锥形或流道直径有变化的浇口套，因为这些形状会对玻璃微球产生额外的应力。为了优化模具填充，浇口应全部使用圆形流道，同时浇口套应保持最短。

### 4. 注射成型热塑性塑料的力学性能

尽管由于 1∶1 的高宽比，空心微球强度已足够，但仍然需要仔细控制材料配方以使空心微球对力学性能的影响最小。在 1995 年，卓细公司成为 MuCell® 技术（见图 1-11）的唯一拥有者，该技术由麻省理工学院研发。该技术使用氮气（有时使用二氧化碳）作为发泡剂。图 1-12 所示是一款发动机盖，它由热塑性增强塑料聚酰胺 6,6 制成，材料填充了 18% 的玻璃纤维和 8% 的玻璃微球。该产品使用了 MuCell® 微孔发泡注射成型工艺，该工艺利用超临界态的气体来成型发泡零件。

在气体注入注塑机料筒之前，聚合物先熔化，然后在螺杆旋转的同时，气体被注入聚合物，氮气或二氧化碳溶解进熔融聚合物。气体完全溶解之后，为了维持对气体的压力，需要控制螺杆位置和关闭喷嘴，如果使用热流道，则需使用针阀式浇口。下一步是成核，在注射成型过程中，树脂内部出现大量成核点。为了生成大量均匀的成核点，需要大幅度且迅速地降低压力。然后，在工艺条件的控制（包括对模具压力和模具温度的精密控制）下，微泡开始生长。

该工艺可使产品的关键质量指标提升 50%～75%，例如平面度、圆度和翘曲，同时可完全消除缩痕。在实体零件（非发泡零件）注射成型时，不均匀的

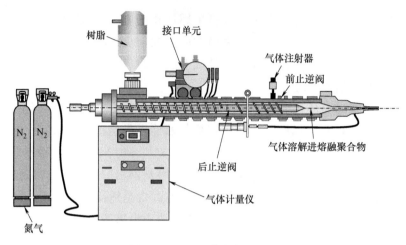

图 1-11　MuCell®技术原理图

图 1-12　发动机盖（用于 3.5L 六缸发动机，原材料为热塑性增强塑料聚酰胺 6,6，
填充了 18%的玻璃纤维和 8%的玻璃微球）（图片来源：ETS 公司）

应力和收缩会引起变形和缩痕。而发泡成型工艺不需要保压，因此零件的内应力和收缩更加均匀，从而使得零件能更好地符合尺寸要求。以 3.5L 六缸发动机盖为例，表 1-3 给出了 MuCell®技术对于减重的贡献。

表 1-3　减重数据对比，基材为聚酰胺 6,6，第一列材料添加了 20%的玻璃纤维，
第二列材料同时添加了玻璃微球和玻璃纤维（数据来源：3M 公司）

| 聚合物 | 添加了 20%玻璃纤维的聚酰胺 6,6 | 同时添加了 18%玻璃纤维和 8%玻璃微球的聚酰胺 6,6 | 变化率（%） |
|---|---|---|---|
| 成型工艺 | 典型注射成型 | MuCell®注射成型 | |
| 弯曲模量/MPa | 4233 | 3712 | −12 |

（续）

| 聚合物 | 添加了 20%玻璃纤维的聚酰胺 6,6 | 同时添加了 18%玻璃纤维和8%玻璃微球的聚酰胺 6,6 | 变化率（%） |
|---|---|---|---|
| 弯曲强度/MPa | 158 | 128.5 | −18 |
| 拉伸强度/MPa | 88 | 66.2 | −25 |
| 伸长率（%） | 4.9 | 5.7 | +16 |
| 悬臂梁式缺口冲击强度/（J/m²） | 3962 | 3046 | −23 |
| 密度/（g/cm³） | 1.27 | 1.029 | — |
| 减重 | | | +19 |

玻璃微球可以在降低零件重量的同时提高尺寸稳定性。

## 1.6　添加剂

添加剂用于提高塑料材料的某一特定性能，例如阻燃剂、热稳定剂和 UV 稳定剂。不同添加剂对聚合物性能的影响见表 1-4。

表 1-4　不同添加剂对聚合物性能的影响

| 添加剂种类 | 最大含量（%） | 模量 | 冲击 | 应变 | 尺寸稳定性 | 阻燃性 |
|---|---|---|---|---|---|---|
| 聚芳酰胺纤维 | 20 | 提高 | 降低 | 降低 | 降低 | 提高 |
| 抗静电剂 | 5 | 降低 | 大幅降低 | 大幅降低 | 没有影响 | 没有影响 |
| 弹性体 | 15 | 降低 | 极大提高 | 大幅提高 | 降低 | 降低 |
| 玻璃纤维 | 60 | 极大提高 | 降低 | 大幅降低 | 降低 | 提高 |
| 无机阻燃剂 | 40 | 降低 | 极大降低 | 大幅降低 | 提高 | 极大提高 |
| 矿物 | 40 | 提高 | 降低 | 降低 | 大幅提高 | 提高 |
| 有机阻燃剂 | 20 | 降低 | 大幅降低 | 大幅降低 | 提高 | 极大提高 |
| UV 稳定剂 | 1 | 降低 | 降低 | 降低 | 没有影响 | 没有影响 |

## 1.7　物理性质

接下来介绍一些重要的物理性质：密度、比重、弹性、塑性、延展性、韧性、脆性、缺口敏感性、各向同性、各向异性、吸水性和成型收缩性。

## 1.7.1　密度和比重

密度表示每单位体积的质量，单位是克每立方厘米或磅每立方英寸。表 1-5 给出了多种聚合物的密度。

表 1-5　聚合物的密度

| 材料 | 密度/（g/cm³） | 密度/（lb/in³） |
| --- | --- | --- |
| 丙烯腈-丁二烯-苯乙烯（ABS） | 1.05 | 0.0382 |
| 丙烯腈-丁二烯-苯乙烯（ABS）GR | 1.2 | 0.0433 |
| 缩醛 | 1.4 | 0.051 |
| 缩醛 GR | 1.6 | 0.0582 |
| 丙烯酸酯 | 1.2 | 0.0433 |
| 浇注环氧树脂 | 1.8 | 0.0655 |
| 酚醛树脂 | 1.85 | 0.0673 |
| 聚酰胺（PA） | 1.15 | 0.0415 |
| 聚酰胺（PA）GR | 1.35 | 0.0487 |
| 聚酰胺酰亚胺 | 1.55 | 0.0564 |
| 聚碳酸酯（PC） | 1.2 | 0.0433 |
| 聚碳酸酯（PC）GR | 1.45 | 0.0523 |
| 聚酯（PET、PBT） | 1.14 | 0.0415 |
| 聚酯（PET、PBT）GR | 1.63 | 0.0588 |
| 聚乙烯（PE） | 0.9 | 0.0325 |
| 聚苯醚（PPO） | 1.08 | 0.0393 |
| 聚苯硫醚（PPS） | 1.55 | 0.0564 |
| 聚丙烯（PP） | 0.9 | 0.0325 |
| 聚丙烯（PP）GR | 1.1 | 0.0397 |
| 聚砜（PSU） | 1.25 | 0.0451 |
| 聚苯乙烯（PS） | 1.05 | 0.0382 |

（续）

| 材料 | 密度/(g/cm³) | 密度/(lb/in³) |
|---|---|---|
| 聚氯乙烯（PVC），刚性 | 1.35 | 0.0491 |
| 聚氯乙烯（PVC），柔性 | 1.25 | 0.0451 |
| 丙烯腈-苯乙烯（SAN） | 1.07 | 0.0389 |
| 丙烯腈-苯乙烯（SAN）GR | 1.28 | 0.0466 |

比重是材料的密度与水的密度的比值，是个相对值，无单位。

密度和比重可用于计算零件重量和成本（见图 1-13）。

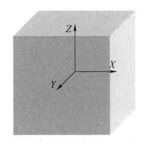

图 1-13　用于计算密度和比重的单位体积

## 1.7.2　弹性

弹性是材料在变形后部分或完全恢复其原始尺寸和外形的能力（见图 1-14）。能完全恢复的材料称为完全弹性材料，仅能部分恢复的材料称为部分弹性材料。

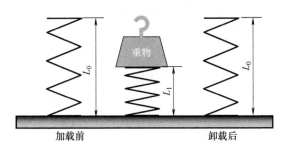

图 1-14　弹性

在线性分析中，热塑性或热固性塑料的弹性是非常重要的分析内容。但对于脆性材料而言，弹性相关的分析会相对较少。橡胶和热塑性弹性体具有极佳的弹性。

案例：弹性和纤度

旦尼尔源于旧式法语单词 "denier"，意为 1794 年前在法国通行的银币或铜币。它也用于表示纺织品纤维丝的厚度或直径。该词最初主要用于描述自然纤维，例如丝绸和棉。后来，它也被用于诸如聚酯和聚酰胺这样的合成纤维。旦尼尔是纺织品的单位，用于表示纱线密度。长 9000m 重 1g 的纱线的密度为 1 旦尼尔。

图 1-15 所示是一家来自俄亥俄州的公司生产的婴儿游戏围栏。最初，该围栏的床垫表面由密度为 300 旦尼尔的织物覆盖。随后，为了降低生产成本（在该产品中，成本为几美分每码或每米），表面织物（由 70/30 聚酯-棉混纺纤维组成）密度从 300 旦尼尔降到了 100 旦尼尔，这使得床垫表面不透气。

图 1-15　婴儿游戏围栏

2010 年某天上午，女婴艾比盖尔被其祖父母送到日托中心。稍后，这名七个月大的婴儿被放到婴儿游戏围栏里休息。约一个小时之后，日托中心工作人员发现艾比盖尔面部朝下死在了围栏里。在随后的民事审判中，法庭判定她死于由床垫造成的窒息（见图 1-16）。

相较用于美国陆军投物伞所用的纱线（符合降落伞行业协会标准 7350，2007 年 4 月制定），100 旦尼尔织物所用的纱线非常细。由于纤维直径较小，100 旦尼尔织物的弹性非常好，因此，和 300 旦尼尔的织物相比，100 旦尼尔的织物可以更加致密结实。然而，制造商在织物上印刷了一些图案，这些图案降低了织物质量，因为图案遮住了纺线之间的间隙，使得空气无法透过织物（见图 1-17）。

最终，陪审团裁定床垫存在缺陷，且围栏制造商对意外死亡负有责任，应赔偿艾比盖尔父母数百万美元。现在，艾比盖尔父母的目标是不再有婴儿遭遇同样的不幸，他们要求更改法律以使制造商只能使用透气的床垫织物。

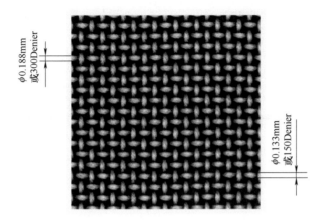

图 1-16　婴儿游戏围栏床垫织物的细节

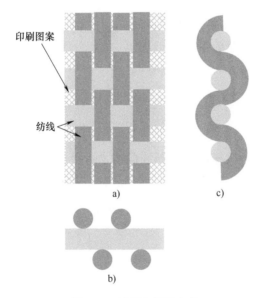

印刷图案

纺线

a)　　　　　　　c)

b)

图 1-17　油墨印刷的织物
a）俯视图　b）垂直截面图　c）平行截面图

### 1.7.3　塑性

塑性是材料保持其变形之后形状的性质（见图 1-18）。塑性体现在材料应力超过应力-应变曲线的屈服点之后。该性质用于某些塑料的冷成型工艺。温度的变化会极大地影响塑性，这点在热塑性树脂上尤为明显。

**15**

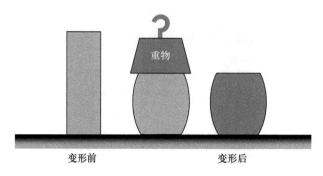

变形前             变形后

图 1-18 塑性

## 1.7.4 延展性

延展性是材料能承受各种变形（压缩、拉伸或弯曲）而不破裂的能力（见图 1-19）。在给定温度下，聚合物被分为可延展材料或脆性材料。可延展聚合物的典型失效由分子链的互相滑动引起，这会造成大幅度的伸长，通常伴随着横截面的颈缩和破坏。

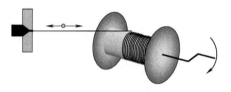

图 1-19 延展性

## 1.7.5 韧性

韧性是聚合物吸收机械能而不断裂的能力。吸收机械能的过程通常伴随着弹性或塑性变形。在应力-应变曲线中，韧性就是曲线之下的面积，如图 1-20 所示。

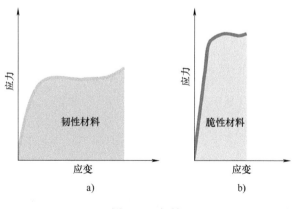

a)             b)

图 1-20 韧性

a）韧性材料 b）脆性材料

## 1.7.6　脆性

在吸收机械能时，脆性聚合物容易断裂（见图 1-21）。许多增强塑料较脆，它们具有较低的冲击强度和较高的刚度。

图 1-21　脆性

## 1.7.7　缺口敏感性

缺口敏感性用于描述裂痕等缺陷（缺口、裂痕或尖角）在材料中传播的难易程度（见图 1-22）。过大的应力集中会在下述三种情形中发生：凹槽和孔，轴肩或台阶等引起的横截面面积变化，以及各种安装方法。为了描述应力集中，人们提出了应力集中系数 $k$。

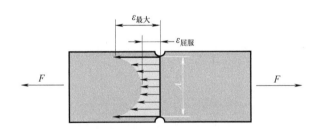

图 1-22　由凹槽和孔造成的缺口敏感性

以图 1-23 所示的扁条形平板为例。在设计零件时，我们应该在两个直角面之间添加过渡圆角以避免尖角。该过渡圆角的半径由下述步骤确定。

设 $D$ 是零件较厚处的厚度，$d$ 是零件较薄处的厚度，则 $d/D$ 为两厚度之比。应根据 $d/D$ 的比值从图 1-23 中选择合适的曲线。如果在图中没有对应的曲线，则使用图像插值法绘出曲线。然后将选用的圆角半径 $r$ 代入 $r/d$ 并算出比值。

接下来根据比值 $r/d$ 在横轴上找出对应的点（见图 1-23 下图）。从该点出发绘制一条垂线，得到该垂线与对应 $d/D$ 曲线的交点。然后以该点为起点绘制水平线与纵轴相交，交点在纵轴上的数值就是应力集中系数 $k$。

由于过渡圆角消除了尖角处的应力集中，零件将能承受更高的载荷。为了计算新的应力水平，可将应力集中系数 $k$ 乘以原有零件（即带尖角的零件）的应力水平。

为了获得稳定精确的塑料零件尺寸，必须完全避免尖角。在零件壁和筋相交处应添加小圆角以获得较好的零件精度。如果没有这个圆角，筋和零件其他部分的连接强度将被减弱。另外，筋的厚度比零件壁更薄，如果没有过渡圆角，熔融聚合物将难以改变方向并流入狭窄的筋里。

筋的最小厚度由成型填充特性决定，而筋的最大厚度则由所用树脂的收缩特性决定。虽然大的过渡圆角半径能减轻局部应力集中，但较厚的壁厚加上过大的过渡圆角半径将导致收缩应力和收缩孔，这些缺陷反而会影响尺寸精度。

应力集中系数已被无数设计所验证，另外，下述曲线图源自材料强度相关的专业书籍。图 1-23 ~ 图 1-27 分别给出了不同尺寸比例下，零件受拉伸、压缩和弯曲时的应力集中系数。对于图中没有的尺寸比例，可以利用图像插值法绘出其曲线。通过这些图可以得出应力集中系数 $k$ 并算出零件受到的最大应力。

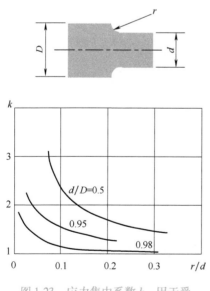

图 1-23　应力集中系数 $k$，用于受拉伸或压缩的扁条形零件

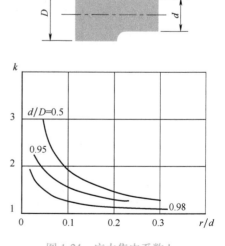

图 1-24　应力集中系数 $k$，用于受弯曲的扁条形零件

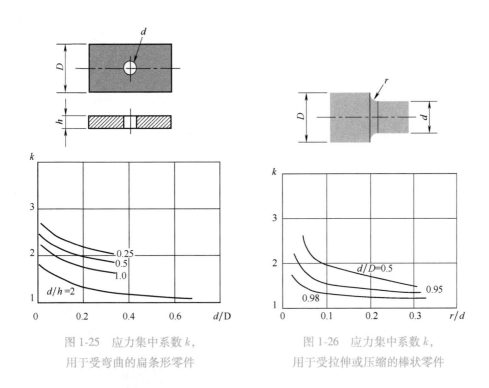

图 1-25   应力集中系数 $k$，
用于受弯曲的扁条形零件

图 1-26   应力集中系数 $k$，
用于受拉伸或压缩的棒状零件

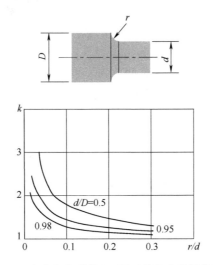

图 1-27   应力集中系数 $k$，用于受弯曲的棒状零件

值得注意的是，应力集中系数 $k$ 总是大于 1。对于包含了过渡圆角的零件，
其受到的最大应力为

$$\sigma_{最大} = k\sigma_{公称} \tag{1-1}$$

其中 $k$ 为应力集中系数，且

$$\sigma_{公称} = 力/面积 = F/A \tag{1-2}$$

### 1.7.8 各向同性

在任何测量方向上，各向同性热塑性或热固性塑料具有相同的物理性质（见图 1-28）。

### 1.7.9 各向异性

各向异性材料的性质随着测量方向的变化而改变（见图 1-29）。由于纤维增强的方向性，增强材料具有高度的各向异性。

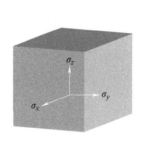

图 1-28　各向同性

图 1-29　各向异性

挤出和层压塑料也在纵向（成型方向）和横向有不同的性质。木材是典型的各向异性材料，因为木材纹理使其在三维空间方向上具有截然不同的性质。

### 1.7.10 吸水性

吸水性表示由于吸收水分而导致的材料重量增加（见图 1-30）。塑料材料可以具有吸水性（吸湿性）或无吸水性。在自身干燥的情况下，大多数塑料都表现出吸水性。通过直接暴露在水中或空气中的水蒸气中，塑料以某一特定的速率吸收水分。材料所含水分达到饱和之后，吸水过程停止。

吸水速率通常在相对湿度 50% 的空气中测得，饱和吸水率由重量增量除以干燥零件重量得出。

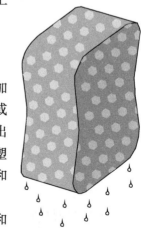

图 1-30　水分的吸收

材料中的水分会影响其物理性质、电气性质和尺寸稳定性。如果树脂在成型之前未被烘干，其含有的水分将严重损害材料的性能。在成型过程中，将会出现可见的裂纹和严重的材料水解。

干成型（Dried-as-molded，DAM）的零件（不含水分）具有更高的应力等级（最多比 50% 相对湿度下的材料高 40%）、更好的尺寸稳定性和更高的电气绝缘强度。材料吸水速率越低，其性能的维持时间越长。另一方面，如果零件在使用中会吸收大量机械能，则应当选用具有较高吸水速率的材料，因为这将有助于材料获得较好的弹性，同时也有利于实现零件的尺寸稳定。

## 1.7.11　成型收缩

成型收缩是零件被取出型腔并冷却到室温后的尺寸与模具型腔尺寸的差值（见图 1-31）。从被注入模具开始，材料立即开始收缩，因而为了避免分层和空洞，优秀的工程模具设计致力于实现最合适的浇口位置和直径、最优的成型时间和最顺畅的熔体流动路径。

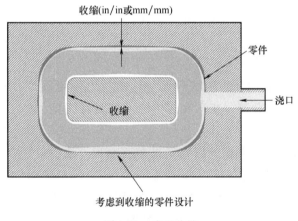

图 1-31　成型收缩

为了提高力学性能、热性能和耐化学性能，人们向聚合物添加了包括玻璃纤维在内的各种纤维和多种填充剂。玻璃纤维的熔融温度达到了 800~1100℃，因此，即使在最极端的聚合物成型条件下，玻璃纤维也不会熔融或软化。玻璃纤维呈圆柱形，长度通常在 3mm，直径仅数微米。熔融树脂中的玻璃纤维看起来就像河流上漂浮的独木舟。

正如独木舟的方向与河水流动方向一致，玻璃纤维方向也与树脂熔体流动方向相同，因此，树脂熔体的流动方向决定了玻璃纤维增强聚合物的各向异性收缩性质。

随着零件壁厚度的增大，零件壁内部玻璃纤维分布的随机性也增加。如果壁厚为 6mm，则纤维方向与流动方向相同的玻璃纤维通常仅占 5% 或更少。厚筋中随机分布的玻璃纤维会造成无法预知的成型收缩（有时也会造成翘曲），从而导致无法获得稳定的零件尺寸。

成型后收缩通常随着零件被取出模具并冷却至室温而结束。冷却过程中，某些因素，如复杂的零件尺寸和不同的收缩速率，会引起内应力。内应力将导致翘曲。成型完成后，通常利用退火来释放内应力和防止翘曲。

浇口是实现零件尺寸稳定最重要的因素之一。在注射成型中，浇口是熔融聚合物进入型腔前所流经的区域。浇口设计对注射成型零件的质量和尺寸稳定性及一致性有极其重大的影响。

作为设计规则，浇口应放置在零件壁最厚且用户不可见的区域，因为零件上残留的浇口痕迹会影响外观。

## 1.8 力学性能

### 1.8.1 正应力

在标准拉伸测试中，待测试样承受轴向拉力作用。通过试验，可以得出载荷、变形和应力之间的关系（见图 1-32）。

正应力的值为所受载荷除以初始横截面面积，单位是磅力每平方英寸或兆帕。

图 1-32 中的试样承受的是拉力。如果载荷反向，那么试样将承受压力。其计算方法与拉力相似。

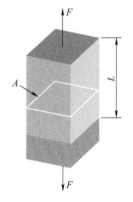

图 1-32 正应力

### 1.8.2 正应变

承受轴向载荷时，试样长度会发生变化。设试样初始长度是 $L$，其长度改变量是 $\Delta L$，则定义正应变为

$$\varepsilon = \Delta L / L \tag{1-3}$$

由式（1-3）可知，应变用于衡量材料的变形，它是一个没有单位的比值（见图 1-33）。

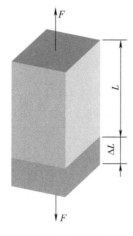

图 1-33 正应变

## 1.8.3 应力-应变曲线

通过前两节内容可知，载荷使得材料产生了应力和应变。这两个变量互成比例关系，描述该比例关系的就是胡克定律（见 3.8 节）。

胡克定律中的比例常数被称为弹性模量，其单位为磅力每平方英尺或兆帕。图 1-34 给出了应力-应变的关系曲线 $f(\sigma, \varepsilon)$，即应力-应变曲线。

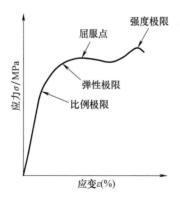

图 1-34 典型的应力-应变曲线

通过应力-应变曲线能获得聚合物的强度和刚度参数，并能在材料选择中实现精确的性能对比。从图中也能获得聚合物的延展性和韧性信息。与金属应力-应变曲线相比，聚合物应力-应变曲线显示出更明显的黏弹性特征（见图 1-35）。

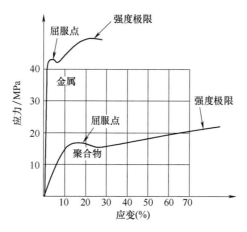

图 1-35　金属和聚合物应力-应变曲线对比

## 1.9　蠕变

当承受长期载荷时，塑料零件显示出两个重要性质：蠕变和应力松弛。

### 1.9.1　介绍

当塑料零件承受恒定载荷时，零件会产生内应力。随着时间的流逝，塑料会产生缓慢的变形并以此对内部能量进行再分配。用于衡量该现象的测试方法为将一个恒定的应力施加到被测物体上并保持较长时间。这种与时间相关的变形称为蠕变。

### 1.9.2　蠕变试验

蠕变试验如图 1-36 所示，在试验中试样一端被固定并保持垂直。试样的初始长度为 L。当在试样的自由端悬挂一个重物时，试样长度将会增加，记此时间为 T = 0，长度增加量为 ΔL。

如果重物悬挂了较长时间，例如 1 年或 5 年，则记结束时间为 T =试验结束。在这段时

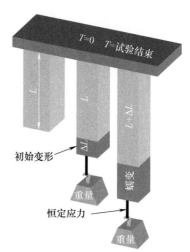

图 1-36　蠕变试验

间内，试样将被进一步拉长。该长度增量不是由重力而是由时间造成，称其为
蠕变。

### 1.9.3　蠕变曲线

等时应力-应变曲线是描述蠕变性质的最好方法之一（见图 1-37）。准备数
个试样，每个试样将会承受不同的恒定应力。在每个试样加载适当的载荷之后，
每隔一段时间记录一次伸长量。然后根据试验数据在坐标系中找出对应的点，
并把这些点用平滑曲线连接起来，从而获得等时应力-应变曲线。

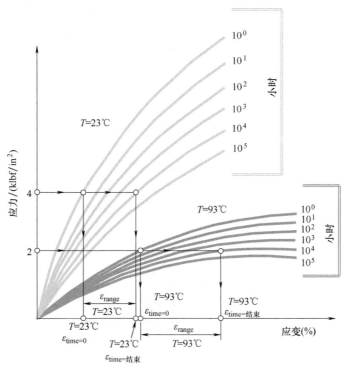

图 1-37　等时应力-应变曲线

一段时间之后在给定应力和温度下的模量称为蠕变模量。蠕变模量可以表
示为

$$E_{C} = \frac{应力}{一段时间后的总应变} \tag{1-4}$$

蠕变模量也称为表观弹性模量。图 1-38 和图 1-39 源自恒应力等时应力-应变
曲线。在这两个图里，树脂的蠕变模量是时间的函数。

**25**

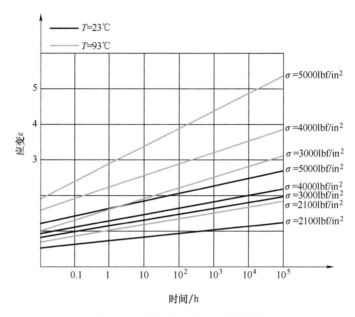

图 1-38　恒应力，应变-时间曲线

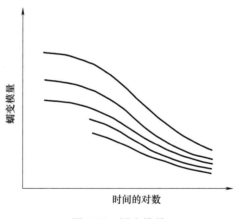

图 1-39　蠕变模量

## 1.9.4　应力松弛

如果塑料零件承受长时间的恒定应变（或伸长），则维持该恒定应变（或伸长）所需的应力会随时间的增加而减小，这种现象称为应力松弛。

图 1-40 所示即是应力松弛试验。除了为了维持 $L+\Delta L$ 恒定而逐渐减小的载

荷大小之外，该试验其他方面与蠕变试验非常类似。在理想的试验状态下，对变化载荷的测量应该是连续且实时的。由于理想的试验状态较难达到，如果没有可用的应力松弛曲线，那么可以使用蠕变曲线作为替代。在大多数情况下5%～10%的误差是可以接受的。

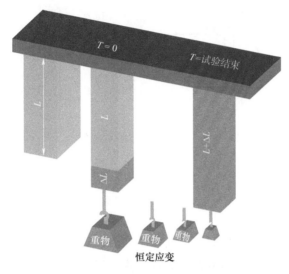

图 1-40　应力松弛试验

简而言之，应力松弛是在恒定变形或应变条件下，应力水平逐渐减小的现象。

## 1.10　冲击性能

在悬臂梁冲击试验中（见图 1-41，北美标准），试样以悬臂梁的形式被垂直固定在试验台上，然后从距离试样一定距离处释放摆锤并撞击试样，摆锤重量应逐步增加直到试样断裂。试验中的试样可以是带缺口或不带缺口的。值得注意的是，试样夹持力会影响试验结果。

除了试样是水平放置并且未被夹持，简支梁冲击试验（见图 1-42，欧洲

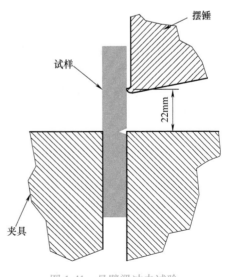

图 1-41　悬臂梁冲击试验

标准）与悬臂梁冲击试验类似。未被夹持意味着该试验避免了夹持力的影响。

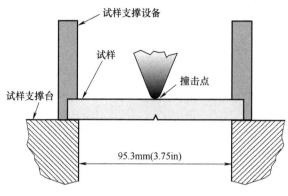

图 1-42　简支梁冲击试验

## 1.11　热性能

聚合物对温度变化非常敏感，其力学性能、电气性能和化学性能都会受到温度变化的影响。这些影响可能是负面的也可能是正面的。高温能极大影响一些聚合物的力学性能，它能降低应力水平，同时增加应变水平。高温还能增强一些聚合物的电气性能。

### 1.11.1　熔点

热塑性聚合物会随着温度的升高而变得更具弹性。

结晶聚合物具有明显的熔点。对于成型工艺或装配技术而言，熔点是非常重要的性质。

无定形聚合物和液晶聚合物没有显著的熔点，它们通常具有一个较大的熔化温度范围。

### 1.11.2　玻璃化转变温度

在玻璃化转变温度两侧，聚合物的性质有非常大的不同。通常，对于同一聚合物，其温度在 $T_g$（玻璃化转变温度）之下会更脆，而在 $T_g$ 之上则更具弹性。

### 1.11.3　热变形温度

热变形温度由下述 ISO 试验定义，即在试验中，试样承受 0.45MPa 或

1.8MPa 的载荷，调整试样温度使其变形达到 0.25mm，则称此时的试样温度为热变形温度。热变形温度可用于判断聚合物在某一温度范围内是否失去刚性。总之，可以利用热变形温度对比不同聚合物在受到短暂高温情况下的承载能力。

## 1.11.4 热膨胀系数

聚合物会在受热时膨胀和受冷时收缩。当温度变化时，大多数聚合物都会发生尺寸变化。当温度变化相同时，聚合物的尺寸变化通常大于金属。

聚合物的膨胀和收缩可以达到金属的 5~10 倍。这种反复的尺寸变化能在零件内部造成内应力。如果装配体含有聚合物零件和金属零件的接触配合，那么热膨胀系数的差异将会导致配合面的应力集中。在配合面使用弹性垫圈可以避免这个问题。另外，向基体聚合物添加增强体，如玻璃纤维、云母和碳纤维，能降低其线膨胀和收缩系数，这将极大地减小聚合物和金属零件的热膨胀差异。

另一个解决该差异的方法是，在公差允许的情况下，修改设计使得零件可以承受这种差异。

线膨胀和收缩系数是一种材料性质。表 1-6 给出了一些材料的线膨胀和收缩系数。这些系数表示，在单位温度变化下，某一方向的线性尺寸变化量和原始尺寸的比值。

表 1-6　常用金属和聚合物的线膨胀和收缩系数

| 材料 | cm/cm/℃×$10^{-5}$ | in/in/℉×$10^{-5}$ |
|---|---|---|
| 丙烯腈-丁二烯-苯乙烯（ABS） | 6.5~9.5 | 3.6~5.3 |
| 缩醛共聚物 | 6.1~8.5 | 3.3~4.7 |
| 缩醛共聚物 25%GR | 2~4.4 | 1.1~2.4 |
| 缩醛均聚物 | 10~11.3 | 5.5~6.2 |
| 缩醛均聚物 20%GR | 3.3~8.1 | 1.8~4.5 |
| 铝 | 2.2 | 1.2 |
| 环氧树脂 | 2~6 | 1.1~3.3 |
| 黄铜 | 1.8 | 1.0 |
| 青铜 | 1.8 | 1.0 |
| 纯铜 | 0.9 | 1.6 |
| 聚酰胺（PA）6 | 8~8.3 | 4.4~4.6 |

（续）

| 材料 | cm/cm/℃×10$^{-5}$ | in/in/℉×10$^{-5}$ |
|---|---|---|
| 聚酰胺（PA）6 GR | 1.6~8 | 0.84~4.4 |
| 聚酰胺（PA）6,6 | 8 | 4.4 |
| 聚酰胺（PA）6,6 GR | 1.5~5.4 | 0.8~3 |
| 聚酰胺（PA）6,12 GR | 2.1~2.5 | 1.1~1.3 |
| 聚酰胺（PA）11 | 10 | 5.5 |
| 聚酰胺（PA）12 | ~4 | 3.3~5.5 |
| 聚酰胺酰亚胺 | 3 | 1.65 |
| 聚酰胺酰亚胺 GR | 1.6 | 0.84 |
| 聚碳酸酯（PC） | 6.8 | 3.8 |
| 聚碳酸酯（PC）GR | 2.2 | 1.2 |
| PBT | 6~9.5 | 3.3~5.3 |
| PBT GR | 2.5 | 1.3 |
| PET | 6.5 | 3.6 |
| PET GR | 1.8~3 | 1~1.65 |
| 低密度聚乙烯（LDPE） | 10~22 | 5.5~12.2 |
| 高密度聚乙烯（HDPE） | 5.9~11 | 3.2~6.1 |
| 聚酰亚胺 | 4.5~5.6 | 2.5~3.1 |
| 聚苯醚（PPO） | 3.8~7 | 2.1~3.8 |
| 聚苯硫醚（PPS） | 2.7~4.9 | 1.5~2.7 |
| 聚丙烯（PP） | 8.1~10 | ~1 |
| 聚丙烯（PP）GR | 2.1~6.2 | 1.1~3.4 |
| 聚苯乙烯（PS） | 5~8.3 | 2.7~4.6 |
| 聚砜 | 5.6 | 3.1 |
| 聚氨酯（PU），热固性 | ~10 | 5.5~11.1 |
| 聚氨酯（PU），热塑性 | 3.4 | 1.8 |

（续）

| 材料 | cm/cm/℃×$10^{-5}$ | in/in/°F×$10^{-5}$ |
|---|---|---|
| 聚氯乙烯（PVC），刚性 | 5~10 | 2.7~5.5 |
| 聚氯乙烯（PVC），柔性 | 7~25 | 3.8~13.4 |
| 钢 | 1.1 | 0.6 |
| 锌 | 3.1 | 1.7 |

## 1.11.5 热导率

热导率代表了热量在与温度梯度垂直的单位面积截面内的传导速率。在单位时间内且温度梯度为1℃时，单位体积材料能传导的热量就是热导率。

相比金属等其他类型的材料，聚合物的热导率比较低。

但是，最近人们也研究并生产出了具有较高热导率的聚合物（见1.2.4节）。

## 1.11.6 温度对力学性能的影响

正如前几节所述，温度或温度变化能影响聚合物的很多性能。从机械设计的观点来看，我们感兴趣的是对力学性能的影响。

当温度变化时，所有聚合物都表现出相似的性能变化趋势。

在图 1-43 中，-20℃下的聚合物有最高的强度，因为此时聚合物收缩，使得分子链更加紧密地互相缠绕，但这也限制了分子链的相对运动，从而导致较低的最大应变值，并使得聚合物变脆。

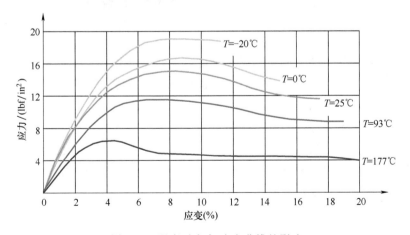

图 1-43 温度对应力-应变曲线的影响

随着温度升高，聚合物膨胀，分子链的运动空间更大，使得材料变得更具弹性，但其强度比-20℃时低，如图1-43所示。

### 1.11.7 案例：行星齿轮的寿命和耐久性

人体脊椎位于胸腔和骨盆之间的部分被称为腰椎。汽车座椅里，座椅靠背与腰椎接触的区域称为腰部支撑。腰部支撑系统的目的是让靠背的曲线符合人体工学要求。我们将要讨论的行星齿轮组件就是座椅靠背腰部支撑系统的一部分，该系统由礼恩派公司舒克拉汽车分公司设计和制造。

近年来，腰部支撑系统有了新的发展，驾驶员或乘客可以根据自己的体重和背部曲线来调整支撑系统的高度和靠背的弧线。另外，一些整车制造商，尤其是豪华车制造商，还提供座椅加热和冷却、座椅通风和座椅按摩功能。

由于系统使用了驱动器（见图1-44），用户仅需按下按钮就可以调整腰部支撑。该驱动器包含了一个两级齿轮箱，齿轮箱第一级由一个蜗杆和一个蜗轮组成，第二级是一个行星齿轮系（见图1-45）。

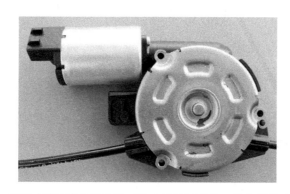

图1-44　腰部支撑系统的驱动器（图中可见两条推、拉金属线和电动机）

当使用者调整腰部支撑时，驱动器能将电动机转轴的旋转运动转换成线性的推、拉运动（即金属线缆的释放和收紧），从而控制腰部支撑的前后运动以使其符合使用者的腰椎曲线。

该驱动器已经完成开发并进入量产阶段，并达到了所有性能要求。唯一的小改动和行星齿轮注射成型模具（八穴）有关。行星齿轮、内齿圈和蜗轮的材料是缩醛均聚物，蜗杆的材料是聚酰胺6,6，这些材料都是半结晶树脂。当驱动器处于开启状态时，蜗轮和蜗杆互相接触。

如前文所述，腰部支撑系统的驱动器包含一个两级齿轮箱。根据耐久性要求，驱动器需要承受0~400N的渐变载荷。然而，如果电动机陷入失速状态，齿

图 1-45 打开了前壳的腰部支撑驱动器（两个推、拉金属线缆分别位于齿轮箱的
左下角和右下角。12 齿太阳轮位于齿轮箱中心，三个 14 齿行星齿轮位于太阳轮和
内齿圈之间）（图片来源：礼恩派公司舒克拉汽车分公司）

轮箱受到的最大转矩将达到 71.3N·m，这个转矩就是齿轮箱可能受到的最大载荷。两级齿轮箱的第一级是蜗轮和蜗杆，它将电动机旋转运动的轴线改变 90°。蜗杆为单头，蜗轮具有 88 齿，啮合效率为 34%。齿轮箱第二级由太阳轮（图 1-45 里的中心齿轮）和三个 14 齿行星齿轮组成，行星齿轮围绕太阳轮并与内齿圈啮合。

两级齿轮箱齿轮的初始设计基于刘易斯抛物线法，计算时使用的是单次接触最高点法（Highest Point of Single Contact，HPSC），并假设齿轮处于最小实体状态。用于计算的输入参数如下：

齿数 = 14

米制模数 = 1.00mm

压力角 = 20°

齿厚 = 1.83mm

齿顶高 = 1.33mm

齿顶圆角半径 = 0.43mm

受载滚动角 = 42.556°

齿宽 = 4.5mm

齿轮输入转矩 = 953.5N·mm

齿根圆直径 = 12.052mm

刘易斯形状因数 $Y$ = 0.37039

相切于基圆的载荷 = 144. 956N

垂直于齿中心线的载荷 = 119. 872N

抛物线顶点高度 = 1. 72mm

抛物线交点之间的弦长 = 1. 995mm

弯矩 = 1. 422N・mm

轮齿中心的载荷 = 7. 954N

利用以上参数算得轮齿弯曲应力为

$$\sigma_{弯曲} = 71. 92\text{MPa} \qquad (1\text{-}5)$$

生产六个月后，在一个新的汽车项目验证期间，行星齿轮在 9000 个循环就开始断裂，而对这类产品的一般要求是 19000 个循环周期内不能损坏。大多数损坏都是轮齿根部断裂，也有一些行星齿轮的轮辋发生了断裂。

首先对失效零件进行了显微构造分析。显微构造分析设备包括一个最大放大倍数为 100 倍的显微镜、一个偏振光源、一个摄像头、一个显微切片刀和用于观察的玻璃支架。这种分析技术也叫显微切片技术（见图 1-46），通过该技术，人们就能利用光学显微镜来研究玻璃纤维增强和未增强半结晶聚合物的失效原因，这里就包括了失效齿轮所用的杜邦 Delrin 111P 缩醛均聚物。

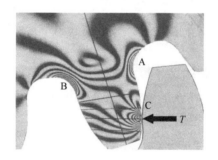

图 1-46　齿轮接触的光弹性分析［该图显示了轮齿由于受到弯曲而承受的两类
高应力：A 区域为拉应力，B 区域为压应力。在轮齿所受力 T 的径向分量的影
响下，压应力比拉应力更大。C 区域存在接触应力，因为两个接触面
（近似圆柱面）存在互相滚动和滑动］（图片来源：ETS 公司）

显微切片技术能在数分钟内为光学显微观察提供薄切片。切片时，刀具应与试样成 40°~45°。碳化钨硬质合金刀片能确保精确切割。切片厚度应该在 0. 01~0. 025mm 之间。然后在显微玻璃片（76. 2mm 长，25. 4mm 宽）上滴一滴加拿大树胶。接着使用镊子将切片放到玻璃上并展平（防止切片卷曲）。在切片展平后立即用刚才滴了树胶的玻璃片盖住切片，这样就形成了一种切片位于两

片玻璃之间的夹心装配体。最后将装配体加热至 50~60℃并保持数分钟，然后将其冷却，接下来就可以对切片进行分析了。

　　显微构造分析显示，在成型过程中熔化温度适当且树脂的熔化较好。虽然有熔合纹（见图 1-47），但它并不是造成轮齿失效的原因。显微切片图显示轮齿在高载荷作用下产生了变形，从而弯曲并折断。

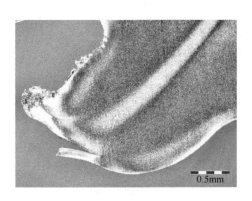

0.5mm

图 1-47　失效行星齿轮的显微构造分析图（放大倍数 70 倍，
可见熔合纹位于轮齿的中间部位）

　　图 1-48 所示是 Delrin 111P NC010 在不同温度下的应力-应变曲线。从图中可以看到，在室温（23℃）下 ASTM 或 ISO 标准试棒的强度极限是 71MPa。如果环境温度降到-40℃，则强度极限增加到 105MPa。然而，即使环境温度被完全保持在室温下，驱动器内部元件的摩擦也将产生额外的热量。使用红外测温枪测得驱动器运行时的温度达到了 35℃，比室温高了约 50%。

　　电动机失速状态下，轮齿所受弯曲应力为 71.92MPa［见式（1-5）］，因此，对照图 1-48，行星齿轮的温度不能超过 23℃。但驱动器的实际运行温度是 35℃。当电动机在 35℃下失速时，缩醛均聚物的强度极限将低于 71.92MPa，约为 58MPa（图像插值法的详细讲解见第 6 章）。

　　虽然行星齿轮的失效机理比较复杂，但过大的行星齿轮应力是主要原因，约占总因素的 60%~70%。剩下的 30%~40% 是由于内齿圈变形以及其尺寸偏小。在变形和偏小尺寸的共同影响下，行星齿轮轮齿所承受的负载变得更高（高于 71.92MPa），从而导致齿轮无法达到预期耐久性。

　　最后通过将轮齿宽度从 4.5mm 增加到 5.4mm，解决了轮齿弯曲应力过高的问题（见图 1-49）。这个改进使得齿轮之间的接触面积增加了 23%，轮齿弯曲应力也下降了相应数值。

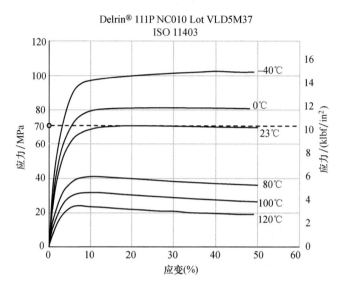

图 1-48　Delrin 111P（本色）在六种温度下的应力-应变曲线（-40℃、0℃、23℃、
80℃、100℃、120℃）（图片来源：ETS 公司）

图 1-49　行星齿轮（初始设计（右侧）轮齿宽度为 4.5mm，改进设计的轮齿
宽度为 5.4mm）（图片来源：礼恩派公司舒克拉汽车分公司）

　　需要强调的是，如果聚合物力学性能随温度产生较大变化，那么在设计时
应考虑零件的工作温度。

# 第 **2** 章
## 了解安全系数

## 2.1 什么是安全系数

安全系数用于衡量产品在预期寿命内的性能表现。理论上，产品将在达到预期寿命后失效。

例如，桥梁的安全系数是 10，但航空器的安全系数则是 4。因为桥梁的预期寿命是数百甚至上千年，而航空器的预期寿命会短得多。需要注意的是，如果航空器的安全系数达到 10，它可能都飞不起来。另外，产品的精度也应该考虑进来。航空器的零件精度非常高，但桥梁的精度相对较低。

明智的工程师会在设计零件时考虑到安全系数。该系数能确保产品在设计运行条件下不会失效。另外，它能证明所选的材料适合这些运行条件。它还考虑到了零件成型过程中产生的缺陷。安全系数能分成下述几种类型：

1）设计安全系数。

2）材料性能安全系数。

3）成型工艺安全系数。

4）运行条件安全系数。

需要注意的是，上述几种类型都是相互关联的，而且，为设计阶段提供安全系数的持续反馈十分重要。

## 2.2 使用安全系数

### 1. 设计安全系数

设计安全系数是最重要的安全系数类型，主要是因为设计者需要从其他类型安全系数中获取输入信息。设计者必须考虑材料性能、成型工艺和运行条件。

设计阶段通常从选择材料和载荷分析开始。如果产品会运行在多种不利条件下，那么工程师需要进行应力分析和计算，以确保零件不会在预期寿命内失效。根据零件承受载荷的类型，设计安全系数可以分为以下三类：

1) 静态设计安全系数。

2) 动态设计安全系数。

3) 时间设计安全系数。

其他类型的安全系数可以被添加到这个阶段。

注意：为方便起见，在下述设计安全系数公式中只使用了应力，但应变和力也可以使用。

（1）静态设计安全系数　零件承受静载荷时，系数的计算相对简单，它和材料的许用应力有关。

（2）动态设计安全系数　零件承受动载荷，如交变载荷时，可能发生疲劳失效，因而安全系数要高于静态条件且设计应力会较低。

（3）时间设计安全系数　蠕变和应力松弛是热塑性聚合物上最常见的和时间有关的效应，它们也是决定产品预期寿命的关键。为了获得产品的预期寿命，我们采用初始安全系数随时间减小理论。

设计安全系数 $n$ 为

$$n = \frac{\sigma_{\text{极限}_{t=\text{结束}}}}{\sigma_{\text{许用}_{t=\text{结束}}}} \tag{2-1}$$

在图 2-1 中，初始（$t=0$）设计安全系数 $n>1$；产品失效时（$t=$结束），安全系数 $n$ 变成 1。

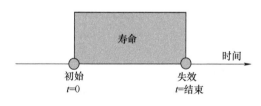

图 2-1　蠕变

不同行业的产品期望寿命不同。某些产品可能需要工作十年才被替换，而另一些则在不到一年就被替换。因此安全系数由不同的行业要求来决定。

对于新行业的新产品，由于没有现成的产品期望寿命规定，一般通过测试产品和测量产品失效时的应力水平来决定安全系数。通过对比测量值与材料原始性能，就能逐步建立该行业的时间设计安全系数。

**2. 材料性能安全系数**

如果能通过经验、测试或者其他可靠方式估算出安全系数 $n$，则最大许用应力定义为

$$\sigma_{许用} = \frac{\sigma_{屈服}}{n} \qquad (2\text{-}2)$$

对于卡扣和压入装配，材料性能安全系数 $n$ 的计算基于屈服应力（或屈服应变），因为其在弹性区域具有较高的精度。

$$n_{卡扣、压入装配} = \frac{\sigma_{屈服}}{\sigma_{许用}} \qquad (2\text{-}3)$$

对于活动铰链，材料安全系数 $n$ 的计算基于强度极限。

$$n_{活动铰链} = \frac{\sigma_{极限}}{\sigma_{许用}} \qquad (2\text{-}4)$$

式（2-4）对于经常产生大变形和塑性变形的黏弹性材料来说更精确。

上述两种安全系数需要考虑以下因素的影响：

1）材料缺陷。

2）杂质。

3）空洞。

4）相对湿度。

5）增强体。

6）热处理。

在选择聚合物材料时，通常将上述因素作为关键点来进行筛选。在进入设计阶段之前，这样做能有效缩小选择范围。

**3. 成型工艺安全系数**

成型工艺安全系数考虑了注射成型工艺带来的缺陷，这些缺陷包括：

1）熔合纹。

2）成型周期。

3）空洞。

4）应力集中。

**4. 运行条件安全系数**

运行条件安全系数考虑了各种特殊运行条件（气候条件），如极端冷热、高湿度、紫外线照射、咸水浸泡或腐蚀环境。

# 第 3 章
## 塑料材料的强度

## 3.1 拉伸强度

拉伸强度是材料承受轴向载荷的能力。

在 ISO 拉伸强度试验中，试样（见图 3-1）被放置在拉伸试验机中。试样两端被试验机卡爪夹住并拉伸。应力-应变曲线将被自动绘出。两个方向相反的拉伸载荷被缓慢且匀速地施加到试样两端。有两种拉伸速度可选：5mm/min 和 50mm/min，前者模拟手动装配中的材料行为，而后者模拟半自动或自动装配中的材料行为。试样中部区域比两端狭窄，在中部区域的中点上标记测量点。

进行拉伸时，试样匀速伸长，伸长速率与载荷或拉力的增速成比例。将载荷除以试样在测量标记处的横截面面积，就能得到在该载荷作用下塑料材料的拉应力。

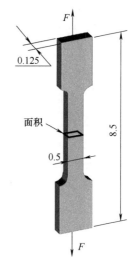

图 3-1　ISO 试验试样

$$\sigma = \frac{F}{A} = \frac{拉伸载荷}{横截面面积} \quad (3-1)$$

应力 $\sigma$ 的单位是磅力每平方英寸（lbf/in$^2$）或兆帕（MPa）。1MPa = 1N/mm$^2$。将 lbf/in$^2$ 乘以 0.00689476 可转换成 MPa，将 MPa 乘以 145.038 可转换成 lbf/in$^2$。

**1. 比例极限**

在胡克定律范围内，存在着力-伸长或应力-应变的比例关系。符合胡克定律的最大应力被称为比例极限（见图 3-2）。

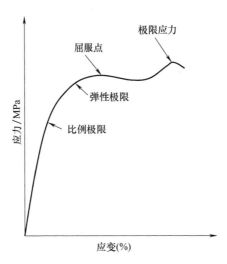

图 3-2　塑料材料的典型应力-应变曲线

**2. 弹性极限**

超出弹性极限后，塑料材料的伸长速率开始增加。发生永久变形前材料所能承受的最大应力称为弹性极限（见图 3-2）。

**3. 屈服应力**

超出弹性极限后，进一步的拉伸将造成试样的永久变形。在某一点之后，继续拉伸塑料材料所需的力不再显著增加，该点被称为屈服点。大多数未增强塑料有明显的屈服点，但增强塑料只有屈服区域。

需要注意的是，即使是相同材料制成的不同试样也会得出不同的屈服点。如果有 10 个由增强塑料制成的试样，10 个试样的屈服点将都不相同。增强体和基体材料之间的结合造成了这个变化。

**4. 极限应力**

极限应力是材料破坏前所能承受的最大应力。

超出弹性极限后，如果继续拉伸试样，试样将产生颈缩。伸长（变形）速率将增加，并且大部分变形集中在颈缩区域。

最终拉力达到最大值，然后迅速下降并断裂，且下降阶段的伸长非常小。断裂时，试样在颈缩区域断裂成两部分。将最大拉力除以初始横截面面积，就得到塑料材料的极限拉伸强度（$\sigma_{极限}$），其单位为 lbf/in$^2$ 或 MPa。

把试样断裂的两部分拼到一起，并测出标记之间的距离，可以得到伸长率

（以百分数表示）。同样，测量断面的面积以得出面积的减少率（以百分数表示）。伸长率和面积减少率都表示材料的延展性。

在塑料零件的结构设计中，必须确保零件受到的应力位于弹性范围内。如果应力超出弹性极限，由于塑性流动或分子链沿滑移面的滑动，材料会产生永久变形，从而造成零件的永久塑性变形。

## 3.2 压应力

压应力由压缩力除以横截面面积得出，单位为 lbf/in² 或 MPa。

$$\sigma = \frac{P}{A} = \frac{压缩力}{横截面面积} \qquad (3-2)$$

在实际应用中，通常认为塑料材料的压缩强度和拉伸强度相等。另外，在某些受压缩载荷的情况下，可以将拉伸弹性模量用于压应力的计算。

热塑性塑料的极限压缩强度通常大于其极限拉伸强度。换句话说，相比拉力，大多数塑料能承受更大的压缩力。

压缩试验和拉伸试验类似，将试样至于两平行平板之间，压缩试样直至其破裂。试样为圆柱体，长 25.4mm，直径 12.7mm（见图 3-3）。在轴向对试样施加两个方向相反的力。当试样被压碎时，测得的应力就是极限压缩强度。

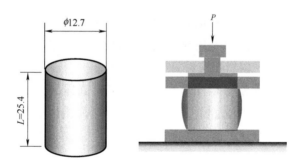

图 3-3  压缩试验试样

在测试的同时，绘制应力-应变曲线，曲线被分为四个区段：比例区段、弹性区段、屈服区段和极限（或破坏）区段。

热塑性塑料零件受压时，其结构分析变得复杂。随着变形增加而增加的弯矩会导致零件的失效。塑料零件的形状对其承载压缩载荷的能力有非常重要的影响。

压应力-应变曲线和拉应力-应变曲线类似，但压缩试验的应力值大于相应的拉伸试验应力值。这是因为相比拉伸，需要更大的压应力来使塑料压缩变形。

## 3.3　剪切应力

剪切载荷除以受剪截面的面积就是剪切应力。方向与受剪截面相切，单位是 lbf/in$^2$ 或 MPa。

$$\tau = \frac{Q}{A} = \frac{剪切载荷}{受剪截面面积} \tag{3-3}$$

没有一个广受认可的方法来测量热塑性或热固性塑料的抗剪强度 $\tau$。在零件结构设计中，纯剪切载荷的情况非常罕见。剪切应力通常是主应力的副产物，或是由横向力所引发。

承受剪切应力的试样如图 3-4 所示。在冲压试验中，通过剪切塑料块可以得出极限抗剪强度。一个冲锤向试样施加变化的压力。冲锤的速度保持恒定以确保压力是唯一的变量。记录产生剪断的最小轴向载荷。该载荷将用于计算极限剪切应力。

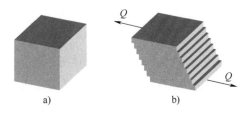

图 3-4　承受剪切应力的试样

a）加载前　b）加载后

精确的极限剪切应力很难求得，但用 0.75 乘以材料的极限拉应力会是较好的近似值。

## 3.4　扭转应力

扭转载荷使杆件绕轴扭转（见图 3-5）。

载荷对轴的扭矩或转矩造成了扭转。力臂表示旋转中心到力的作用线的垂直距离。

扭转变形可以通过扭转角或端面的垂直位移来衡量。

当一个轴受到扭矩或转矩作用时，其剪切应力为

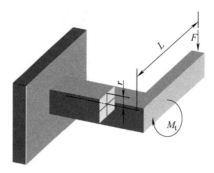

图 3-5　扭转应力

$$\tau = \frac{M_t}{J} = \frac{M_t r}{I} \tag{3-4}$$

式中，$M_t$ 为扭矩；$J$ 为抗扭截面系数；$r$ 为回转半径（截面中心到待求点的距离）；$I$ 为极惯性矩。

$$M_t = FR \tag{3-5}$$

式中，$F$ 为载荷；$R$ 为力臂。

## 3.5　伸长

伸长是试样两端面承受轴向且反向的载荷时所产生的变形。根据载荷类型（轴向、剪切或扭转），衡量变形的方法可以是长度变化或者角度变化。

应变 $\varepsilon$ 是伸长量与原尺寸的比值。再次强调，应变没有单位。

$$\varepsilon(\%) = \frac{\Delta L}{L} \tag{3-6}$$

根据载荷类型的不同，应变分为拉应变、压应变或剪切应变。

**1. 拉应变**

拉应变试验与 3.1 节拉应力试验类似。试验中，试样受到方向相反的轴向拉力而伸长。试样断裂时的应变就是极限拉应变。拉伸试样的长度尺寸变化如图 3-6 所示。

试样的伸长与材料应变 $\varepsilon$ 有关，应变通常用毫米每毫米（mm/mm）或英寸每英寸（in/in）表示，是一个量纲为 1 的量。应变也能使用百分

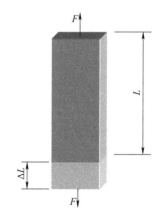

图 3-6　拉伸试样的长度尺寸变化
$\Delta L$—原始长度与变形后长度之差

比表示，如 $\varepsilon = 30\%$。图 3-2 所示是简化应力-应变曲线。

**2. 压应变**

压应变试验和 3.2 节压应力试验类似。极限压应变就是试样被压碎时的应变。压缩试样的长度尺寸变化如图 3-7 所示。

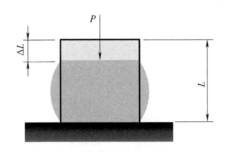

图 3-7    压缩试样的长度尺寸变化

$L$—原始长度    $P$—压缩力    $\Delta L$—长度尺寸的变化量

**3. 剪切应变**

剪切应变由角度变化 $\gamma$ 来衡量（见图 3-8）。和剪切应力类似，剪切应变也没有一个广受认可的测量方法。

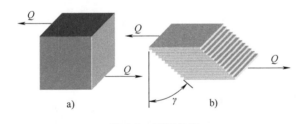

图 3-8    剪切应变

a）变形前    b）变形后

## 3.6    真应力-应变曲线和工程应力-应变曲线

工程应变是总变形和初始长度的比值。工程应力是试样两端的力和初始横截面面积的比值。真应力是瞬时力和对应的瞬时面积的比值（见图 3-9）。

式（3-7）表示真应力是工程应力和工程应变的函数。

$$\sigma_{真} = \sigma(1 + \varepsilon) \tag{3-7}$$

真应变是瞬时变形和对应的瞬时长度的比值。

式（3-8）表示真应变是工程应变的对数函数。

$$\varepsilon_{真} = \ln(1+\varepsilon) \qquad (3\text{-}8)$$

如果知道工程极限应变和工程极限应力值，那么可以计算出真极限应力

$$\sigma_{真极限} = \sigma_{极限}(1+\varepsilon_{极限}) \qquad (3\text{-}9)$$

同样地，把工程极限应变代入式（3-8），就能得出真极限应变

$$\varepsilon_{真极限} = \ln(1+\varepsilon_{极限}) \qquad (3\text{-}10)$$

在非线性有限元分析中，真应力和真应变都是必需的材料参数。

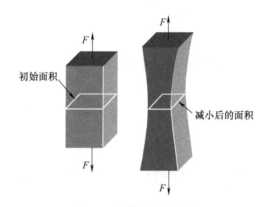

图 3-9   颈缩时的真应力

## 3.7   泊松比

如果材料变形处于弹性范围，那么横向应变和纵向应变的比值将是一个常数，这个常数称为泊松比 $\nu$。

$$\nu = -\frac{横向应变}{纵向应变} \qquad (3\text{-}11)$$

换句话说，被拉伸的材料在横向产生了弹性收缩。如果假设此时材料体积没有变化，那么横向应变就等于纵向应变（拉应变）的一半×(−1)。

受到拉伸载荷时，试样的长度增量是 $\Delta L$（见图 3-10），宽度的减少量是 $\Delta b$，受压时变化方向相反。它们可表示为

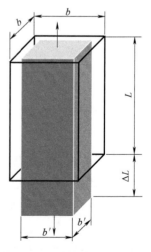

图 3-10   三个方向的尺寸变化

$$\varepsilon_{纵向} = \frac{\Delta L}{L}$$

$$\varepsilon_{横向} = \frac{\Delta b}{b} \tag{3-12}$$

泊松比的变化范围是 0~0.5，0 表示没有横向收缩发生。实际应用中，没有泊松比为 0 或 0.5 的材料。典型材料的泊松比见表 3-1。

表 3-1　典型材料的泊松比

| 材料名称 | 泊松比（应变速率 5mm/min） |
|---|---|
| ABS | 0.4155 |
| 铝 | 0.34 |
| 黄铜 | 0.37 |
| 铸铁 | 0.25 |
| 纯铜 | 0.35 |
| 高密度聚乙烯（HDPE） | 0.35 |
| 铅 | 0.45 |
| 聚酰胺（PA） | 0.38 |
| 聚酰胺（PA），13%玻璃纤维 | 0.347 |
| 聚碳酸酯（PC） | 0.38 |
| 聚丙烯（PP） | 0.431 |
| 聚砜 | 0.37 |
| 钢 | 0.29 |

拉伸试验中，横向尺寸变化为

$$\Delta b = b - b' \tag{3-13}$$

因此，横向尺寸变化和纵向尺寸变化之比是

$$\nu = \frac{\dfrac{\Delta b}{b}}{\dfrac{\Delta L}{L}} \tag{3-14}$$

也可以写成

$$\nu = \frac{\varepsilon_{横向}}{\varepsilon_{纵向}} \qquad\qquad (3\text{-}15)$$

## 3.8 模量

### 1. 弹性模量

弹性模量通常被定义为应力-应变曲线初始阶段的斜率（见图 3-11）。

在材料的弹性阶段，应力和应变之比为常数，遵循胡克定律。该比值称为弹性模量，单位为 MPa 或 lbf/in²。

$$E = \frac{\sigma}{\varepsilon} = \frac{应力}{应变} = 常数 \qquad\qquad (3\text{-}16)$$

胡克定律的应用范围不能超过比例极限，适用材料包括大多数金属、热塑性塑料和热固性塑料。

### 2. 切线模量

在热塑性和热固性塑料的弹性阶段之后，应力-应变曲线的瞬时切线能更好地表示应力和应变之间的关系。另外，大多数塑料材料的弹性阶段不是直线而是一条曲线（见图 3-12），因而弹性模量在此阶段是不精确的。

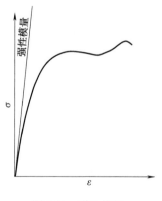

图 3-11　弹性模量

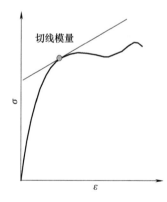

图 3-12　切线模量

### 3. 割线模量

当材料的应力-应变关系为非线性时（见图 3-13），弹性模量会高估材料的刚性，这将导致许用变形被低估而承载能力被高估。

割线模量表示材料在给定应变或应力下的实际刚性，它能提高载荷和变形计算的精度。

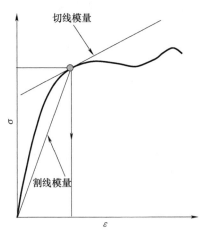

图 3-13　割线模量

对于应力-应变曲线上的某一点，与其对应的割线模量可以提供较高的计算精度。然而，如果将该点的割线模量用于其他点，则会造成过大的误差。

由于能有效地表示热塑性和热固性塑料的黏弹性性质，割线模量是工程设计人员的常用参数。

割线模量是将高度非线性的应力-应变曲线线性化的简单方法。

**4. 蠕变模量**（表观弹性模量）

当零件受到恒定大小的载荷时，零件内部会产生内应力。如果载荷持续时间较长，热塑性和热固性塑料零件将产生缓慢的永久变形以重新分配内应力。

如果知道应力条件和温度且该温度下的蠕变曲线也已知，那么蠕变模量或表观弹性模量就能通过蠕变曲线计算出来。蠕变模量计算式为

$$E_c = \frac{\sigma}{\varepsilon_c} \tag{3-17}$$

式中，$E_c$ 是蠕变模量；$\sigma$ 是计算出的应力值；$\varepsilon_c$ 的值可根据应力值在蠕变曲线中找到，应使用与持续时间和温度相对应的蠕变曲线。只要知道零件的预期应力水平和使用寿命，就可以用蠕变模量或表观弹性模量预测其长期行为。

**5. 剪切模量**

剪切模量，也称刚性模量，类似于弹性模量。

剪切胡克定律表达式为

$$G = \frac{\tau}{\gamma} = 常数 \tag{3-18}$$

式中，$G$ 为剪切模量；$\tau$ 为剪切应力；$\gamma$ 为角度的变化。仅在材料的弹性阶段，剪切模量才是常数。

弹性模量 $E$ 和剪切模量 $G$ 之间的关系式为

$$\frac{E}{G} = 2(1+\nu) \tag{3-19}$$

式中，$\nu$ 为泊松比。

**6. 弯曲模量**

在弹性范围内，聚合物抵抗弯曲变形的能力称为弯曲刚度。弯曲弹性模量又称弯曲模量，就是对这项性质的衡量。如图 3-14 所示，水平梁两端被支撑，重物位于梁中央并向梁施加垂直载荷。当载荷使梁产生弯曲时，梁内部将产生两种应力：中性轴之上的压应力和中性轴之下的拉应力。

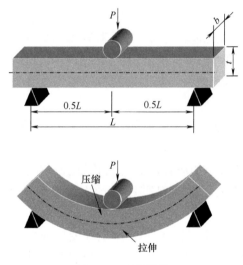

图 3-14 弯曲模量

弹性模量（拉伸、压缩）和弯曲模量的关系为

$$E_{弯曲} = \frac{4E_{拉伸}E_{压缩}}{\left(\sqrt{E_{拉伸}} + \sqrt{E_{压缩}}\right)^2} \tag{3-20}$$

**7. 本书中模量的使用**

考虑到计算精度和时间，本书中的案例将使用两种模量。割线模量将被用于计算压入装配、活动铰链和卡扣装配。由于无法获得某些材料的应力松弛曲线，蠕变模量或表观弹性模量也将被用于压入装配的计算。另外，蠕变曲线将被用于预估材料的长期行为。

## 3.9　应力关系

**1. 介绍**

在一个三维材料单元（见图 3-15）内，可以定义六个应力，它们分别是三个正应力 $\sigma_X$、$\sigma_Y$、$\sigma_Z$（分别沿 $X$、$Y$、$Z$ 三个方向）和三个切应力 $\tau_X$、$\tau_Y$、$\tau_Z$。同时，也有六个应变与上述应力一一对应。

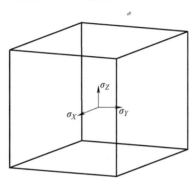

图 3-15　三维材料单元

向三维单元施加复杂载荷，三个应力的向量和就是单元的等效应力。

**2. 试验**

在简单的拉伸或压缩试验中，试样仅受到拉伸力或压缩力。试验可以获得以下参数的值：最大正应力（$=\sigma_{极限}$）、最大正应变（$=\varepsilon_{极限}$）、最大剪切应力（$=\tau_{极限}$）、最大变形能（$=W$）。

**3. 等效应力**

等效应力 $\sigma_{等效}$ 被定义为复杂载荷条件下三个应力分量 $\sigma_X$、$\sigma_Y$、$\sigma_Z$ 的等效应力，其值常被用来与拉伸试验中的四个值（$\sigma_{极限}$、$\varepsilon_{极限}$、$\tau_{极限}$ 和 $W$）进行比较。

四种经典分析理论，或者说强度理论，就是基于等效应力与最大正应力、最大正应变、最大剪切应力和最大变形能的比较。

**4. 最大正应力**

在三维复杂载荷条件下，若等效应力等于某一主方向的正应力，则材料将达到最大正应力，即

$$\sigma_{等效} = \sigma_Z \tag{3-21}$$

比较等效应力和最大正应力

$$\sigma_{等效} = \sigma_{最大} \tag{3-22}$$

因此

$$\sigma_{等效} = \sigma_Z = \sigma_{最大} \qquad (3\text{-}23)$$

和简单拉应力试验类似，在三维复杂载荷下，当 $\sigma_{等效} = \sigma_{极限}$ 时，失效将会发生。该结果不是非常精确，但计算却相当简单。

最大拉应力理论（也称兰金理论）认为，在复杂载荷条件下，当主应力等于简单拉伸或压缩试验中的屈服应力时，那么单元将产生屈服。

注意：对于单元三向受压，主应力 $\sigma_X$、$\sigma_Y$、$\sigma_Z$ 大于简单拉伸试验中的极限应力 $\sigma_{极限}$ 的情况，该理论不再适用。

**5. 最大正应变**

根据胡克定律

$$\varepsilon_{等效} = \frac{\sigma_{等效}}{E} \qquad (3\text{-}24)$$

最大正应变理论（也称圣维南原理）认为，当最大正应变等于简单拉伸或压缩试验的屈服应变时，材料将发生屈服失效。

在三维复杂载荷条件下，当应变等于简单拉伸试验的极限正应变时，材料就达到了最大正应变

$$\varepsilon_{最大} = \frac{\sigma_{等效}}{E} = \frac{\sigma_X - \nu(\sigma_Y + \sigma_Z)}{E} = \varepsilon_{等效} \qquad (3\text{-}25)$$

或者，简化式（3-25）如下

$$\sigma_{等效} = \sigma_X - \nu(\sigma_Y + \sigma_Z) \qquad (3\text{-}26)$$

**6. 最大剪切应力**

最大剪切应力理论也称为特雷斯卡或库仑理论。该理论认为，当最大剪切应力等于简单拉伸试验的屈服点剪切应力时，材料将发生屈服。

在轴向拉伸或压缩时，某些材料（如混凝土）的断面与轴线成 $45°$。这种情况下，剪切应力先于其他应力达到最大值。

在三维复杂载荷下，等效剪切应力定义为等效应力的一半

$$\tau_{等效} = \frac{\sigma_{等效}}{2} \qquad (3\text{-}27)$$

对于三维复杂载荷，当等效剪切应力等于简单拉伸或压缩试验的极限剪切应力时，材料的剪切应力就达到了极限剪切应力

$$\tau_{最大} = \tau_Y = \frac{\sigma_X - \sigma_Z}{2} = \tau_{等效} \qquad (3\text{-}28)$$

将其表示为正应力和等效应力的函数

$$\sigma_{等效} = \sigma_X - \sigma_Z \qquad (3\text{-}29)$$

注意：在二维平面应力情况下，上述等式称为莫尔圆法。

### 7. 最大变形能

材料单元在三维复杂载荷下所能吸收的最大能量称为最大变形能（畸变能）。最大变形能理论认为，材料单元所能吸收的能量与其在简单拉伸试验中断裂所需的能量相等。

因此，最大变形能的计算式为

$$W=\frac{\sigma_X^2+\sigma_Y^2+\sigma_Z^2}{2E}-\frac{\nu(\sigma_X\sigma_Y+\sigma_Y\sigma_Z+\sigma_Z\sigma_X)}{E}=\frac{\sigma_{等效}^2}{2E} \tag{3-30}$$

且

$$W=W_{形状}+W_{体积} \tag{3-31}$$

即总最大变形能是形状变形能（$W_{形状}$）和体积变形能（$W_{体积}$）之和。

体积变形能为

$$W_{体积}=\frac{1-2\nu}{6E}(\sigma_X+\sigma_Y+\sigma_Z)^2 \tag{3-32}$$

形状变形能为

$$W_{形状}=\frac{1+\nu}{6E}\left[(\sigma_X-\sigma_Y)^2+(\sigma_Y-\sigma_Z)^2+(\sigma_Z-\sigma_X)^2\right] \tag{3-33}$$

平均应力定义为

$$\sigma=\frac{\sigma_X+\sigma_Y+\sigma_Z}{3} \tag{3-34}$$

如果平均应力值为正，则材料同时产生了形状和体积变形。这类热塑性和热固性塑料属于韧性材料。对于韧性材料，等效应力是主应力的函数

$$\sigma_{等效}=\sqrt{\sigma_X^2+\sigma_Y^2+\sigma_Z^2-2\nu(\sigma_X\sigma_Y+\sigma_Y\sigma_Z+\sigma_Z\sigma_X)} \tag{3-35}$$

当平均应力为负值时，材料表现出适度的韧性。对于这种情况，热塑性和热固性塑料仅产生形状变形，而体积则保持不变，此时的等效应力为

$$\sigma_{等效}=\sqrt{\frac{1}{2}\left[(\sigma_X-\sigma_Y)^2+(\sigma_Y-\sigma_Z)^2+(\sigma_Z-\sigma_X)^2\right]} \tag{3-36}$$

上述等式被称为冯·米塞斯等式。

## 3.10 塑料零件设计基础知识

### 1. 壁厚

塑料零件的理想壁厚是 3mm，所有塑料供应商都推荐使用该壁厚值。另外，

该数值也得到了美国材料与测试协会（ASTM）和国际标准化组织（ISO）的推荐。

如果零件不能保持理想壁厚，且存在壁厚的突然变化，那么零件的生产和尺寸精度将受到负面影响。在生产过程中，如果使用浇口1（见图3-16a），左侧壁厚较薄的部分将无法得到良好填充，因为熔融树脂到达该部分时已经冷却。为了有效填充该零件，浇口只能放置在壁厚较厚的区域，如图3-16b浇口2所示。熔融树脂能很好地从较厚区域流动到较薄区域。对于尺寸精度而言，从薄到厚的突然变化会引起零件翘曲，从而无法达到要求的尺寸精度。需要注意的是，半结晶树脂的翘曲变形通常比无定形树脂大。

改善零件壁厚突然变化的一个方法是在变化处添加平滑的过渡，如图3-16b所示。但是，最好的方法是减小较厚位置的壁厚，尽量使整个零件具有均匀的壁厚，如图3-16c所示。

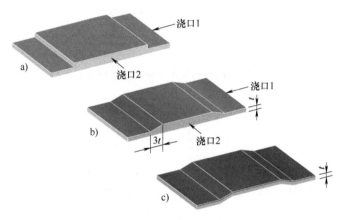

图 3-16  塑料零件的壁厚设计

a）差  b）较好  c）最好

如前所述，塑料零件的最佳壁厚是3mm，但零件壁厚也能偏离理想值，其范围可以在0.5~6.5mm。如果壁厚大于上限值，零件将产生变形、内部空洞和气穴，进而导致零件的一致性和互换性得不到保证。对于壁厚低于0.5mm的塑料零件成型，普通成型工艺数据不再适用。这时模具设计师必须使用适用于薄壁厚的成型数据。

通常，只有具有较高和非常高熔体流动性的树脂才能用于壁厚低于0.5mm的薄壁厚零件成型。如图3-17所示，型芯和型腔上都形成了凝固层。零件越大，熔体流动距离越远，则熔体凝固而无法充满模具的可能性就越高。若为了阻止凝固而增加注射压力，那么模具的锁模力将会超过 69MPa，同时巨大的注射压力会使模具无法锁紧，从而在分型线造成明显的飞边。

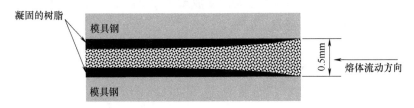

图 3-17 壁厚低于 0.5mm 的薄壁厚零件成型

生产薄壁零件时，聚合物的行为会明显不同，如图 3-18 所示。当壁厚低于 0.5mm 时，型腔压力以渐近线的形式增加，过大的压力使得模具无法有效锁紧，从而在分型线造成大量的飞边。

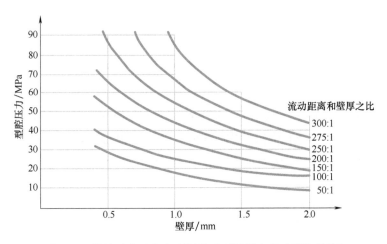

图 3-18 模具型腔压力和壁厚关系（锁模力是壁厚的函数）

**2. 圆角**

热塑性和热固性塑料零件不应存在尖角，可以利用倒圆角来去除尖角。尖角会引起应力集中，进而产生气泡、空洞和缩痕，这些缺陷将降低零件强度。

图 3-19a 所示是 3mm（0.125in）壁厚转角，其设计存在几个问题。首先，其存在三处尖角，它们会造成应力集中、空洞和缩痕。其次，尖角处的壁厚大于基础壁厚（3mm），这些较厚的位置无法在模具中完全冷却，被顶出后，它们继续收缩冷却至室温，从而造成了零件壁内层的破坏和零件壁表面的缩痕。这种零件不仅从外观上无法接受，而且可能发生无法预料的结构失效。

图 3-19b 所示的设计比图 3-19a 好，在转角处添加了一个大小为两倍壁厚的圆角，该圆角消除了由尖角引起的应力集中。但是，仍然有两个尖角未得到处理，与图 3-19a 类似，较厚的壁厚无法在成型中完全冷却，顶出后的继续冷却增加了空洞和缩痕出现的可能性。

图 3-19c 所示是最佳方案。该方案消除了所有尖角，且不存在过厚的壁厚，这使得它非常适用于注射成型工艺。

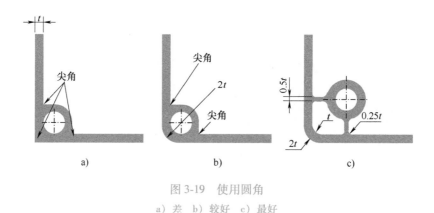

图 3-19　使用圆角
a）差　b）较好　c）最好

在历史上，尖角曾经引起过一个悲剧。1952 年夏天，飞机制造商德哈维兰（英国，赫特福德郡，哈特菲尔德）推出了世界首款喷气式客机"彗星 1 型"。彗星客机具有符合空气动力学的设计，它拥有四个嵌入机翼的涡轮喷气发动机、增压机身和方形大舷窗（见图 3-20）。其客舱相对安静且舒适，这些似乎都预示着该机型会是一个巨大的成功。

图 3-20　拥有方形舷窗的彗星 1 型客机

然而，在初次登场后的一年之内，该型客机却频繁坠毁。大量的调查揭露了一个令人震惊的设计失误，即由方形舷窗转角所引起的危险应力。反复的增压和降压使得方形舷窗转角附近的机身受损（见图 3-21），机身蒙皮产生微小裂痕，客舱里的高压空气冲破这些微小裂痕，并使裂痕不断扩展，最后在机身表面撕开一个大口。最终，所有该型客机被迫停飞并被重新设计。德哈维兰公司再也没能从这次打击中恢复过来，它在客机设计和生产的竞争中失败了。

图 3-21　彗星 1 型残骸图显示了方形舷窗转角处的失效
（该失效由飞行和着陆时的增压和降压造成）

彗星客机的悲剧故事警示设计者：勿忘添加适当圆角。

3. 螺钉柱的设计

在产品装配中，螺钉柱与紧固件配合使用。图 3-22a 所示是差的螺钉柱设计。在该设计中，螺钉柱内侧底面过高，从而造成该处壁厚过厚，使得聚合物无法在成型过程中完全冷却，成型后的继续冷却将导致空洞和缩痕。

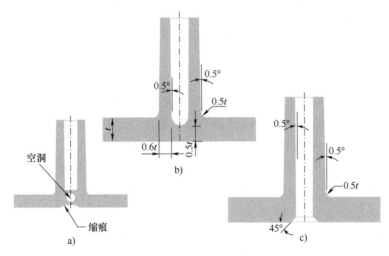

图 3-22　螺钉柱设计
a）差　b）、c）好

图 3-22b 所示是好的螺钉柱设计。螺钉柱底部较深，避免了空洞和缩痕的产

生。但是，如果对侧表面是 A 级面（要求表面非常平滑），且零件使用了易收缩材料，如聚乙烯（PE）或聚丙烯（PP），那么缩痕将无法避免。唯一的解决办法如图 3-22c 所示，也就是将盲孔改为通孔，从而避免缩痕。

#### 4. 筋的设计

筋通常用于提升零件的强度。筋的高度取决于设计者的设计技能。若筋的高度低于 $1.5t$（$t$ 是零件壁厚），则其对零件强度帮助不大，而且筋的存在会大幅增加模具成本（见图 3-23）。另外，高度超过 5 倍壁厚（$5t$）的筋将增加注射成型工艺难度。过高的筋会在模具中引起真空，使得零件的顶出非常复杂和困难。如果筋的表面较粗糙或有纹路，那么顶出问题将更加严重。为了防止真空的形成，应该在筋的顶部添加排气槽。

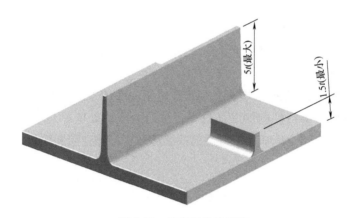

图 3-23　筋高度的建议值

筋的宽度很大程度上取决于零件所用的热塑性聚合物种类。如前所述，热塑性聚合物分为两大类：无定型体和晶体。相比结晶聚合物，无定型聚合物的收缩率更小，因此其筋的宽度可以更宽（见图 3-24）。

由于收缩率比无定型聚合物更高，由结晶聚合物制成的零件，其筋的宽度或厚度应该非常小。例如，聚丙烯（PP）的收缩率不低于 0.030mm/mm，它的筋宽度应该是壁厚的 40%。作为比较，如果零件材料是聚碳酸酯（PC，收缩率比 PP 小），筋的宽度应该是壁厚的 60%。相比基体纯树脂，添加了填充物或经过增强的树脂拥有小得多的收缩率。对于这类聚合物，筋的宽度可以达到壁厚的 80%。

在型腔表面较光滑的情况下，为了确保零件顺利顶出，筋的单侧脱模斜度至少为 0.5°。对于较复杂的零件形状，单侧脱模斜度可达 2°。如果筋的表面有

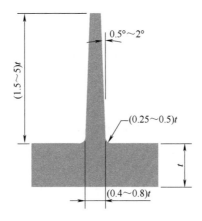

图 3-24　筋的宽度或厚度

纹路，则纹路深度每增加 0.025mm，脱模斜度应该相应增加 2°。

筋底部与零件相连处的圆角不宜过大，半径范围为（0.25 ~ 0.5）$t$。同时，应避免连接处的尖角。

**5. 案例：筋**

长度 250mm、厚度 9mm 的平板（见图 3-25），材料为热塑性塑料，且强度已经过校核。

如果设计工程师熟悉注射成型工艺，那么应该能立即发现上述这种大体积平板无法顺利成型。零件的翘曲和收缩会非常严重，将损害零件的互换性。

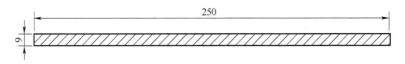

图 3-25　注射成型工艺无法实现的设计

为了避免这个问题，零件被重新设计，同时具有和原零件相同的强度（见图 3-26）。重新设计的零件壁厚是 3mm，这是注射成型工艺的最佳厚度。另外，还给零件添加了 9 条筋，每条筋的宽度为 2mm，也就是零件壁厚 $t$ 的 65%（壁厚 $t$ 为 3mm）。筋的高度为 9.5mm，其取值也位于推荐范围之内。筋的每一侧都添加了 2° 的脱模斜度，所带来的减胶宽度为 0.332mm（单侧），计算如下

$$x = 9.5\tan2°\text{mm} = 0.332\text{mm} \tag{3-37}$$

用筋的宽度减去两倍上述减胶宽度，得到脱模后梯形筋尖端的宽度（见图 3-27），计算如下

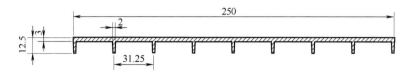

图 3-26　重新设计的零件，更容易成型

$$b = 2\text{mm} - 2 \times 0.332\text{mm} = 1.336\text{mm} \tag{3-38}$$

即筋的尖端宽度为 1.336mm。

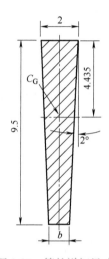

图 3-27　筋的详细尺寸

接下来计算梯形的形心。在水平方向，形心位于水平轴上。但是，在垂直方向，由于梯形形状的影响，形心位置会向大端偏移。

$$y_{1,\cdots,9} = \frac{9.5 \times (2 + 2 \times 1.336)}{3 \times (2 + 1.336)}\text{mm} = 4.435\text{mm} \tag{3-39}$$

3mm 厚平板的形心计算方法与式（3-39）类似。因为平板形状是矩形，因此它的形心就在两个对称轴的交点（见图 3-28）。在垂直方向上，形心与每个侧面的距离均为 1.5mm。

图 3-28　平板细节

每条筋的惯性矩为

$$I_{1,\cdots,9} = \frac{9.5^3 \times (2^2 + 4 \times 2 \times 1.336 + 1.336^2)}{36 \times (2 + 1.336)} \text{mm}^4 = 117.6 \text{mm}^4 \qquad (3\text{-}40)$$

3mm 厚平板的惯性矩为

$$I_{10} = \frac{250 \times 3^3}{12} \text{mm}^4 = 562.5 \text{mm}^4 \qquad (3\text{-}41)$$

最后，总惯性矩为

$$I_{总} = 9I_{1,\cdots,9} + I_{10} = 1620.9 \text{mm}^{4\ominus} \qquad (3\text{-}42)$$

初始设计的截面面积是 2250mm$^2$。经过重新设计，零件成型更加稳定一致，可以确保互换性。新设计零件的截面面积仅为 922mm$^2$。另外，新设计的零件在树脂材料用量减少 59% 的同时，实现了更短的注射成型周期。总之，通过重新设计，零件各方面都得到了巨大改善：减少了树脂材料用量、降低了成型周期，最重要的是，提升了成型产品的一致性。

通常，筋用于提高零件性能和减轻重量，并提升可制造性。请看下述案例。驻车制动杆（见图 3-29）使用了热塑性塑料聚酰胺 6,6（PA6,6），并添加了 50% 的玻璃纤维。通过重新设计，适当设置了一些筋，这些筋承受压力，能阻止蠕变的过早发生。

图 3-29　驻车制动杆（由含 50% 玻璃纤维的聚酰胺 6,6（PA6,6）制成。筋的排布经过了优化，使得当制动时，筋受到压缩载荷）

图 3-30 所示是一款支架，作用是将汽车变速器固定到底盘上，在最初的设计中，零件由铝制成。经过重新设计，材料变为聚酰胺 6,6（PA6,6），并添加了 50% 玻璃纤维。大量的筋不仅确保了塑料零件具有适度的刚性，还使注射成型周期大幅减少，且提高了可制造性。

---

$\ominus$　原书数据为 680.23mm$^4$。

图 3-30　支架〔用于宝马 550i 和 750i，最初由铝制成。经过重新设计，材料变为含 50%
玻璃纤维的聚酰胺 6,6（PA6,6），材料供应商是巴斯夫（BASF）公司。
为了提高刚性、减轻重量和提高量产零件一致性，在零件中设置了大量的筋〕

## 3.11　总结

简而言之，在快速评估中，可以使用最大拉应力理论和最大剪切应力理论。
但在日常计算中，最准确的是最大变形能理论和冯·米塞斯理论，其中冯·米
塞斯理论尤为重要。

第 **4** 章

非线性因素

## 4.1　材料因素

### 1. 线性材料

当载荷移除时，线性材料能完全恢复原始尺寸。大多数金属和某些刚性聚合物具有这种性质。

为了描述线性材料，需要下述三种模量的任意一种：弹性模量、割线模量和切线模量。

在设计的早期阶段就要考虑到线性材料的性质。当零件承受载荷、压力或变形时，这种考虑对评估零件外形和尺寸有非常大的帮助。这个阶段的大多数计算都十分简单，能通过手工计算或便携计算器完成。

### 2. 非线性材料

非线性材料具有黏弹性，在外载荷作用下，它们表现出双重行为，即弹性和塑性变形。

非线性材料具有非线性的应力-应变关系。如果在分析中使用线性材料来近似非线性材料，则会造成误差。这个误差和应力-应变曲线有关系，在曲线的某些位置，分析的误差会相当大（见图4-1）。

非线性聚合物的一个基本假设是，在载荷移除之后，非线性聚合物不能完全恢复至原始尺寸和形状，即不遵循胡克定律。大多数刚性聚合物、某些金属、所有热塑性弹性体和所有热固性弹性体都是非线性材料。

非线性材料模型的计算极其复杂，无法通过手工完成。通常使用计算机软件代替手工计算。计算机软件能处理非线性材料模型和大变形，这些软件使用的分析方法是有限元分析或边界分析法，只要经过适当的培训，工程师就能熟练地使用软件进行分析计算。

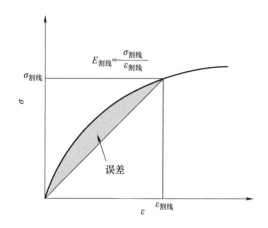

$$E_{割线} = \frac{\sigma_{割线}}{\varepsilon_{割线}}$$

误差

图 4-1 材料非线性引起的误差

## 4.2 几何因素

几何因素指的是决定零件最终设计的所有尺寸。根据零件所受载荷，分析中会用到两种几何因素：线性几何和非线性几何。

1. 线性几何

线性几何包括了大多数现有商用有限元分析代码中的有限元类型。模型中的线性几何具有如下特征，即扭转角不超过 10°，且材料厚度和其他任意尺寸的比值不能超过分析软件对于线性几何的规定值。

典型的线性单元包括杆单元、四边形（板）单元和立体（长方体）单元。

2. 非线性几何

大变形意味着零件的变形量超过了某一结构尺寸，例如平面的厚度。大扭转则是扭转角超过了 10°，此时角度的正弦函数值与角度值有明显差异，无法再近似。

接触非线性问题是另一种几何非线性。

一个接触非线性的典型例子就是球体和刚性表面的关系。其他接触非线性问题包括螺纹连接和两个齿轮轮齿之间的线接触。当要考虑摩擦时，分析将变得困难。因为在这种情况下，需要根据实际的加载情况，将加载过程分为一系列子过程并逐步求解。

用于非线性几何的典型有限元包括间隙单元、刚性表面单元、弹簧单元、摩擦单元、接触单元以及其他单元。

## 4.3 有限元分析

### 1. 有限元分析方法的应用

和简单静态应力和变形分析相比，振动和非线性分析具有不同的建模技术。模型的构建通常取决于分析类型，这些类型包括屈服、蠕变、温度或其他类型。

当分析对称零件时，可以只分析零件的一半，因为另一半完全相同，这样可以节省大量的运算时间。

分析过程中，单元的长度与厚度之比应该小于 10。分析所用模型的材料性质应至少与聚合物相近，且大多数情况下是各向异性材料。一般来讲，承受载荷的聚合物会产生大位移或大应变。另外，完整的材料应力-应变曲线对于建模也很重要（见图 1-34）。

### 2. 使用有限元分析方法

有限元分析分以下三个步骤。

有限元分析的第一步是前处理。可以通过计算机辅助设计（CAD）软件或 FEA 软件自带的建模工具创建 2D 或 3D 几何模型。如果模型是通过 CAD 软件创建的，且 CAD 和 FEA 软件分别来自不同的公司，则需要将该模型导入 FEA 软件自带的建模工具中。

接下来是建立网格单元。单元将以给定的密度在零件表面生成，然后是优化单元上的节点，以确保没有任何重合节点。对于平板单元，在单元生成后，每个单元的法线应只指向外侧或内侧。所有单元的法线应该指向同一个方向。

然后是核对模型的连续性，以确保模型里没有未定义的间隙。在利用对称性简化模型和确认没有单元不连续之后，就可以施加边界条件了。边界条件包括对模型运动的约束或模型的强制位移。

最后是施加载荷。载荷包括零件受到的静态或动态的力、力矩或压强。载荷也可以是温度梯度、随时间变化的载荷、应力松弛或其他形式。

有限元分析的第二步是求解，或数值计算。通过软件内部代码或外部代码都可以完成这一步。

有限元分析的最后一步包括结果解释和评估。这一步是整个分析过程中要求最高和最具挑战性的部分，它要求分析工程师富有经验和专业知识。结果的呈现形式包括任意方向的位移、任意主方向的位移或者总位移。应通过应变、应力、能量、热膨胀、收缩或其他因素来评估结果。

**3. 最常见的有限元分析代码**

有三种常见的有限元分析代码，分别用于个人计算机、工作站和大型计算机。

用于个人计算机的常见有限元分析程序有：Algor（Algor 公司，匹茨堡，宾夕法尼亚州）、Cosmos/M（达索系统公司，Vélizy Villacoublay，法国）、ANSYS（Ansys 公司，塞西尔镇，宾夕法尼亚州）和 NISA（Cranes 软件公司，特洛伊，密歇根州）。

用于工作站和大型计算机的软件有：Abaqus（达索系统公司，Vélizy Villacoublay，法国），ANSYS，MARC、MSC/NASTRAN 和 PATRAN（MSC 软件公司，纽波特比奇，加利福尼亚州）、NISA、Cosmos/M 和 Algor。

## 4.4 总结

在压入装配中，如果装配时零件的总变形或应变超过了 10%，则推荐使用有限元分析。在活动铰链成型中，如果铰链长度不大于 2mm（0.080in）且弯曲角度大于 60°，通常就要用到有限元分析。

悬臂梁式卡扣分为两种：一种是单向卡扣，需要使用特殊工具才能打开；另一种是双向卡扣，能多次徒手开合。梁理论并不适用于所有卡扣，当卡扣用于装配两个及以上零件且悬臂梁的弯曲角度大于 8°时，应该使用具有大变形分析能力的有限元分析方法。

第 **5** 章

塑料焊接技术

要焊接两个零件，可选择的方法有很多。在选择焊接方法时应考虑所有的影响因素，如材料、设计、产品使用的环境条件和焊接工艺的成本。

由于聚合物较易熔化，所以焊接能量相对较低。热量、摩擦、甚至超声振动和射频都能产生足够的聚合物焊接能量。焊接方法包括超声波焊接、超声波热熔、热板焊接、旋转焊接、振动焊接和激光焊接。除了电磁焊接需要黏合剂，其他焊接都不需要额外添加材料（如焊条）。

## 5.1 超声波焊接

超声波焊接利用了振动原理。在两个零件的焊接过程中，一个零件产生振动，而另一个零件保持固定。振动产生的热量将熔化接合处的材料，从而实现焊接。

只有热塑性聚合物适合超声波焊接。热固性聚合物在再次受热时不会熔化，因为其分子链之间互相交联。

### 5.1.1 超声波设备

超声波焊接工艺的设备取决于产品产量。用于大批量生产的超声波焊接设备和小批量原型机焊接设备不同，但它们的原理类似。

典型的超声波焊接系统包括电源（也称超声波生成器）、转换器（也称换能器）、变幅杆和焊头（见图 5-1）。焊头是一个金属杆，具有特定共振频率，它能将能量传递给待焊接零件。换能

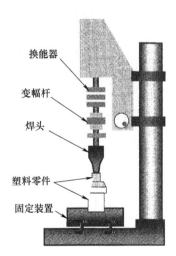

换能器
变幅杆
焊头
塑料零件
固定装置

图 5-1  超声波焊接设备

**67**

器、变幅杆和焊头被一起安装在一个框架里，在气缸带动下，框架能沿着支架竖直滑动。气缸的气压可由人工或自动化系统控制。压强、焊头触发压力、频率和振幅可通过设备控制面板或计算机来调整。操作员使用两个按键控制设备。

为了产生焊接某一装配体所需的振动，超声波焊接设备使用了压电陶瓷材料，该材料具有一种特殊性质，即流过陶瓷的电流会引起陶瓷的尺寸变化。电源的频率为 50~60Hz。当电流流过压电陶瓷时，陶瓷会以非常高的频率膨胀和收缩，通过该过程，电能被转换为机械振动能。振动的频率范围为 15~40kHz。超声波焊接系统最常用的频率是 20~40kHz。

机械振动的往复距离称为振幅。典型 20kHz 换能器的振幅在 0.013~0.02mm 之间，这也是它的最大膨胀和收缩范围。

针对不同的应用，超声波焊接系统不尽相同。一体式焊接机（见图 5-2）将电源、执行机构和声学元件全部包含在内，从而构成了一个独立的系统。这种系统的优点是低投入和易操作。

模块化的系统，除了包括焊接机之外，还具有旋转分度台和串联输送机。这类系统适用于大批量的零件装配。另外，该类设备的部件是可替换的且易于升级。可移动超声波焊接机如图 5-3 所示。

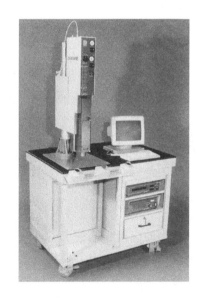

图 5-2　超声波焊接机 "HiQ Dialog" 集成了软件系统（可以控制焊接过程和设备功能，并能提供两种可视化的焊接控制方法："EasySelect" 和 "Expert mode"）（图片来源：赫尔曼超声波公司）

图 5-3　可移动超声波焊接机（工作台使用铝制桌面作为焊接机的底座，生成器和控制器位于桌架内）（图片来源：杜肯公司）

　　模块化的系统分为半自动（见图5-4）和全自动型号。全自动型号包括了一个用于抓取和放置物品的机器手臂。

　　焊接功率取决于焊接周期或零件材料，电源功率范围为150~3200W（20kHz系统）或150~700W（40kHz系统）。

　　控制单元被集成到电源里，可以是模拟型或数字型的。数字控制单元由计算机控制。

　　框架或机箱内部是换能器。换能器产生振动，但在到达焊头表面之前，振动必须进一步加强，以实现零件的有效焊接。

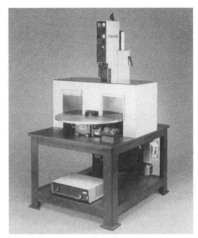

图 5-4　半自动超声波焊接机，带旋转
分度台（图片来源：杜肯公司）

## 5.1.2　焊头设计

　　当焊头从变幅杆接收到大量振动能量时，焊头将达到共振频率。此时焊头末端将以其中心（也称为焊头的节点）为基准不断膨胀和收缩，即焊头的尺寸会交替伸长和缩短。焊头表面（焊头与零件的接触面）最高位置与最低位置的距离差值被称为焊头振幅。焊头表面形状通常与零件的焊接面形状相同。

　　焊头被设计为具有半波长的共振单元。焊头材料必须拥有低声阻抗（低超声波损耗）和高疲劳强度。

　　超声波焊接会产生三种振动。第一种是纵波。这种波的传播方向与焊头轴线平行，垂直于底座。它是波长 $\lambda$、振幅和方向的函数。纵波（见图5-5a）用于传递焊接能量，它是超声波焊接过程中唯一起作用的振动类型。

　　第二种振动是横波。典型横波是频率非常高的电磁波，并且仅由剪切应力引起。横波的传播方向与焊头轴线垂直（见图5-5b）。应该避免横波的产生，因为横波不能使整个焊头产生振动，它只能造成焊头表面的振动。由此造成的结果是，横波能量几乎无法传递给待焊接的零件。

　　第三种振动是弯曲波。这种波对超声波焊接有害。焊接系统部件之间的装配配合不平衡会引起这种振动。这种波会导致传递给零件的压强不均匀，从而造成不均匀的焊接。在超声波从换能器传播到焊头的过程中，弯曲波会从焊头返回换能器，在弯曲波的影响下，换能器里的压电陶瓷材料可能会断裂。弯曲波使得被焊零件内部产生高压力和拉力（见图5-5c）。为了改善系统的不平衡，可以通过添加非对称质量来重新获得平衡。焊头设计应能完全避免横波和弯曲波。

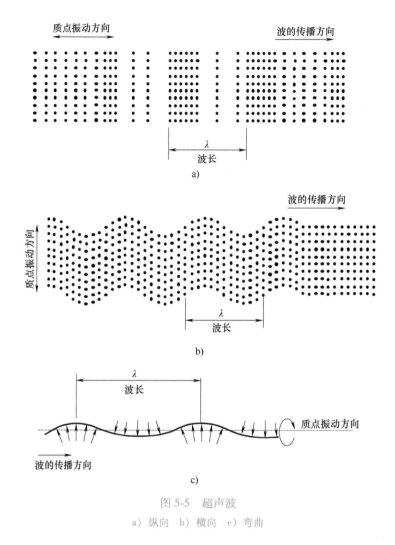

图 5-5　超声波

a）纵向　b）横向　c）弯曲

　　焊头通常由铝、钛、莫奈尔合金、不锈钢或合金钢制成。这些材料的性质不同，因此分别用于不同的领域。选择焊头材料时，重点是材料不应消耗声学能量。

　　钛的强度高，并且具有很好的声学性能，同时它的耐磨性也要好于其他焊头材料。

　　铝虽然没有钛耐磨，但它是最好的低强度焊头材料。铝的振幅较低，适用于大零件的焊接。

　　钢材特别适用于低频焊接。钢材耐磨损，但无法达到较高频率。对于低振幅和高磨损的焊接，如超声波金属插入，钢材是很好的焊头材料。

经过表面渗碳的钛推荐用于高振幅和高磨损的应用。

## 5.1.3　超声波焊接技术

为了获得较好的超声波焊接效果，焊头必须尽量靠近焊接位置。为了确保焊接精度，需要使用夹具或支撑治具将零件预先固定在一起。夹具有两种作用：一是使零件和焊头对齐，二是为待焊接区域提供支撑。夹具由铬铝合金或环氧树脂和钢材制成。

如图 5-6 所示，夹具牢固地固定住零件，同时为零件提供精确定位。在焊接过程中，夹具利用抽真空来固定零件。一旦焊接完成，真空状态迅速反转为高压状态，焊接完成品在高压空气作用下被顶出夹具。

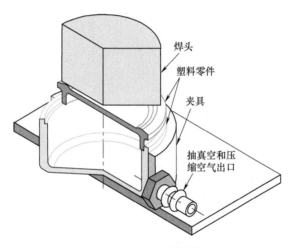

图 5-6　气动夹具设计

大多数夹具由机械加工或铸造成型工艺制成。由这些工艺制成的夹具将与下侧待焊接零件接触并使其定位到给定位置。焊接区域附近的零件厚度和平面度变化会对焊接过程产生不利影响。为了克服这些不利影响，夹具表面会覆盖一层橡胶或类似橡胶的材料，例如硅酮。在标称静态载荷下，橡胶或硅酮可以使零件和夹具保持良好定位。而在焊接的高频振动阶段，橡胶或硅酮则表现出刚性行为，从而起到刚性约束的作用。它们也有助于吸收随机振动，这些随机振动经常导致零件非焊接区域的开裂或熔化。

有多种因素能影响超声波焊接。聚合物类型（待焊接材料）、零件外形和壁厚都会影响机械能的传播，这些因素也会影响夹具的设计。

变幅杆或放大器用于控制振动，它使振动保持在合适的水平，从而熔化适量的材料以获得最好的焊接效果。变幅杆由钛或铝制成，并被标记不同的颜色，用于区分产生的不同振幅。

超声波焊接的周期（见图 5-7）可以低于 1s，也可能多达数秒，具体取决于零件尺寸和焊接面积。保持时间能从 0.25s 到大约 1s，它同样取决于待焊接零件的尺寸和形状。

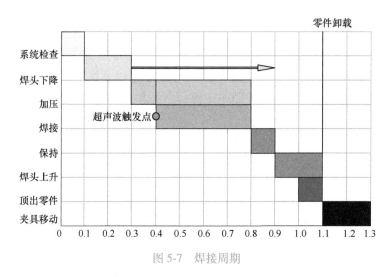

图 5-7　焊接周期

焊头将变幅杆的振动能量传递到待焊接零件。焊头从变幅杆获得的振幅取决于焊头设计。不同的焊头设计将带来不同的振幅。

图 5-8 所示是一种阶梯式的焊头设计，这种设计可以方便地调整振幅。通过将多个焊头首尾相连，可以增加或减少末端焊头的振幅。位于图 5-8 中间位置的焊头也称为变幅焊头。

在这种首尾相连的焊头设计中，避免焊头受到过大的应力十分重要。过大的应力将导致系统的疲劳失效。

把换能器产生的振幅和焊头末端的振幅（输出振幅）之比称为增益。增益是换能器（输入端）和焊头表面（输出端）之间区域的截面的函数。

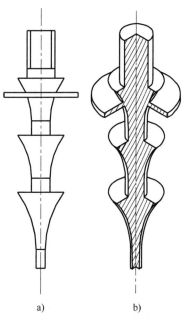

a)　　　　b)

图 5-8　阶梯式焊头设计

如果输出端比输入端的截面积小，那么增益将远大于 1，振幅将增大。

针对不同的焊接应用，有不同的焊头形状。阶梯形、圆锥形、链式或傅里叶式焊头可在应力腹点相连，腹点位于两个相邻波峰之间。大的焊头（大于75mm 或 3in）可以通过切割凹槽来改变共振频率，这种改变可以多达波长的 1/4。上述每种焊头都对应特定的增益量。

### 5.1.4　控制方法

振幅是焊接功率的最大影响因素，它在焊头设计中也十分重要。如前所述，焊头是一个半波长的金属棒，在特定频率下，其尺寸能引起共振。

恒定能量是用于焊接零件的总超声波能量（见图 5-9）。在焊接过程的某一段时间内，所有焊接能量被施加到焊接区域。能量的施加不会受到外界因素的影响，如电压波动等。所有其他参数，例如焊接时间或焊头行程（焊头竖直向下的运动距离），都需要调整到最佳值。

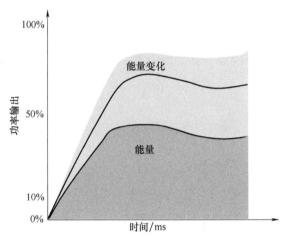

图 5-9　恒定能量控制法

较新的计算机控制的超声波焊接系统极大地改善了焊接过程，因为相较于只能控制焊接时间的系统，它能直接控制传输的振动能量。

另一种控制技术基于焊头行程。控制焊接质量的方法之一就是控制焊头行程。有两种控制焊头行程的方法：部分行程控制法和完全行程控制法。

在部分行程控制法中，焊头直到与待焊接零件接触才停止向下运动。一旦探测到接触，数显传感器立即接通电路，产生超声波（见图 5-10a）。气缸对零件施加压力，直到零件达到超声波失活点（UDP）。至此，焊接完成。

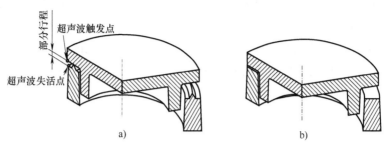

图 5-10　部分行程控制法

a）焊接前　b）焊接后

在某些情况下，如零件无法稳定定位时，部分行程控制法无效。这时就需要用到完全行程控制法或绝对行程控制法。当焊接精度是最重要的要求时，这种方法最适合。在完全行程控制法中，只有当行程达到预设值，焊头才会停止工作。

完全行程控制法（见图 5-11）使用数显传感器控制焊头，使得焊头能在接触零件之前被激活。激活位置可以是固定的参考点，也可以通过测量焊接接头的变形来获得（见图 5-11a）。只有到达超声波失活点位置，焊头才会停止工作。预设行程达到后，保持阶段开始。编码器向计算机发出信号，停止振动能量传向焊头。

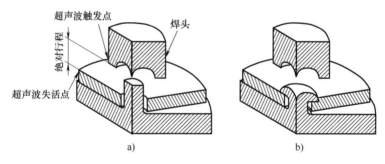

图 5-11　完全行程或绝对行程控制法

a）焊接前　b）焊接后

与完全行程控制法的预设行程不同，部分行程控制法的行程通常受限于导熔线的高度。

另一种焊接控制方法基于时间。在恒定时间控制法（见图 5-12）中，超声波开启的持续时间固定（通常为 $0.2 \sim 0.3\mathrm{s}$），而对于其他参数，则根据具体情况进行调整。

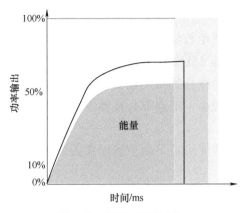

图 5-12　恒定时间控制法

在这种方法中，有经验的作业员可以通过试验来决定超声波的持续时间。零件尺寸、材料和其他因素都会影响时间的选择。

超声波焊接的连接强度最多可以达到原聚合物强度的 95%。在某些情况下，超声波焊接可以实现密封连接。

影响焊接过程的另一个重要因素是远场焊接和近场焊接的选用。

远场或近场指的是待焊接区域和焊头接触点（即零件与焊头的接触点）的距离（见图 5-13）。如果该距离大于 7mm，就是远场焊接；反之则是近场焊接。远场和近场焊接分别对应不同的焊头，但对于同一装配体，建议避免混合使用远场和近场焊接。

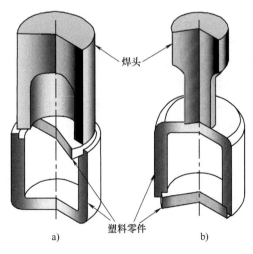

图 5-13　焊头位置

a）近场焊接　b）远场焊接

焊接所用的频率取决于几个因素，包括零件尺寸和聚合物刚性。一般较大的零件和较软的聚合物使用较低的焊接频率。某些情况下，非常大的零件（大于 150mm）可以使用低至 15kHz 的频率，与其对应的焊头也将非常大。与此相反，较小的零件和较硬的聚合物需要较高的频率。远场或近场也能影响频率的选择。近场焊接的频率较高，随着焊头接触点和焊接接头距离的增加，焊接频率逐渐降低。

控制方法的种类和精度决定了超声波焊接的质量。计时器控制焊接和保持时间。

熔化温度、弹性模量和总体结构决定了焊接所需的振动能量。刚性聚合物具有最好的焊接性能，因为它能很好地传递振动能量。另一方面，由于弹性模量或割线模量较低，较软的聚合物会耗散振动能量，使其难以焊接。但是，较软的聚合物适合超声波热熔、成型或点焊。

无定形聚合物在完全熔化前会逐渐变软，在熔化后，它易于流动且不会过早凝固。

结晶聚合物无法高效地传递超声波能量，因此比起无定形聚合物，它需要更高的焊接能量。由于具有明确的熔点，结晶聚合物的焊接更容易控制，也使得在由其制成的装配体中，不同零件拥有相似的焊接频率。

脱模剂，例如硬脂酸锌、硬脂酸铝、碳氟化合物和硅酮，会破坏焊接过程。如果成型过程中一定要使用脱模剂，那么应该选用喷涂式脱模剂。可以使用氟利昂 TF 溶液清洗结晶聚合物的脱模剂，或者也可以使用 50% 浓度的洗涤剂水溶液。

### 1. 常见的焊接问题

任何制造工艺都可能出现问题。下面列出了超声波焊接的常见问题及其产生的原因，并提出了对应的解决方案。

过焊通常是由于待焊零件接收了过多的焊接能量。可以通过减小气缸压力或缩短总焊接时间来解决该问题。其他可行的方法包括减缓气缸运动和控制功率。

焊缝不均匀可能由多种因素引起。零件变形就是原因之一，此时应检查零件尺寸、误差和工艺条件。更高的焊头触发压力也可能解决该问题。

如果焊缝不均匀是由导熔线的高度变化造成的，则需要重新设计导熔线。焊头、夹具和零件之间的平行度不佳也可能导致该问题。

有时零件壁的变形也会引起焊缝不均匀。可以给零件添加筋或修改夹具以阻止零件壁向外侧的变形。

焊接区域的顶杆位置同样会导致不均匀焊接。应将顶杆位置移出焊接区域。另外，顶杆位置要与零件表面齐平。

夹具若不能完全固定零件，也将造成不均匀的焊缝。改善关键区域的支撑、重新设计夹具或将柔性夹具改为刚性夹具可能解决这个问题。某些情况下过大的气缸压力会引起零件的弯曲，这个问题可以通过添加刚性支撑解决。

当零件误差不能满足要求时，就需要规定更严格的公差或成型参数。图 5-14 所示超声波焊接机的输出功率和频率分别可以达到4000W 和 15kHz，焊头尺寸为 300mm×350mm。

不均匀焊缝的另一个可能原因是不恰当的零件对齐。对齐问题可由焊接时零件的移动引起。应该检查待焊接零件的对齐措施是否合适，同时也要检查焊头、零件和夹具的平行度。

焊头和零件之间的不紧密接触也能造成不均匀焊缝。应该确保没有缩痕、凸起的标志或其他因素妨碍紧密接触。

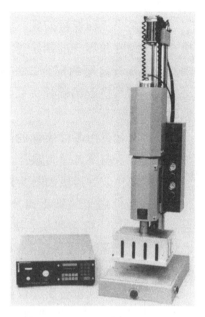

图 5-14　超声波焊接机（图片来源：声学和材料有限公司）

零件表面的脱模剂同样会造成不均匀焊缝。如前文所述，在焊接之前，零件应该被清洗干净，应尽量使用喷涂式的脱模剂。

焊缝均匀性还会被增强纤维所影响。在这种情况下，应重新检查工艺条件，并尽可能减少增强纤维的用量。另外，应验证纤维种类（即短纤维或长纤维）的影响，还应检查纤维分布是否均匀。

如果不均匀是由不同型腔（型腔是模具中的空腔，在成型过程中，聚合物会充满该空腔）的差异引起的，那么就需要进行统计分析，以确定不同型腔的区别。应该对型腔和浇口（模具中为熔融聚合物提供进入型腔通道的区域）的磨损状况进行检查，特别是使用纤维增强聚合物的模具，因为这种模具的磨损是一个主要问题。

材料中回收塑料的含量可能会导致问题。此时应检查成型参数并减少回收塑料的含量。如果一定要使用回收塑料，就应该确保回收塑料的品质一致性。

应该通过提高压缩机的输出气压来平衡气缸的压降。焊接设备应具有带安全阀的调压罐。

线路电压的变化也会引起不均匀问题，调压器可以解决该问题。

焊接痕是另一种焊接问题，它的成因有很多，最常见的是焊头过热。此时应检查双头螺柱和焊头前端是否松动。另一个简单的解决办法是冷却焊头，检查焊头和变幅杆之间的配合，并确保焊头没有裂缝。如果焊头是由钛制成的，则可以通过将其换成铝制焊头而解决该问题。如果焊头是钢制的，那么应该减小振幅。

如果焊接痕是由零件表面的凸起造成的，如文字或符号，就需要重新设计焊头，以使焊头与零件适当贴合。另一个方法是将凸起的特征改为凹陷的形式。

手持式超声波焊接机如图 5-15 所示。

焊头和零件之间的氧化铝杂质经常会引起焊接痕。镀铬焊头、夹具或聚乙烯薄膜（薄膜放置在焊头和零件之间）可以解决该问题。

过长的焊接周期也会引起焊接痕。缩短焊接周期可以消除该问题。通过减小振幅、减小压力和调整动态触发压力可以缩短焊接周期。

焊接飞边由过大的导熔线引起。解决方案有减小导熔线大小、缩短焊接时间和减小压力。如果是过大的剪切干涉导致了该问题，则可通过减小

图 5-15　手持式超声波焊接机，
带可替换的焊头前端
（图片来源：声学和材料有限公司）

干涉面积来解决该问题。过高的零件公差和不均匀的焊接接头尺寸也能导致飞边。

焊接组件错位可能由不好的零件设计引起，该不良通常意味着需要给零件添加定位基准。如果是夹具的支撑不良导致了错位，那么建议重新设计夹具以提供合适的支撑。另一个方法是填充夹具的间隙。当错位是由大幅度的零件变形引起时，应为零件增加刚性支撑。不恰当的焊接接头尺寸设计也可能是导致错位的原因，此时需要重新设计该区域尺寸。零件误差和成型不良同样能导致错位，应该收紧零件公差并检查成型条件。

焊接时内部零件损坏的原因可能是振幅过大，可以通过降低频率来减小振幅。如果是焊接时间过长造成了该问题，就要通过调整振幅、压力和动态触发

压力来缩短焊接时间。

过多焊接能量进入零件也可能造成内部损坏。减小压力、缩短焊接时间、减小振幅或使用功率控制设备都可以解决该问题。另外，也应该确保内部零件被适当固定。隔离内部零件和待焊零件或将内部零件移出能量集中区域有时也是简单可行的解决方案。

焊接区域外的熔化和开裂通常是由于内部的尖角所导致的。这时应该将内部和外部尖角改为圆角。适当的内部圆角半径等于壁厚的一半，外部圆角半径应是壁厚的 1.5 倍。

如果过大振幅造成了该不良，可以选用更低振幅的变幅杆。过长的焊接时间也能引起熔化和开裂，此时增加振幅、提高压力或调整动态触发压力可以解决该问题。

**2. 焊接接头设计**

接头设计对于超声波焊接的成功非常关键。在设计接头时，零件的设计和材料是需要重点考虑的因素。

**3. 对接式接头设计**

对接式接头设计，也称为导熔线式接头设计或榫槽式接头设计。搭配这种接头，使得超声波焊接适用于无定形聚合物。

这种接头包括了导熔线，导熔线是一条三角形凸起或平面中央及附近的凸起。该凸起为待焊接的两个表面提供了线接触。三角形凸起的体积（或面积，此时零件对称，可以在 2D 平面内计算面积）应该等于待焊表面之间的自由空间体积。该要求可以通过 2D 图中上述两个区域的面积方便地估算。为了实现良好焊接，导熔线或尖端区域熔化的材料体积应该等于容纳熔化材料的空间。

在对接式接头设计中，焊接空间（指焊接之前，图 5-16 横截面中所示区域）体积应该至少是导熔线体积（或面积）的三倍。当三角形顶角角度小于 90°时，该倍率数值还要增加。应该避免使用小于 60°的三角形顶角角度。

图 5-16 所示的对接式接头设计能提供强壮的焊接连接。然而，由于槽两侧的间隙，这种接头成型难度较大。导熔线底部应该是壁厚的 0.25 倍，顶角角度不能超过 90°，常用角度为 60°~90°。榫的宽度应约为壁厚的一半。

对于对称焊接（见图 5-16），可利用式（5-1）计算导熔线的体积。

$$V_{导熔线} = 0.125t\left[\frac{\pi d^2}{4} - \frac{(d-0.25t)^2}{4}\right] \tag{5-1}$$

式中，$t$ 为壁厚；$d$ 为导熔线尖端直径。

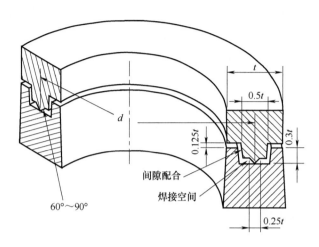

图 5-16　对接式接头设计

利用式（5-2）计算槽的体积

$$V_{槽} = 0.125t\left[\frac{(d+0.5t)^2}{4} - \frac{(d-0.5t)^2}{4}\right] \tag{5-2}$$

台阶对接式接头（见图 5-17）的强度比纯榫槽式接头强度高。熔化的材料流入滑动配合间隙中，形成类似密封圈的结构，从而使得接头具有较好的剪切和拉伸强度。这种接头使用了等腰三角形导熔线，三角形高度至少为 0.5mm，且底部不得小于 1mm。

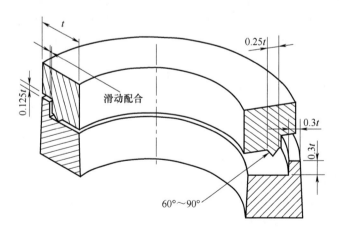

图 5-17　对接式接头：台阶设计

图 5-18 所示是几种对接式接头设计的变体。

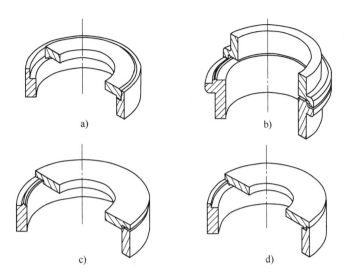

图 5-18　对接式接头设计的变体

a）平台阶　b）双台阶　c）齐平台阶　d）双齐平台阶

### 4. 剪切式接头设计

在焊接过程中，结晶聚合物零件的焊接接头需要实现剪切功能。图 5-19 所示是一种典型的剪切式接头。需要注意的是，干涉量要根据尺寸的不同来调整。对于尺寸小于 20mm 的小型零件，干涉量为 0.2~0.3mm。对于尺寸在 20~40mm 的中型零件，干涉量应该增大到 0.3~0.4mm。最后，对于尺寸大于 40mm 的大型零件，干涉量为 0.4~0.5mm。

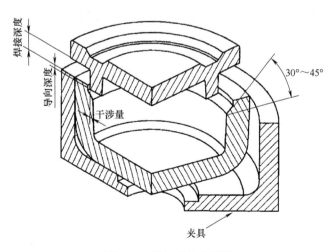

图 5-19　剪切式接头设计

导向深度的最小建议值为 0.5 ~ 0.6mm。焊接深度与壁厚有关，为壁厚的 1.25 ~ 1.5 倍。

焊接开始之前，待焊零件之间的接触仅仅限于一小块凹陷区域。焊接过程中，该凹陷区域有助于零件的定位。焊接开始后，接触面立即熔化，随后熔化沿着零件垂直面继续进行，最终零件在剪切作用下滑动结合。通过两个熔化面之间的剪切结合，泄漏被消除，从而获得良好、无泄漏的密封。

图 5-20 所示是基本剪切式接头设计的几种变体。图 5-20d ~ f 通常用于大型零件（大于 80mm），它们可以防止焊接时的零件变形。

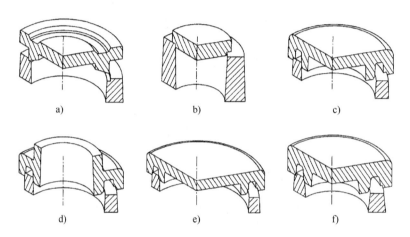

图 5-20 几种剪切式接头设计的变体

a）楔式剪切  b）平剪切  c）导向剪切  d）控制剪切  e）双剪切  f）双裂剪切

图 5-21 所示是能防止飞边的剪切式接头设计。图 5-22 所示是使用超声波焊接技术的装配件。

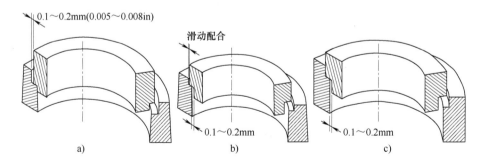

图 5-21 能防止飞边的剪切式接头设计

a）防飞边结构位于外侧  b）外侧和内侧  c）内侧

图 5-22　使用超声波焊接技术的装配件

### 5. 扭转超声波焊接

扭转超声波焊接工艺由瑞士泰索迟克公司在数年前推出，它不同于上述典型的轴向超声波焊接工艺。这种新型焊接系统的商品名称是"Soniqtwist®"（见图 5-23），该系统将常规轴向超声波焊接与往复运动或圆周运动（扭转运动）结合起来，相比常规超声波焊接，在同样条件下，该系统能实现低于 60μm 的往复运动或低至数度的转动。扭转超声波焊接系统的细节如图 5-24 所示。

图 5-23　Soniqtwist®扭转超声波焊接机　　　图 5-24　扭转超声波焊接系统的细节

扭转超声波焊接工艺的焊接周期与常规轴向焊接相近。该系统用于敏感部件的焊接，例如电子装配体，这些装配体包含塑料壳体、壳体上的薄膜或薄膜开关以及壳体内的电路板。另一个例子是汽车曲轴脉冲传感器。

用于这种新工艺的零件可以有更薄的壁厚，因为零件表面不会出现任何焊接痕迹。如果使用这种工艺，即使是结晶聚合物零件，一般也要设计导熔线。对于汽车部件，如保险杆、蒙皮甚至前围通风口，壁厚可以减少最多20%，而且不会影响到喷涂A级表面（甚至免喷涂直接成型A级表面）的外观。

壁厚的减小能显著减轻零件重量，而后者正是当今汽车市场的一个主要驱动力，因为更轻的重量有利于汽车的电动化，且缩短了零件注射成型周期。图5-25所示是通过扭转超声波焊接工艺焊接了定位部件的汽车摇板，该汽车摇板为喷涂零件。

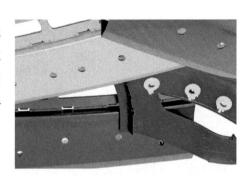

图 5-25　汽车摇板

**6. 案例：焊接不同类型的聚合物**

很多人，特别是容易得蛀牙的人，害怕看牙医。在传统治疗方法中，需要向牙龈注入大量填充剂，并使用能发出可怕噪声的钻头在白齿上进行打磨。德国牙科设备生产商DMG开发了一种被称为Icon®的牙科涂抹器（见图5-26），这种工具是牙医畏惧者的福音。

图 5-26　牙科涂抹器 Icon®，DMG 公司（德国，汉堡）出品

这种产品将盐酸直接涂抹在牙齿表面的脆弱区域，盐酸能腐蚀牙釉质并暴露出蛀牙。具体疗法为使用光固化树脂填充蛀牙，然后用蓝光照射树脂，最终密封牙齿表面。这种技术对于早期蛀牙非常有效，并使得看牙医不再痛苦。

该牙科涂抹器（细节见图5-27）包括三个聚合物零件，通过轴向超声波焊接机装配。其中一个零件是双层聚对苯二甲酸乙二醇酯薄膜（结晶聚合物PET，生产商为三菱聚酯薄膜公司，商标 Hostaphan®），部分区域打孔，厚度0.05mm。

另外两个零件是一对 U 形支架（见图 5-28），材料为无定形聚合物聚苯乙烯（PS），生产商是巴斯夫公司，商标 Polystyrol®。两个支架通过焊接夹住 PET 薄膜（见图 5-27a）。支架装配体如图 5-29 所示。

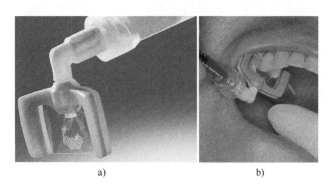

a)         b)

图 5-27　牙科涂抹器（图片来源：赫尔曼超声波公司）
a）细节　b）使用细节

图 5-28　U 形支架有四个定位柱和四条导熔线（图片来源：赫尔曼超声波公司）

图 5-29　支架装配体（图片来源：赫尔曼超声波公司）

超声波焊接能有效控制连接处的熔化并形成紧密连接，且不会使零件过热。要将结晶和无定形聚合物焊接起来，关键是控制焊接力，焊接力用于实现特定的焊接速度。无定形聚合物，如聚苯乙烯，通常具有较高的硬度和刚性，它们需要的焊接热量较少，因而焊接振幅较低，为 $10\sim25\mu m$，频率为 35000Hz。

与之相反，半结晶聚合物，如 PET 薄膜，更软、更有韧性并且通常能承受更高的温度，因而需要较多的焊接热量来破坏聚合物分子之间的连接，这就要通过较大的焊接振幅来实现。

单位体积聚苯乙烯（PS）和聚酯（PET）所需焊接热量-温度曲线如图 5-30 所示。

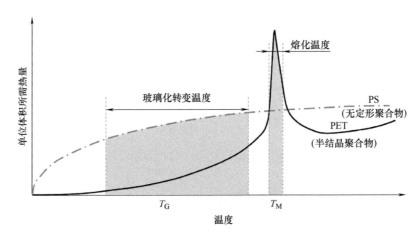

图 5-30  单位体积聚苯乙烯（PS）和聚酯（PET）所需焊接热量-
温度曲线（来源：赫尔曼超声波公司）

考虑到 U 形支架的复杂形状（各种凸起和凹陷）和微小尺寸以及很薄的 PET 膜，牙科涂抹器是一个相当复杂的装配体。注射成型时的翘曲和成型后的收缩，都会影响公差配合，进而造成严重的焊接问题。零件设计不仅需要避免熔融聚合物的溢出，还要确保薄膜能被有效夹紧，不得不说这是一个挑战。保证焊接过程中 PET 薄膜保持正确位置非常重要（见图 5-31）。

PET 薄膜上的孔破坏了薄膜表面的完整性，从而产生了"缺口效应点"。在这些点上，焊头的机械振动会引起应力集中，并导致不期望的聚合物的塑化。

赫尔曼超声波公司为 U 形支架设计了四个柱状特征和四条又小又薄的接头，这些特征确保了焊接连接具有最佳强度。其中导熔线的设计特别适合无定形聚合物制成的薄壁小零件。

无定形聚合物和半结晶聚合物熔点不同，它们之间难以焊接（见图 5-32）。当无定形聚合物（PS，聚苯乙烯）支架在振动影响下温度快速上升时，半结晶聚合物（PET 薄膜）温度上升较慢，因此防止了薄膜的热降解。

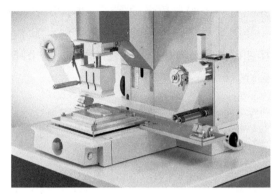

图 5-31　用于牙科涂抹器装配的带薄膜牵引器的超声波
焊接机（图片来源：赫尔曼超声波公司）

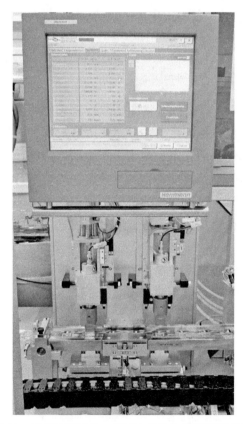

图 5-32　超声波焊接机，带两个焊头和控制焊接参数的
数字显示器（图片来源：赫尔曼超声波公司）

可视化的人机界面有利于焊接质量的保证。焊接参数，如功率、连接速度和焊接力的可视化，使得高质量超声波焊接成为可能。为了实现焊接的完整性和一致性，要求焊接速度曲线具有快速且线性的斜率（见图 5-33），这种曲线能确保焊接的高度一致性。

图 5-33　焊接速度曲线（图片来源：赫尔曼超声波公司）

焊接牙科涂抹器时，焊接机（见图 5-32）首先使用第一焊头向零件施加第一焊接力，然后在焊接过程的后 1/3 段，使用第二焊头施加第二焊接力。在切换至功率更高的第二焊头前，第一焊头所产生的熔融物已被压实。这样做的好处是，整个焊接过程的焊接速度都得到了控制。两个串行工作的焊头减短了总体焊接时间。PET 薄膜从焊头接收的机械振动也变少了，这对于防止薄膜损坏非常有帮助。另外，在冷却保压阶段，熔融物被进一步压实，从而获得了更高强度的焊接连接。

从超声波焊接设备的角度来看，高质量焊接需要精确的超声波激活点（也称为"触发点"）、受控的熔体形成和迅速的焊接终止。

## 5.2　超声波热熔

超声波热熔是一种装配技术，它通过控制热熔柱的熔化和成型来固定其他零件。热熔柱由塑料制成，待装配零件可由同种或不同材料制成。超声波热熔的应用包括装配印制电路板等。

首先，塑料热熔柱穿过待装配零件上的通孔。接下来，热熔头将高频超声波传送到热熔柱顶端。热熔柱开始熔化并填充热熔头的型腔，最终形成较大的头部并固定零件。该头部特征是通过热熔柱的逐步熔化而形成的，热熔柱在整个过程中受到连续且较小的压力，该压力由气缸控制。

与超声波焊接不同，超声波热熔会在热熔头和热熔柱表面之间产生异相振动。必须使用较小的热熔头初始接触压力。在该压力和热熔头的异相振动共同作用下，即使接触面积有限，也能获得有效的超声波热熔连接。

## 5.2.1　标准热熔结构的设计

标准热熔柱设计所产生的头部直径是热熔柱直径 $d$ 的两倍（见图 5-34）。建议最小热熔柱直径为 0.15mm。热熔柱穿过待焊接零件后的凸出部分高度 $h$ 为 $1.5d \sim 1.7d$。

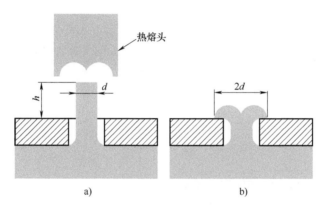

图 5-34　标准（喇叭形）热熔柱设计

a）热熔前　b）热熔后

设热熔柱穿过待焊接零件后的凸出部分体积为 $V_{圆柱}$，热熔头型腔体积为 $V_{热熔头}$。凸出部分体积必须和热熔头型腔体积相等。利用上述体积相等的条件，可求得热熔柱的直径 $d$ 和凸出部分高度 $h$。

$$V_{热熔柱} = V_{圆柱} = \frac{\pi d^2 h}{4} \tag{5-3}$$

$$V_{热熔头} = \frac{V_{圆环}}{2} = \frac{\pi^2 d^3}{8} \tag{5-4}$$

两个体积相等，可得 $d$ 和 $h$ 之间的关系为

$$V_{热熔头} = V_{热熔柱} \tag{5-5}$$

$$h = 1.57d \tag{5-6}$$

式（5-6）就是热熔柱凸出部分高度和其直径之间的关系式。

标准热熔柱设计建议用于较软的热塑性塑料。

### 5.2.2 沉头式热熔结构的设计

如果要求装配后的表面齐平且零件壁厚足够，则推荐使用齐平式热熔结构。热熔凹槽的体积包括三部分（图 5-35 中高度分别为 $t_1$、$t_2$ 和 $t_3$ 的三个区域）

$$V_{凹槽} = V_1 + V_2 + V_3 \tag{5-7}$$

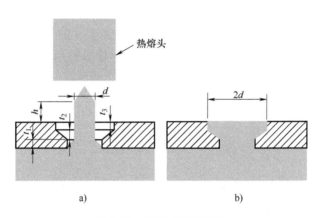

图 5-35　齐平式热熔结构

a）热熔前　b）热熔后

图 5-35 中的热熔凹槽体积可表示为

$$V_{凹槽} = \frac{3\pi d^2 t_1 + 7\pi d^2 t_2 + 12\pi d^2 t_3}{12} \tag{5-8}$$

高度尺寸为

$$t = t_1 + t_2 + t_3$$
$$t_1 = 0.25\text{mm}$$
$$t_2 = t_3 \tag{5-9}$$

热熔柱的体积为

$$V_{热熔柱} = \frac{0.87\pi d^3 + \pi d^2 h}{4} \tag{5-10}$$

$$V_{热熔柱} = V_{凹槽} \tag{5-11}$$

可得不同尺寸之间的关系为

$$h = 2t - 0.87d - 0.58 \tag{5-12}$$

对于齐平式热熔结构，推荐使用圆锥形热熔柱，这种热熔柱通常用于圆顶式热熔。

### 5.2.3　球形热熔结构的设计

球形热熔结构（见图 5-36）推荐用于结晶聚合物，因为它们有较明确的熔点。这种设计也适用于玻璃纤维增强的材料。为了计算热熔柱凸出部分的高度，首先需要先写出它的体积表达式。它由一个圆柱体和一个圆锥体组成

$$V_{热熔柱} = \frac{0.87\pi d^3 + \pi d^2 h}{4} \qquad (5-13)$$

$$V_{热熔头} = V_{半球} = \frac{2\pi d^3}{3} \qquad (5-14)$$

热熔柱凸出部分体积必须与热熔头型腔体积相等，即

$$V_{热熔头} = V_{热熔柱} \qquad (5-15)$$

可得热熔柱凸出部分的高度为

$$h = 1.81d \qquad (5-16)$$

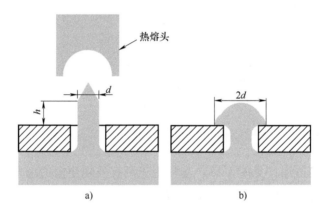

图 5-36　球形热熔结构

a）热熔前　b）热熔后

### 5.2.4　中空柱形热熔结构的设计

如果装配体反面不允许有缩痕或是外观面，那么推荐使用中空柱形热熔结构（见图 5-37）。另外，如果将这种结构和自攻螺钉一起使用，则可以实现装配体的拆卸。

与其他热熔结构的计算类似，中空柱形热熔结构热熔柱凸出部分的高度和直径之间的关系如下：

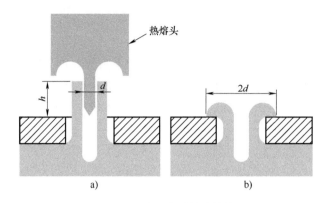

图 5-37　中空柱形热熔结构

a）热熔前　b）热熔后

$$V_{热熔头}=\frac{V_{圆环}}{2}=\frac{\pi^2 d^3}{4} \tag{5-17}$$

$$V_{热熔柱}=\frac{3\pi h d^2}{4} \tag{5-18}$$

$$V_{热熔头}=V_{热熔柱} \tag{5-19}$$

最后，中空圆柱内径和高度的关系为

$$h=1.05d \tag{5-20}$$

## 5.2.5　滚花形热熔结构的设计

滚花形热熔结构（见图 5-38）通常用于没有外观要求的场合。这种热熔结构不建议用于结构强度非常重要的装配体。

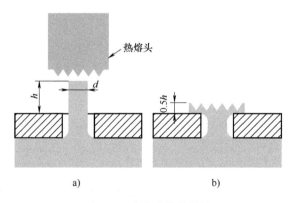

图 5-38　滚花形热熔结构

a）热熔前　b）热熔后

滚花形热熔结构用于产量很高的产品。热熔装配的质量取决于焊头型腔和热熔头之间的几何关系，它们的体积必须合适。热熔工艺要求三个主要工艺参数的精确控制：振幅、压力和热熔时间。若任意参数发生了变化，则另外两个参数也必须精确地调整，否则会造成热熔问题。还需要强调的是，超声波热熔所需的压力比超声波焊接所需的压力低得多。

合适的热熔结构设计具有最佳的头部强度和最好的外观。

设计者可以选用上述几种热熔结构，具体选用类型取决于应用要求和热熔柱的尺寸。

超声波热熔的信号管如图 5-39 所示，该信号管需要密封并承受 0.2MPa 的内部压强。热熔机功率 2000W，频率 20kHz，热熔参数如下：热熔时间 0.75s，保持时间 0.5s，热熔头压强 0.35MPa，振幅 0.03mm。

图 5-39　超声波热熔的信号管（图片来源：布兰森超声波公司、艾默生电气公司）

对于任何超声波热熔结构，都需要遵循同一个原则：热熔头和热熔柱的初始接触面积必须尽可能小，以使热熔头传递的热量集中并使热熔柱迅速熔化。

## 5.3　超声波点焊

超声波点焊技术通常用于连接两个材料相似的零件，且其连接位置为单一点位。这种方法不需要导熔线或预成型（导向）孔。

首先，焊头的凸出部分将熔化并穿透第一层连接件。焊头将能量传递到焊头和零件之间的界面，能量所产生的摩擦热将熔化材料。接下来，随着焊头进一步向下移动，熔融的热塑性聚合物在零件之间流动并凝固，从而形成点焊连接（见图 5-40）。

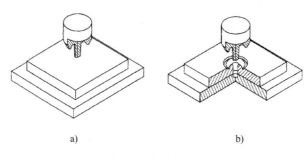

a)                                    b)

图 5-40　超声波点焊

a）焊接前　b）焊接后

## 5.4　超声波卷边

在超声波卷边技术中，零件的连接区域被熔化并卷边，进而包裹或固定住装配体的其他零件（见图 5-41）。计算方法与前文类似。

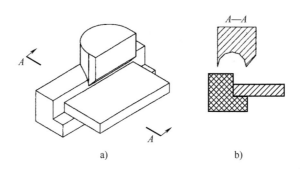

a)                                    b)

图 5-41　超声波卷边结构

a）零件和焊头的等轴测图　b）过焊头轴线的截面图（A—A 截面）

## 5.5　超声波柱焊

超声波柱焊利用了剪切式连接结构（见图 5-42），即柱子直径比孔的直径略大，柱子直径为 $d$，其他典型尺寸为 $a=0.4\text{mm}$，$b=0.5d$，$c=0.4\text{mm}$。每种设计都考虑了焊接过程中孔内空气的排出。在设计第四种阶梯式柱焊结构时，必须仔细检查排气是否顺畅，因为排气不畅会造成连接内部应力。

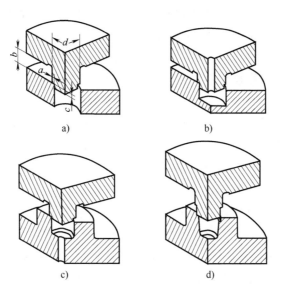

图 5-42　超声波柱焊结构

a）封闭式　b）中空柱式　c）中空孔式　d）阶梯式

## 5.6　旋转焊接

旋转焊接是一种摩擦焊接装配方法，用于连接具有圆形截面的热塑性塑料。在旋转焊接过程中，一个零件旋转而另一个零件保持静止。旋转焊接利用了零件接触面的摩擦热量。摩擦热量将使接触面产生熔融的薄层，接下来零件停止旋转，最后进行连接的保压和凝固。

除了极佳的质量和强度，该方法也较为经济，因为它快速、简单且成本不高。

### 5.6.1　过程

旋转开始后，旋转零件以预设的恒定轴向压力接触静止零件，从而产生热量。

根据所用的焊接机的种类，上述轴向压力分为两种。一种是将压力向下施加到转动物体上，另一种是将压力向上施加到静止物体上。

热量有两个来源，一个是零件之间的外部摩擦，另一个则是零件内部的剪切摩擦。熔化发生后，旋转停止，零件在预设压力下冷却。传感器负责监测工艺参数，如法向压力、扭矩、转速和零件的同轴度。控制焊接的变量包括了时间和能量，其中时间指的是摩擦时间，而能量是产生的摩擦热量。

有两种不同的旋转焊接方法，分别是中心销法和惯性法。

中心销法要求连续旋转和精确的时间控制。用于中心销法的焊接设备具有弹簧式中心销。

当驱动杆向下运动时，中心销与零件中心接触进而实现对齐。随后中心销被压缩。同时，驱动杆继续向下运动，并在卡盘接触并夹取零件后停止向下运动。然后旋转零件在卡盘带动下旋转，达到预设的时间后旋转停止。在旋转过程中，两个零件的接触表面均被熔化。接下来驱动杆回退，卡盘松开零件。利用自制动特征，零件立即停止旋转。但在中心销脱离接触之前，零件一直受到压力。在该压力的帮助下，熔融薄层逐渐固化。至此，焊接完成。

卡盘会在零件表面留下印记。如要避免这种情况，就要使用具有橡胶表面的卡盘。另外，可能需要在零件表面添加相应特征以满足焊接的定位和固定等要求。

惯性法也需要旋转和压力。该方法利用零件的旋转惯性来实现焊接。惯性旋转焊接设备依靠储存在旋转飞轮里的能量来熔化接触面，这样就能使每次焊接的能量保持一致。

旋转驱动杆向下运动，驱动杆与零件之间的定位锁紧特征互相咬合。在待焊接零件之间的摩擦力作用下，飞轮在 0.5s 内停止运动，将动能转换为摩擦热量。摩擦热量熔化接触面并形成熔融薄层。飞轮停止运动后，熔融薄膜在 1s 内固化。驱动杆随即回退，焊接完成。

如果要使用自动化惯性旋转焊接，则必须利用快速离合器带动飞轮。离合器可以放置在气缸之上。在这种情况下，当驱动杆向下运动时，离合器松开，驱动杆和轴可以自由转动。而当焊接完成后驱动杆回退时，离合器重新咬合。也可以将离合器放在卡盘之上，这样会加快驱动轴的速度。

惯性法的关键在于转动体或飞轮应在 1s 内停止转动并在焊接位置形成熔融薄层。飞轮的重量为 5~10kg 每 $20mm^2$ 焊接面积。考虑到转动物体的动能等于物体的转动惯量乘以角速度的平方，因此调整飞轮的角速度要更为方便。转动体质量应尽可能小以便于快速停止，而且应尽量使用类似飞轮的几何外形。

惯性法具有广泛的应用，它的焊接一致性比中心销法好很多。建议在焊接直径大于 20mm 的零件上使用该方法。

旋转焊接过程分为五个阶段。

第一阶段，装配体中的动零件产生摩擦，此时材料没有熔化。

第二阶段，磨粒与材料相互作用，从而产生热量。

第三阶段，材料达到玻璃化转变温度，开始流动。该温度也是旋转焊接过程中材料的最高温度。

第四阶段，材料到达稳态，可以认为此时的温度恒定。产生的热量等于材料通过溢料或热辐射等方式损失的热量。焊缝的填充程度与时间成正比。

第五阶段或最后阶段，旋转停止，进入保压，此时需对装配体施加轴向压力。零件将在压力下冷却，随后焊接完成。

循环时间的控制相对简单，应有足够的循环时间来确保焊接完成。基本的工作流程和钻床工作流程类似：驱动杆向下运动，然后回退并完成循环。当驱动杆下行时，只要气缸内存在气压，焊接就不会停止。

旋转焊接中，夹具对零件的有效固定十分重要。筋和凹槽都有助于旋转时零件的固定。

摩擦力、主轴位置和时间是能影响旋转焊接的变量。可以利用主轴位置和时间来控制焊接。位置调节会影响聚合物的熔化量，可以使用限位开关或限位器来调节位置。

材料熔化后，零件应立即停止运动，以确保熔体在压力下凝固。尤其是对于凝固很快的聚合物，如果没有迅速停止运动，将导致焊接区域承受剪切，进而削弱焊接强度。

较短的焊接时间能减轻溢料，并将热量限制在摩擦表面，从而达成较小的残余应力和变形。通常的做法是，零件以推荐的表面速度仅仅旋转 0.1~0.3s。整个焊接过程，包括操作时间，在 1~2s 之间，这样就能实现高达每分钟 60 次焊接的生产速度。根据零件尺寸的不同，循环时间最多能到 15s。保压时间一般在 0.5~5s，以保证零件冷却至室温和熔融材料的凝固。摩擦阶段的轴向压强是 0.07~0.15MPa。旋转停止后的轴向压强则增加到 0.1~0.35MPa。

## 5.6.2　设备

旋转焊接设备的类型和数量取决于装配体产量：正常批量生产、小批量生产或样品生产。

用于正常批量生产的基本旋转焊接设备包括电动机（可选装制动器）、速度控制器（配有 V 带和滑轮）、气缸（配备行程电磁气阀）、驱动杆、电子计时器（控制行程）、卡盘（夹持旋转零件）和夹具（固定静止零件），如图 5-43 所示。

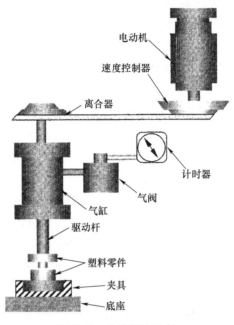

图 5-43　旋转焊接设备

　　垂直安装的气缸具有转轴。利用气缸、阀门和计时器，可以让设备基本实现自动化。通过添加自动进料系统和装配体顶出系统（空气或机械顶出），设备的自动化程度将进一步提高。

　　对于小批量生产或样品生产，手动操作就能满足要求，与手动操作的钻孔设备类似，它具有一个驱动杆和一个用于夹持零件的卡盘。

### 5.6.3　焊接参数

　　接触面之间产生的热量取决于表面的相对速度、接触压力和接触时间。它也受到诸如摩擦系数和传热能力等材料性质的影响。试验数据表明，速度和压力呈线性关系。

　　压力必须被均匀施加到焊接表面。压力应该足够大，以排出气泡、污染物或被降解的材料。但是，零件所能承受的压力是有限的。当焊接界面熔化时，如果施加过大的压力，将会导致零件变形。许多案例表明，可以在初始熔化开始之后加大压力，使材料被挤进焊接界面，从而获得最好的焊接效果。随着温度的进一步升高，将需要额外的压力来防止材料的降解或气泡的产生。应调整接触压力，使其与特定的应用和焊接配置相匹配。

旋转圆柱体表面的旋转速度是圆柱直径和转速的函数。对于实心圆盘,表面上点的平均速度是圆周速度的 0.67 倍。对于空心零件,表面上点的平均速度为

$$v = \frac{\pi\omega(r_o^3 - r_i^3)}{9(r_o^2 - r_i^2)} \qquad (5\text{-}21)$$

式中,$v$ 为表面上点的平均速度(m/min);$\omega$ 为转速(r/min);$r_o$ 为空心零件外径(mm);$r_i$ 为空心零件内径(mm)。

图 5-44 所示是旋转速度和接触压力的建议值与转轴公称直径之间的函数关系。表 5-1 是不同聚合物表面上点的平均速度和初始接触压力的建议值范围。

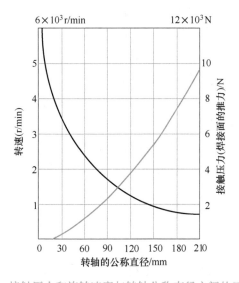

图 5-44　接触压力和旋转速度与转轴公称直径之间的函数关系

表 5-1　不同聚合物表面上点的平均速度和初始接触压力

| 材料 | 表面上点的平均速度/(m/s) | 初始接触压力/MPa |
|---|---|---|
| 丙烯酸甲酯(PMMA) | 3~10 | 0.1~1 |
| 缩醛 | 1.5~10 | 0.2~1.3 |
| 聚碳酸酯(PC) | 2~12 | 0.1~1.2 |
| 聚酰胺(PA) | 1.5~15 | 0.2~1.5 |

预热待焊接零件有助于获得更好的焊接效果。某些情况下,零件在成型后可以立即进行焊接。这种方式特别适合熔点较高的聚合物。但有些聚合物则不行,

因为仅仅依靠摩擦不能使这些聚合物熔化，此时必须经过预热才能进行旋转焊接。

## 5.6.4　焊接接头设计

焊接接头的几何形状是影响焊接质量和外观的重要因素。接头的设计方案有多种，但无论哪种方案，都要考虑下述几点原则，以获得最佳焊接强度和外观。

焊接接头设计的原则包括：

1）用最少的材料实现最大的焊接面积，以节省成本。

2）零件具备定位特征，以减小成型和焊接误差。

3）接触应从接头的中心区域开始并向四周逐步扩展，以利于排出空气。

4）具有足够的刚性，以防止受接触压力而产生变形。

5）具有对称性，以实现接触区域的均匀熔化和熔体的均匀分布。

6）没有应力集中点，如尖角、缺口或壁厚的突变。

7）与系统或子系统的其他方面相兼容。

图 5-45 给出了常见的接头设计方案。锥形、榫槽形和阶梯形接头设计能增加焊接面积。壁厚和增加的面积所产生的阻力限制了焊接面积的进一步增大。图 5-45j 和图 5-45l 是包含了溢料槽的接头设计。

锥形或榫槽形接头还可以提高定位精度和降低晃动。

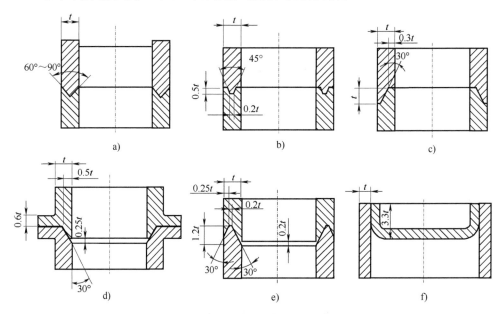

图 5-45　旋转焊接的接头设计

a）锥形　b）榫槽形　c）剪切形　d）平面剪切形　e）反向榫槽形　f）垂直形

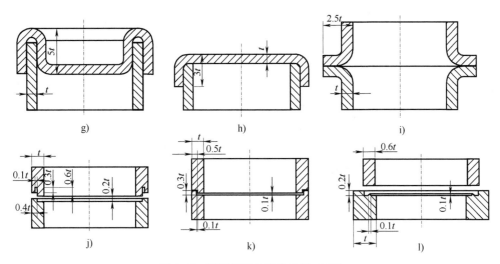

图 5-45 旋转焊接的接头设计（续）

g）双垂直面形 h）垂直曲面形 i）水平形 j）带溢料槽的阶梯形 k）阶梯形 l）带导熔线的阶梯形

在旋转焊接中，将焊接表面溢出过量熔融物的现象称为溢料。可以在接头设计中预留溢料槽以容纳溢料。一种容纳溢料的方法是在零件外表面之间预留 0.25mm 的间隙。在焊接完成后，该缝隙将被溢料填充，如果没有缝隙，则需要在焊接后清除溢料。

在实际中，接头设计也受到材料和装配体用途的影响。

薄壁接头设计和中等壁厚接头设计分别如图 5-46、图 5-47 所示。易熔塞的旋转焊接接头设计如图 5-48 所示。

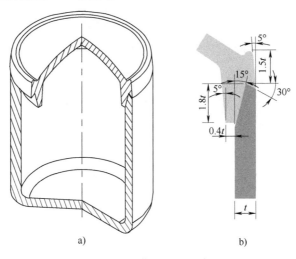

图 5-46 薄壁接头设计

a）装配体 b）接头细节

**101**

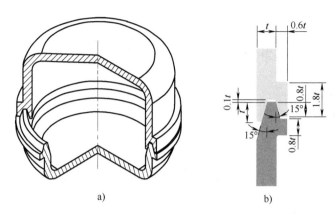

图 5-47　中等壁厚接头设计

a）装配体　b）接头细节

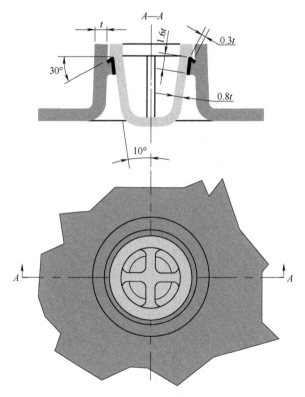

图 5-48　易熔塞的旋转焊接接头设计（用于四缸发动机的
注射成型进气歧管，由通用汽车有限公司制造）

## 5.7 热板焊接

热板焊接是通过在待焊接零件之间放置热板来实现。当零件边缘变软时，移除热板，零件迅速结合在一起。热板焊接适用于两个平滑表面的边缘焊接，它通常用于连接塑料管和各种中空零件（见图 5-49）。

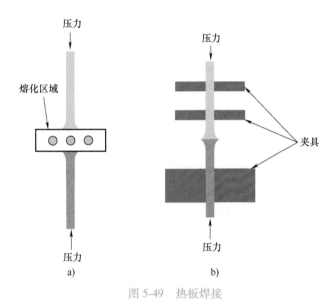

图 5-49 热板焊接

熔化深度或熔深由塑料零件与热板的接触时间决定。根据零件尺寸，接触时间一般为 1~6s。零件在恒定压力下互相贴紧，同时熔融材料冷却，零件在分子尺度形成连接。

使用垂直热板和液压驱动的热板焊接机如图 5-50 所示，通过热板焊接装配

图 5-50 使用垂直热板和液压驱动的热板焊接机

的零件如图 5-51 所示。

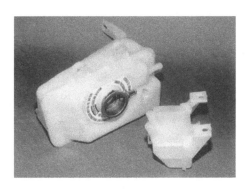

图 5-51　车辆冷却剂系统压力风缸（左）和制动液储存箱（右）［材料为聚丙烯（PP），
通过热板焊接装配。压力风缸和储存箱分别能承受 0.11MPa 和 0.83MPa 的压强］
（图片来源：劲龙超声波有限公司和 MPC 有限公司）

保压时间（受压冷却时间）也取决于零件尺寸，通常在 3~6s。大型零件的
焊接周期可能长达 20s，但小型零件的周期要短得多。

热板焊接的参数包括热板温度、形状和涂层、加热时间、轴向压力、连接
时间和冷却时间。

塑料零件由夹具固定，在焊接过程中，夹具能精确地控制零件之间的对齐
和定位。

## 5.7.1　过程

当夹具用机械手或真空吸盘等气动设备固定零件时，热板也被放置在零件
之间。为了熔化零件边缘，夹具沿垂直于焊接平面的方向运动，将两个零件压
在一起，从而熔化边缘，使得材料开始流动。初始熔化将产生平滑的边缘，且
没有翘曲、缺陷或缩痕。

限位块用于精准控制材料的熔化量和焊接或密封深度。一般来说，在熔化
阶段，0.4mm 厚的聚合物材料会被熔化，而在保压阶段，材料厚度还将被压缩
0.4mm。为了实现熔化深度的控制，在热板限位块接触夹具限位块之前，材料
熔化和厚度变化都不会停止。

一旦零件边缘熔化，夹具将被打开并移除热板。接下来，夹具立刻再次关
闭并将两零件压紧。零件将在预设压力下被压紧 2~7s，之后焊接完成。

最后，夹具打开，装配体被取出。可以通过人工或自动化机械手放置和取
出零件。

## 5.7.2　接头设计

有多种接头设计可用于热板焊接。图 5-52 ~ 图 5-56 是几种常见的热板焊接接头设计，它们都基于对接式接头。

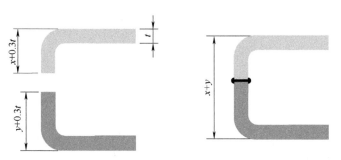

图 5-52　对接式接头设计

图 5-53 所示是一种简单的 L 形法兰式接头，它的应用较为广泛。底座的长度和高度应该分别是壁厚 $t$ 的 2 倍和 1.3 倍。每个零件的熔化厚度约为 $0.15t$，那么焊接完成后的最终壁厚将是约 $2.3t$，精确的厚度值取决于设计和工艺精度。

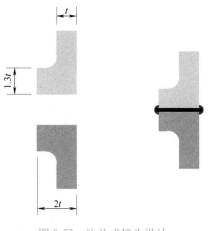

图 5-53　法兰式接头设计

图 5-55 所示是上述接头的变体。同样地，每个零件都将熔化约 $0.15t$ 的厚度。上方零件的垂直唇边遮盖了溢料槽和焊接区域，从而实现了装配体外观面的平整。

如果零件结构和外观都很重要，则可以使用图 5-56 所示的接头设计。这种接头的两侧都可以作为外观面。

图 5-54　热板焊接的汽车尾灯，使用了导熔线或对接式接头设计。装配体包括：
焊接到 ABS 外壳上的亚克力（PMMA）透镜、焊接到同一外壳上的聚碳酸酯（PC）
透镜、焊接到 PC/ABS 外壳上的 PC 透镜（图片来源：布兰森超声波，艾默生电气公司）

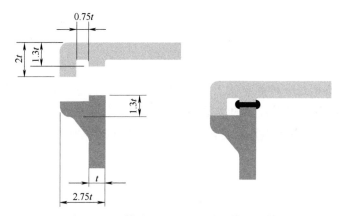

图 5-55　凹槽式焊接接头设计，带溢料槽

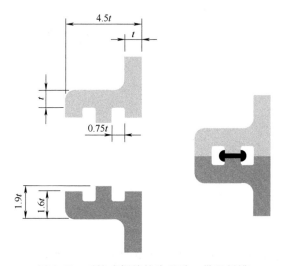

图 5-56　对接式焊接接头设计，带溢料槽

  风窗玻璃清洗液箱（见图 5-57、图 5-58）由两个聚乙烯（PE）注射成型零件组成，它们通过热板焊接装配。每个零件的壁厚为 2~2.5mm，法兰的宽度是 3t。

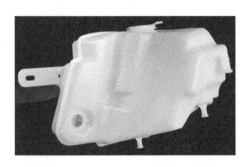

图 5-57 风窗玻璃清洗液箱的主视图
（用于奔驰 M 级 SUV）（图片来源：ETS 公司）

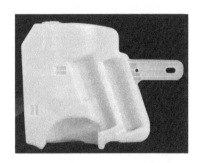

图 5-58 风窗玻璃清洗液箱侧视图

  风窗玻璃清洗液箱材料为收缩率较高的聚乙烯（PE），并且具有较深的腔体结构，上述两个因素使得零件极易翘曲变形。实际上，大多数零件都发生了翘曲变形。在热板焊接时，为了克服翘曲所引起的焊接接头区域的缝隙，使用了较高的保持（冷却阶段）压力，因为零件翘曲引起了内应力。

  由于被放置在发动机盖之下，清洗液箱需要承受约 130℃ 的温度变化，即 -40~93℃。温度变化、振动（由路面、轮胎与悬挂相互作用所产生）和动态载荷（突然加速或制动时液箱中的液体所造成）会引起应力，随着时间推移，应力将引起焊接接头处的微小裂纹。

  风窗玻璃清洗液箱对接式接头设计的细节如图 5-59 所示。整个液箱的设计并不合理。焊缝位于垂直方向。一旦微小裂纹产生，箱中液体将会全部流失。为了避免这个问题，焊缝应该被放置在水平面，这种情况下即使焊接接头失效，也不会导致所有液体的流失。

  表 5-2 是多种未增强和未填充聚合物所能达到的最高焊接接头强度。即使用了增强体或填充剂，热板焊接接头强度仍然取决于基体聚合物强度。这意味着增强体和填充剂

图 5-59 风窗玻璃清洗液箱对接式接头设计的细节（图片来源：ETS 公司）

并不能提高焊接接头强度。

表 5-2　不同聚合物的焊接接头强度

| 聚合物 | 焊接接头强度和聚合物强度（%） |
|---|---|
| ABS | 80 |
| CA | 80 |
| CAB | 80 |
| CAP | 80 |
| EVA | 80 |
| HDPE | 100 |
| LDPE | 100 |
| PA | 90 |
| PC | 80 |
| PMMA | 80 |
| POM | 90 |
| PP | 100 |
| PS | 80 |
| PS-HI | 90 |
| PSU | 60 |
| 刚性 PVC | 90 |
| 柔性 PVC | 90 |
| UHMWPE | 90 |

## 5.8　振动焊接

振动焊接是一种改进过的摩擦焊接技术，它能用于连接多种热塑性塑料零件。这种焊接方法为塑料零件的设计提供了极大的灵活性。它适用于尺寸高达 550mm（长）×400mm（宽）的大零件和不规则外形零件的装配，而用其他方式装配这些零件不划算。

焊接过程很简单。两个零件被夹在一起，一个零件保持静止，另一个零件振动，利用接触面的摩擦所产生的热量，两个零件被焊接在一起。

产生摩擦热量的振动参数如下，振幅为 0.5 ~ 4mm，频率为 120 或 240 次循环每秒。当焊接界面达到熔融状态，振动停止且零件自动对齐。为了形成强度接近基材或基体的连接，当熔融聚合物固化时，夹紧力短时间内保持不变。

振动焊接技术几乎适用于所有热塑性塑料零件，无论零件成型工艺是注射、挤出或是热成形。

振动焊接不依靠聚合物的能量传递性质来实现焊接，只要两个零件能在待焊接面相对振动，焊接就能成功完成。

和旋转焊接类似，振动焊接也有五个阶段。

第一阶段，通过振动产生摩擦热量，此时零件尚未熔化。

第二阶段，零件内部的不同聚合物层产生内摩擦。

第三阶段，聚合物达到玻璃化转变温度。

第四阶段，过程达到稳态，熔体继续生成，且熔体所吸收的热量等于由溢料或零件向环境散发的热量。

第五阶段，也是最后阶段，振动停止，装配体在压力下冷却至室温。

相比未增强聚合物，玻璃纤维增强聚合物的力学性能更容易受到振幅影响。玻璃纤维被从焊接面挤出，形成溢料，大部分溢料位于焊接中心面附近。在该过程中，纤维取向将发生改变，其最终将与溢料方向一致，即与壁厚垂直。焊接区域将呈现基材的力学性质（见图 5-60）。

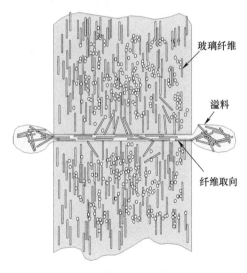

玻璃纤维

溢料

纤维取向

图 5-60　玻璃纤维增强聚合物的振动焊接

使用更高压力可以减小熔融层的高度，从而获得较低的焊缝厚度。同时，由于熔体进一步向外溢出，纤维取向性将增强。

当使用较低压力时，纤维与焊接区域重叠，同样地，焊接区域将表现出基材的力学性质。

通常，对于纤维增强的热塑性塑料零件，振动焊接区域的强度不会高于基体聚合物的强度。如果注射成型零件的熔体流动方向和载荷方向平行，那么焊接强度会得到提高。

振动焊接是一种快速装配技术，循环周期一般在 $1 \sim 10s$。它可以轻易实现约 1.4MPa 的密封焊接。

## 5.8.1　过程

在振动焊接中，零件之间的相对运动距离是重要的工艺参数。

在全壁厚振动焊接中，零件的振动方向垂直于零件壁。活动部件以正弦方式暴露于室温下，聚合物材料则受到间歇性的冷却。暴露于室温中的焊接部分大小为

$$s = A\sin 2\pi\nu t \tag{5-22}$$

式中，$A$ 为振幅；$\nu$ 为频率；$t$ 为时间。

若零件壁厚 3mm 且振幅为 $0.5 \sim 0.75mm$，那么受到间歇性冷却的部分为 $0.3 \sim 0.5mm$。因此，仅 $30\% \sim 50\%$ 的焊接面暴露在空气中。

全壁厚振动焊接也和焊接压强有关，该压强是由焊接过程中的法向力 $N$ 所引起。

压强 $p_0$ 位于焊接区域。在焊接过程中，接触面积会发生变化。因此，对应的压强也会变化

$$p_0 < p < 2p_0 \tag{5-23}$$

压强的变化可能较大，具体取决于振幅与壁厚之比。

在第一阶段，也称为固体摩擦阶段，两个待焊接零件充分接触。由于法向力 $N$ 的存在，零件的相对运动将引起机械摩擦，进而产生热量。

焊接区域所产生的能量可以通过法向力和位移计算。

摩擦力为

$$F_{摩擦} = \mu N \tag{5-24}$$

式中，$\mu$ 为摩擦系数；$N$ 为法向力。

温度的变化为

$$\Delta T = T_{熔化} - T_{23℃} \tag{5-25}$$

式中，$T_{熔化}$为熔化温度；$T_{23℃}$为环境温度。

理论上，非稳态熔融薄膜的产生时间可以利用卡斯劳和耶格提出的公式计算。

材料性质（摩擦系数）随温度的变化和弹性变形（能吸收部分振动）会导致计算不精确。它们将增加固体摩擦阶段的时间，并阻碍焊接区域熔融薄膜的形成。

在第二阶段，也称为非稳态熔融薄膜形成阶段，剪切热使材料熔化，熔融薄膜厚度增加。在焊接压力作用下，多余的熔融材料流入溢料槽。

薄膜厚度的增加量可通过公式估算，该公式由波坦特和乌布宾提出。

溢料槽应足够大，以容纳被压力挤出的材料。足够大的溢料槽将会极大地减小熔体的厚度。

根据波坦特、米歇尔和鲁思曼的研究，溢料量也能估算。

当进入溢料槽的熔体的量等于耗散所产生的熔体的量时，非稳态熔融薄膜开始形成。

第三阶段，也称为稳态阶段，剪切热所引起的熔体厚度增加量和由于熔体进入溢料槽所引起的熔体厚度减少量达到了平衡。热量引起的厚度增加和熔体被挤入溢料槽引起的厚度减少互相抵消，从而保持熔体厚度不变。

第四阶段，也称为保持阶段，熔体在压力下凝固，并形成牢固的焊接。在这个阶段，待焊接零件被预设压力压紧。这个压力直到零件冷却至流动温度（无定形热塑性聚合物的玻璃化转变温度，结晶和半结晶热塑性聚合物的熔点）之下才消失。待焊接零件之间会产生明显的溢料。焊缝将达到其最终形状和强度。这个过程与热板对接焊接类似。

测试表明，如果想获得最佳焊接质量，则应在第三阶段使熔体厚度尽可能大。这意味着熔体受到的压力应该相对较低。然而，较低的压力会增加达到稳态所需的时间。因此，在实际生产中，建议使用变化的压力。较高的压力适用于焊接的初始阶段，一旦熔化完成，应该减小压力以获得更大的熔体厚度。

非稳态过程能在短周期内进行计算，可以确定短周期内的压力分布。如果压力发生变化，熔体厚度和温度都应该使用非稳态的计算方法进行再次计算。

首先，更低的压力意味着更多的材料被熔化，而且进入溢料槽的熔体将会增加。利用熔体进入溢料槽的速率变化，可以得出焊接机压板运动速率的变化。熔体进入溢料槽的速率将在熔体变厚时再次增加，并在稳态阶段保持恒定。

### 5.8.2　设备

振动焊接机采用了简单的振动机构，该振动机构仅包含一个无支承面的运动元件。往复运动通过电磁力实现，其运动频率为 120 或 220 次/s，且直接作用在机械悬挂上。

如图 5-61 所示，振动焊接机的主要部件包括了一组片弹簧、两个电磁线圈、一个振动元件（驱动盘）和一个夹持机构。片弹簧具有三个功能：充当共振部件、使驱动盘免于竖直焊接压力的影响以及在电磁线圈断电时使振动元件复位。

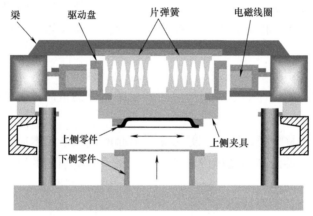

图 5-61　振动焊接机

振动元件与待振动的塑料零件紧密结合，静止元件则夹紧装配体中的另一零件。利用与静止元件或托盘相连的气动夹持机构，压力被施加到零件上。夹持机构固定在振动机外壳上，并在焊接期间拉住零件，使零件紧贴振动单元。

振动机被安装在机架上，机架也包含电源和托盘抬升机构，这些部件构成了一套完整的塑料焊接装配系统。由于具有模块化的结构，振动焊接机的部件也可以和其他自动化系统通用。

用于振动焊接的夹具通常简单且廉价，一般是通过仿形制成的铝盘或铸造聚氨酯。根据零件尺寸，可以使用多腔夹具同时焊接两个或多个零件。

### 5.8.3　连接设计

要实现振动焊接，必须满足特定要求。最重要的两点是待焊接零件在焊接平面内可以相对振动和焊接区域要受到足够的支撑。

基本的振动焊接接头设计是简单对接接头（见图 5-62）。一般情况下需要设计法兰，除非零件壁具有足够的刚性或受到支撑。法兰也有利于零件定位和保持焊接压力的一致。其他振动焊接接头设计如图 5-63 所示。使用振动焊接装配的洗衣机和洗碗机泵如图 5-64 所示。

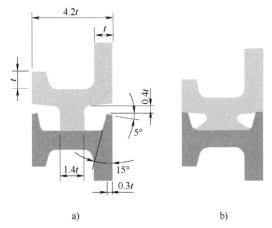

图 5-62　振动焊接接头设计细节

a）焊接前　b）焊接后

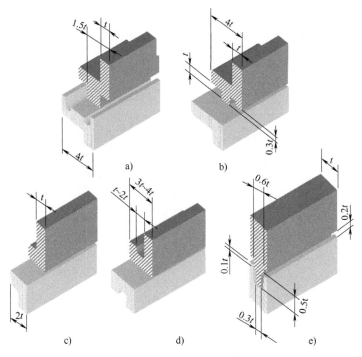

图 5-63　振动焊接接头设计

a）台阶形，带溢料槽　b）直台阶形　c）榫槽形　d）双 L 形　e）脊状双 L 形

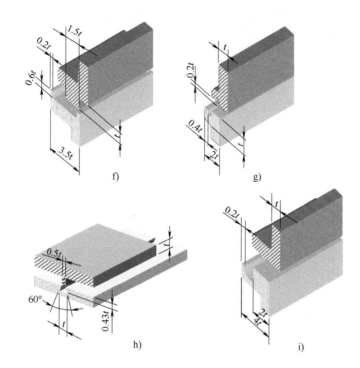

图 5-63　振动焊接接头设计（续）

f) 台阶槽形　g) 双 L 形，带溢料槽　h) 燕尾形　i) 双 L 形，带单溢料槽

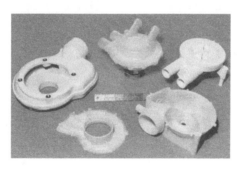

图 5-64　使用振动焊接装配的洗衣机和洗碗机泵（接头形式为对接接头，

焊接实现了装配体的密封，并且能承受 0.52MPa 的内部压强）

（图片来源：布兰森超声波，爱默生电气公司）

　　如果零件壁较薄或较长，则需要特殊处理。已有成功焊接壁厚低至 0.8mm 薄壁零件的案例。

　　和很多涉及材料熔化的装配方法类似，振动焊接也会导致熔体流出焊接区域进而产生溢料。如果溢料会引起功能或外观问题，就必须在接头中增加溢料槽。溢料槽的体积应根据焊接溢料的大小来决定。

　　例如，大众夏朗多用途汽车的进气歧管（见图 5-65），就是利用振动焊接将两个注射成型零件装配到一起。每个零件的壁厚都是 2.5mm。振动焊接接头的设计与图 5-63e 类似，与夹具配合的法兰宽度为 5mm，或者说是壁厚的两倍。设计较宽法兰的目的是为了使夹具中的待焊接零件得到妥当的定位和固定。

a)　　　　　　　　　　　　　　b)

图 5-65　大众夏朗多用途汽车的进气歧管（由两个注射成型零件组成）

a）俯视图　b）仰视图（图片来源：ETS 公司）

　　这两个零件都相当大（约 280mm×400mm），需要在夹具中适当定位。在振动焊接过程中，任何零件和夹具之间的对齐问题都会导致零件的开裂。用于驱动两个弹簧（弹簧与振动焊接机的梁相连，见图 5-61）的力非常大：每个弹簧都大于 135000N（约 30000lb）。

　　在焊接过程中，一定程度的变形是可以接受的。在这个案例里，两个零件之间的变形量不能大于 0.2mm（见图 5-66）。对于复杂零件的成型，比如这里的进气歧管外壳（原材料为聚酰胺 6,6，添加 35% 玻璃纤维），模具需要进行数次调整和修改。附录 C "成型工艺数据记录" 列出了研发过程中需要进行调整的注射成型参数。另外，在研发和后续的生产中，附录 D "修模和检查记录" 有助于跟踪影响零件质量的所有模具改动。

最大允许变形0.2mm

图 5-66　变形不得超过 0.2mm（图片来源：ETS 公司）

**115**

### 5.8.4　振动焊接中的常见问题

下述内容是振动焊接中的常见问题、成因和解决办法。

过焊通常是因为焊接区域吸收了过多的能量。通过减小焊接压力、缩短焊接时间或使用更小的振幅能解决该问题。

焊接质量不稳定的原因有多种。如果不稳定是由零件尺寸误差引起，那么应该检查零件以确保其尺寸符合要求。应比较手板和试产零件，以找出引起问题的模具、工艺或条件变化。该问题也可以通过修模来解决。另外，对零件进行热处理或退火也是可选方案。

使用回收料会导致焊接质量不稳定。降低回收料的用量或确保回收料的质量能解决问题。

焊接区域填充不均匀是造成质量不稳定的另一个原因。要解决该问题，需要核对成型工艺参数是否正确。

如果是焊接接头的设计导致了该问题，则需要修改现有设计，甚至重新设计焊接接头。

零件错位的解决方法很简单，只需要为焊接零件提供导向和定位。如果必要，可以使用垫片之类的填隙物协助定位。也可以在零件上设计一次性定位销，这种定位销在焊接之后即被破坏。

夹具设计问题会导致定位不准。在这种情况下，可以调整夹具或零件使其重新对齐。否则，就只能重新设计夹具了。振动焊接夹具设计如图 5-67 所示。

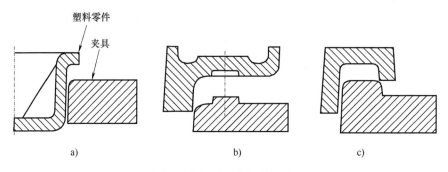

图 5-67　振动焊接夹具设计

a）平夹具　b）嵌入式夹具　c）带止口的夹具

如果是零件变形引起了错位，则可以给零件添加加强筋以增强刚性。

溢料是由过度焊接引起的一种常见焊接问题。同样地，降低焊接压力、缩短焊接时间和减小振幅能解决该问题。

较大焊接面积所带来的过量热量也会引起溢料。这时就要在焊接区域内或周围添加缓冲槽。

带溢料槽的焊接接头设计可以避免溢料。

焊缝不均匀的一个原因是夹具无法为零件提供良好的支撑。应该重新设计夹具以使其能为零件壁提供适当支撑。零件壁的横向变形也会造成焊缝不均匀。在零件上增加筋或使用夹具支撑零件壁可以解决问题。

如果零件错位导致了焊缝不均匀，就应该重新调整下半部分夹具，并检查焊接压力是否过高。

若是零件的翘曲引起了不均匀，可能需要更高的焊接压力才能解决该问题。调整注射成型参数能消除或减小零件翘曲。

## 5.9　电磁焊接

电磁焊接是一种利用电磁焊接介质来连接零件的装配方法。这种焊接介质含有磁性金属粉末，并被置于待焊接零件之间。当电路闭合，焊接区域附近的铜线圈产生磁场。磁场通过激发焊接介质中的金属粉末的布朗运动（3D 空间内的随机运动）来加热金属粉末，然后施加压力使待焊接零件连接。

热量的产生范围仅限于焊接介质周边区域。

该方法不仅可用于焊接热塑性塑料，还可用于织物、纸张、玻璃和皮革等其他材料的焊接。

焊接介质通过基体树脂的挤出或层压工艺制成，基体树脂与待焊接零件在化学上相容。在层压过程中，金属粉末被均匀分散在基体树脂中。然后，为了便于焊接，层压板材被模切成类似纸垫片的形状。金属粉末含量一般为总重的20%~60%，剩下的部分就是基体树脂。金属粉末的含量越高，焊接周期就越短。加热升温的时间和金属粉末含量成线性关系。

电磁焊接利用感应加热原理使焊接区域达到熔化温度。热塑性树脂和铁磁性颗粒混合。当树脂暴露于振荡的电磁场中时，磁性粒子变得活跃并进行布朗运动，从而产生热量。这个过程需要几分之一秒到几秒的时间才能达到足够高的温度，以使含有磁性粒子的树脂熔化。树脂熔化后，热量通过热传导传递到待焊接零件，从而实现焊接。

电磁焊接的一个主要优点是待焊接零件之间不会产生应力。如果装配体不允许或只允许很小的翘曲，那么这种方法就非常合适，因为焊接区域不存在引起翘曲的内应力。

### 5.9.1　设备

电磁焊接机（见图 5-68）包括感应发电机（将电流频率由 50~60Hz 转换为 3~10MHz，输出功率 2~5kW）、感应铜线圈（产生高强度磁场）、夹具（固定待焊接零件）和压力装置（气缸，在夹具闭合后施加预设压力）。

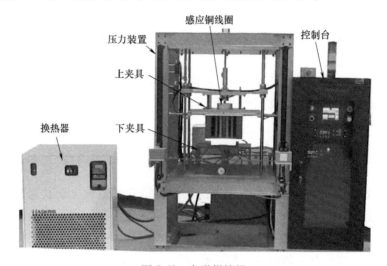

图 5-68　电磁焊接机

### 5.9.2　过程

高频电源产生的电流流经闭合铜线圈，线圈中的电流产生穿过焊接介质的磁场并激活金属粉末。粉末以非常高的频率振荡，从而产生热量并熔化基体树脂。

感应热源于焊接区域的环氧树脂焊接介质。金属粉末均匀分布在该焊接介质中。当电路闭合时，金属粉末将被感应线圈产生的磁场激发。

### 5.9.3　接头设计

图 5-69~图 5-75 是一些电磁焊接接头设计的例子。榫槽式（见图 5-69）和槽式（见图 5-72）接头特别适用于大型、平板零件的装配。台阶式接头则适用于箱体和盖子之间的装配。

双接头设计（见图 5-71）涉及的焊接过程更复杂，因为这种设计需要两个能同时动作的独立电磁线圈。另外，为了定位和对齐待焊接零件，这种设计也需要特殊的夹具。

对于需要零件壁导向和支撑的装配体，建议使用榫槽式接头的变体（见

图 5-73）。如果零件尺寸受到其自身变形的影响，则应该使用这种焊接接头。

台阶式接头的变体（见图 5-74）适用于焊接区域的外侧是外观面（不允许外光面的溢料）的情况，这种设计下溢料的方向将是内侧。

三片式接头（见图 5-75）适用于将三个独立零件焊接成一个装配体。

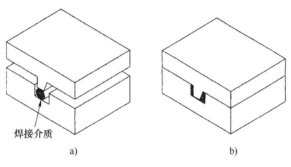

图 5-69　榫槽式接头设计

a）焊接前　b）焊接后

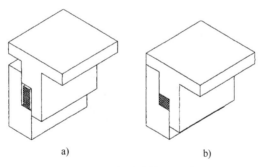

图 5-70　台阶式接头设计

a）焊接前　b）焊接后

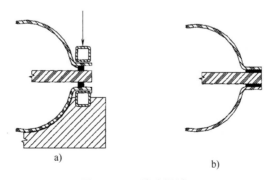

图 5-71　双接头设计

a）焊接前　b）焊接后

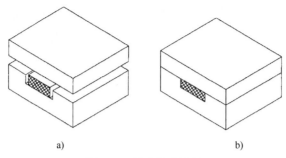

图 5-72　槽式接头设计

a）焊接前　b）焊接后

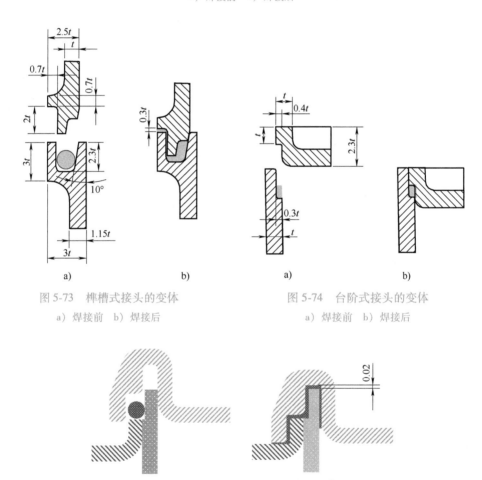

图 5-73　榫槽式接头的变体

a）焊接前　b）焊接后

图 5-74　台阶式接头的变体

a）焊接前　b）焊接后

图 5-75　三片式接头设计

a）焊接前　b）焊接后

## 5.10　射频焊接

射频（Radio Frequency，RF）焊接，也称为 RF 密封，是一种使用高强度射频能量焊接零件的装配方式。射频作用于焊接区域，使得分子运动增强，进而引起温度的升高。温度的升高首先发生在分子尺度上，但很快零件的温度也会升高。

温度的升高使得聚合物熔化，两个零件的分子链在相邻界面处互相渗透，从而实现焊接。

射频焊接在各行业都有应用，但它特别适用于医疗器械行业，因为它不需要溶剂或黏合剂，可以避免这些物质带来的污染。

### 5.10.1　设备

射频焊接的设备相对简单，最基本的要求是供电和压缩空气。

射频焊接系统分为两类：高频热封机（频率为 27MHz）和电子热封机（使用无线电发射管）。

RF 发射器也叫发生器，因为它可以产生射频能量而不是无线电信号。发生器包括一个电源、一个振荡器和控制器。电源把电功率转变为高压直流电。振荡器把高压直流电转变成 27MHz 的交流电。

设备还包括压板，压板由气缸驱动，且具有可互换电极。压板包括两部分，一个动板和一个被称为"底座"的固定板。

### 5.10.2　过程

首先，降低压板中的动板，并使电路闭合。发射器产生射频能量并加热待密封或待焊接区域。一旦材料熔化，发射器就会停止产生射频能量。随后，焊接区域将在压板的压力作用下冷却。保压完成后，压板打开，取出零件。接下来进行另一次焊接循环。

在焊接的射频阶段，待焊接零件被放置到金属夹具中，夹具由气缸驱动。气缸将向焊接区域施加预设的压力。射频能量随即传递到焊接区域，使得材料升温并熔化。

RF 焊接夹具分为两种。一种仅在焊接时提供固定和定位功能；另一种还能将零件切割成预定的形状。应尽可能使用后者，因为它能减少焊接的后处理操作，节省人工和设备费用。

适用 RF 焊接的聚合物包括 ABS、丁酸纤维素、醋酸纤维素、醋酸丁酸纤维素、聚酰胺（PA）、酚醛树脂、pliofilm（橡胶盐酸盐）、聚氨酯（PU）、聚醋酸乙烯、不透明 PVC、刚性 PVC、半刚性或柔性 PVC、橡胶和 Saran（聚氯乙烯，PVC）。

不适用于 RF 焊接的聚合物包括玻璃纸、缩醛均聚物、乙基纤维素、聚碳酸酯（PC）、聚酯、聚乙烯（PE）、聚苯乙烯（PS）、硅酮和聚四氟乙烯（PTFE，商标"Teflon"）。

可以通过简单计算求得焊接所需的功率。首先，需要算出整个焊接区域的面积（长×宽）。典型的功率要求为 $4.65\mathrm{W/mm^2}$。或者也可以利用图解法，如图 5-76 所示。

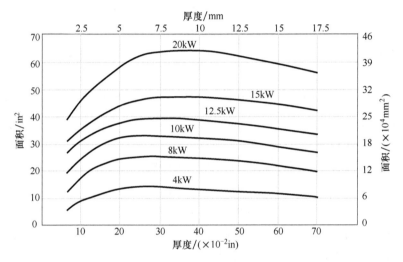

图 5-76　RF 焊接所需的功率是零件厚度和焊接面积的函数

焊接强度会受到医疗设备行业中使用的各种灭菌方法的影响，例如 γ 射线和高温灭菌。在灭菌过程中，医疗设备将暴露在 5.0~5.5Mrad（1rad = 0.01Gy）的 γ 射线辐射中。这里的辐射和灭菌过程中产生的温度变化将影响焊接强度。莱顿、布兰特利和萨博测试了 γ 射线辐射对不同聚合物焊接强度的影响，其结果见表 5-3。

表 5-3　γ 射线灭菌对 RF 焊接强度的影响

| 聚合物 | 焊接强度的变化 |
|---|---|
| 零件 1　透明柔性 PVC 65A<br>零件 2　透明刚性 PVC 80D | 0%（和未暴露于辐射中的装配体强度相同） |
| 零件 1　透明柔性 PVC 65A<br>零件 2　透明柔性 PVC 65A | +1%（比未暴露于辐射中的装配体强度高） |

（续）

| 聚合物 | 焊接强度的变化 |
|---|---|
| 零件 1　透明柔性 PVC 80A<br>零件 2　透明刚性 PVC 80D | +3%（比未暴露于辐射中的装配体强度高） |
| 零件 1　透明柔性 PVC 80A<br>零件 2　透明柔性 PVC 80A | +5%（比未暴露于辐射中的装配体强度高） |
| 零件 1　透明刚性 PVC 80D<br>零件 2　透明刚性 PCV 80D | -5%（比未暴露于辐射中的装配体强度低） |

RF 焊接能用于相似或不相似的材料，应通过测试判定这些材料组合是否适用。

## 5.11　激光焊接

激光是"基于受激辐射放大原理而产生的一种相干光辐射"的简称，它的名称描述了产生激光束的物理过程。

热塑性聚合物的激光焊接是一种非接触装配方式，它在过去数年中得到了长足发展。最初的焊接激光器基于二氧化碳，它使用混合气体和掺钕钇铝石榴石（Nd：YAG）作为激光介质，固体激光器则使用晶体作为激光介质。

接下来是二极管或连续光束激光器，最新的激光器已经能够产生波长 1470～1550nm 的激光。最近，出现了以掺稀土光纤为激光介质的光纤激光器，例如波长范围为 1800～2100nm 的铥光纤激光器。

### 5.11.1　设备

不同类型的激光焊接系统在设计和复杂度上相差非常大。最常见的焊接系统是二极管激光器和光纤激光器。

典型的激光焊接系统具有一个能量源（通常称为泵浦或泵浦源）、一个增益介质或激光介质、两个或多个用于形成光学谐振腔的反射镜和夹具。

在激光泵浦过程中，为了达成粒子数布居反转状态，原子被激发并跃迁到更高能级。当所有原子都进入激发态时，粒子数布居反转达成。

增益或激光介质可以是液态（如乙二醇）、气态（如二氧化碳）、固态（如YAG 或钇铝石榴石）或半导体（如均匀掺杂的晶体）。在激光介质中，光子发生自发和受激辐射，从而引起光学增益现象，该现象也被称为"放大"。

来自介质自发辐射的光，被反射镜反射回介质，在介质中可能被受激辐射放大。在以激光束的形式离开谐振腔之前，光可能被多次反射回介质。

通过控制台的人机界面可以监控激光焊接系统的运行。控制台利用逻辑电路，能向操作者提供机器运行状况、焊接参数和机器状态的反馈。

压板，也叫驱动器，它由电动机或气缸提供动力，可以驱动上部夹具或压盘。它带动上部夹具中的零件沿垂直方向运动，直到与下部夹具中的配对零件接触。在接下来的焊接保持阶段，它提供一个较小的保持压力。驱动器使用的闭环系统能向零件施加预先设定好的载荷。一些系统使用位移控制设备来实现适当的运动和力。

用于实现下部零件定位的装置叫作下部夹具。适当的定位和对齐是必不可少的，特别是对于具有较高公差要求的零件。

上部夹具是焊接系统中最关键和最复杂的部分之一，在上部夹具中，激光束被发射到待焊接零件。由于设计理念和加热配置的区别，不同激光焊接系统的上部夹具不尽相同。

所有激光焊接系统制造商都要求提供防护外壳或防护眼镜，以保护作业员免受辐射伤害。为确保机器能提供足够的人员防护，其防护外壳必须通过美国联邦药品管理局（Federal Drug Administration，FDA）的认证。

图 5-77 所示是一种红外激光焊接机，它通过同时照射整个表面来工作。值得注意的是，基于安全原因，机身没有用于观察的开孔。但是，这个型号的产品拥有包含红外摄像头的监控系统，作业员能通过它观察焊接过程。

图 5-77　红外激光焊接机（图片来源：莱斯特技术公司）

## 5.11.2　过程

激光焊接技术有多种，例如非接触焊接（类似热板焊接）和透射焊接。接下来将详细介绍这些技术。

## 5.11.3　非接触焊接

非接触焊接（见图 5-78）与热板焊接类似，也被称为轮廓焊接。这种焊接技术类似于用笔在纸上画线。零件可以相对固定的激光器头移动，也可以将零件固定而将激光器头安装在机器手臂或其他运动系统上。

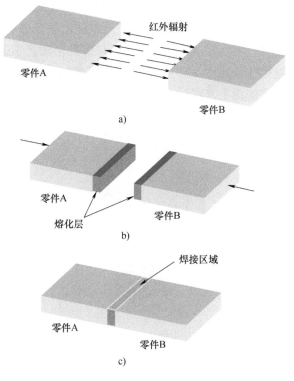

图 5-78　非接触焊接的三个阶段

a）加热阶段　b）零件接触阶段　c）焊接阶段

非接触焊接的运动系统包含多种，包括 2D 或 3D 直角坐标系、六轴或七轴机器手臂，以及用于焊接容器盖子的简单二轴系统。这种焊接的夹具成本很低，因此适用于低批量或单件生产。非接触焊接的焊接循环时间比其他方法长，但可以通过增加激光功率或使用多个激光器来缓解该缺点。

两个或多个待焊接零件的焊接表面被激光直接照射加热，通过一定的时间，一般为 2~10s，熔化层产生。一旦表面完全熔化，激光器头随即从两零件之间退回，零件被压在一起，熔化层组件固化并形成连接。非接触激光焊接的步骤如图 5-78 所示。

### 5.11.4　透射焊接

用于透射焊接的两个零件需要满足两个基本要求：一个零件由可透射激光的激光透明热塑性聚合物制成；另一个零件由吸收激光或不可透射激光的激光不透明聚合物制成。

透射焊接也叫激光穿透焊接，它可以实现焊接过程的直接控制。激光束从激光头（见图 5-79）发出，穿过上部零件，该零件由激光透明聚合物制成，因此几乎不会吸收激光，然后到达下部零件，下部零件由激光不透明聚合物制成，因而零件的表面被熔化（见图 5-80）。只要给零件施加适当压力，就能利用零件界面之间的热传导而熔化上部零件。

图 5-79　激光头（图片来源：莱斯特技术公司）

可以给下部零件添加诸如炭黑等颜料，这些颜料能让下部零件吸收穿透上部零件的激光。

如果激光束由于聚合物材料的不均匀而偏离了直线传播路径，则称为发生了散射（见图 5-81）。漫反射是经过散射的反射，而类似于镜子的反射，也叫镜面反射，则是无散射反射。

散射现象存在于以下聚合物：结晶聚合物，以及添加了玻璃纤维、某些颜料、阻燃剂的无定形和结晶聚合物，其中最重要的是二氧化钛颜料，它常用于调制深白色的聚合物。

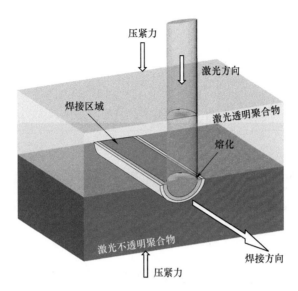

图 5-80 透射焊接原理

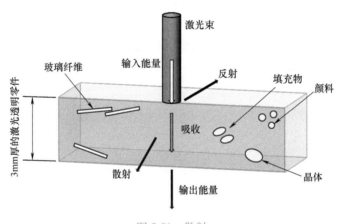

图 5-81 散射

激光透明聚合物制成的零件能传播激光，且不会发生显著热效应。在由不透明聚合物制成的第二个零件中，激光几乎完全被零件表层吸收，激光能量被转化为热能并熔化聚合物。在加热条件下，上部的激光透明零件变得可塑。熔化层凝固后，零件之间将形成牢固、不可见的连接。上部零件表层的反射会导致入射激光的损耗（见图 5-82）。激光进入上层零件后，又有一部分由于材料的吸收而损耗。为了降低激光损耗以确保焊接强度，上层激光透明零件的最大厚度限制为 3~6mm。

如果激光在激光透明材料内大量散射（通常由玻璃纤维等增强体或滑石粉

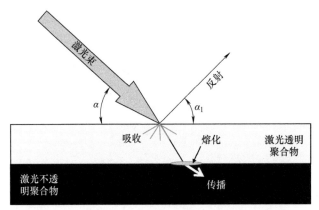

图 5-82　一部分激光束被激光透明聚合物反射和吸收，
剩下的部分则传播到激光不透明聚合物

和碳酸钙等填充剂造成），那么将会导致更多的激光被吸收，因为大量散射使得激光在离开材料前传播的行程更长。基体材料中的球晶或增强体也能反射激光能量。表面和体积反射及吸收的联合作用结果是激光透明零件的低透过率，实际用于焊接的激光能量更少了。

激光焊接时聚合物软化和熔化的温度梯度如图 5-83 所示，聚合物激光焊接兼容性如图 5-84 所示。

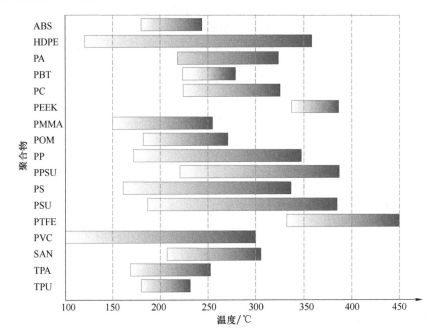

图 5-83　激光焊接时聚合物软化和熔化的温度梯度

| 传播<br>吸收 | ABS | ASA | HDPE | LDPE | PA6 | PBT | PC | PEEK | PMMA | POM | PP | PPS | PS | PSU | PTFE | SAN | TPE |
|---|---|---|---|---|---|---|---|---|---|---|---|---|---|---|---|---|---|
| ABS | | | | | | | | | | | | | | | | | |
| ASA | | | | | | | | | | | | | | | | | |
| HDPE | | | | | | | | | | | | | | | | | |
| LDPE | | | | | | | | | | | | | | | | | |
| PA6 | | | | | | | | | | | | | | | | | |
| PBT | | | | | | | | | | | | | | | | | |
| PC | | | | | | | | | | | | | | | | | |
| PEEK | | | | | | | | | | | | | | | | | |
| PMMA | | | | | | | | | | | | | | | | | |
| POM | | | | | | | | | | | | | | | | | |
| PP | | | | | | | | | | | | | | | | | |
| PPS | | | | | | | | | | | | | | | | | |
| PS | | | | | | | | | | | | | | | | | |
| PSU | | | | | | | | | | | | | | | | | |
| PTFE | | | | | | | | | | | | | | | | | |
| SAN | | | | | | | | | | | | | | | | | |
| TPE | | | | | | | | | | | | | | | | | |

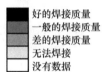

- 好的焊接质量
- 一般的焊接质量
- 差的焊接质量
- 无法焊接
- 没有数据

图 5-84　聚合物激光焊接兼容性

无定形热塑性聚合物通常更用于激光焊接。结晶聚合物，如聚乙烯（PE）和聚丙烯（PP），由于存在内部激光散射，焊接的强度将会降低。因此，由激光透明散射材料制成的零件厚度上限为 3～6mm。

透射焊接实现了焊接过程和实时监控的可视化结合，例如，可以在监控二极管激光器功率的同时监控或控制焊接过程的温度梯度；而在其他利用摩擦热量的焊接工艺上，这些控制和监控是无法实现的。

当装配体的一个零件由添加了激光不透明炭黑的热塑性聚合物制成，而另一个零件由激光透明的热塑性聚合物制成时，此时透射焊接将非常简单实用（见图 5-85a）。而从图 5-85b 中可以看到，即使上部零件材料包含了黑色颜料，也可以使用透射焊接。但是，为了保证焊接的有效性，透过激光的上部零件的颜料含量必须比吸收激光的下部零件含量低。

当热塑性聚合物的颜料不是黑色时，要实现足够的焊接强度将更具挑战性，如图 5-86 所示。最具挑战性的情况是上下两个零件都是激光透明零件或都使用了二氧化钛作为颜料（见图 5-87）。二氧化钛颜料具有最强的散射效应，会导致激光能量的大量损耗，使焊接变得十分困难，甚至无法焊接。

透射焊接的首次应用出现在 20 世纪末，当时它被用于焊接奔驰 E 级和 S 级

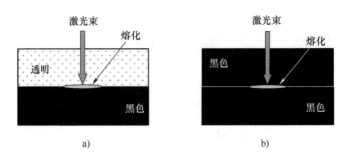

图 5-85　透射焊接

a）透明和黑色聚合物　b）尼格罗黑和炭黑聚合物

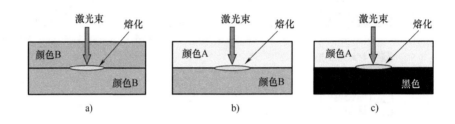

图 5-86　透射焊接

a）颜色 B 和颜色 B 聚合物　b）颜色 A 和颜色 B 聚合物　c）颜色 A 和黑色聚合物

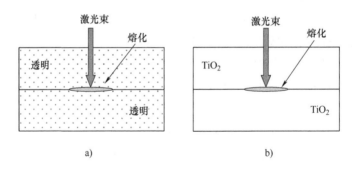

图 5-87　透射焊接

a）透明和透明聚合物　b）白色和白色聚合物（添加了二氧化钛）

的点火开关钥匙（见图 5-88）。添加了炭黑的热塑性聚合物能有效吸收红外辐射，实际上，它具有黑体性质，几乎能吸收所有电磁波。因此，零件呈黑色，且可能具有某些电性质，具体取决于炭黑的添加量。在一些应用中，待装配的两个零件都是黑色。为了将透射焊接用于这些零件，其中一个零件需要添加红外染料，以使其可以透过红外辐射但仍保持黑色外观。

图 5-88　使用激光焊接的奔驰汽车点火开关钥匙外壳（图片来源：ETS 公司）

## 5.11.5　中间膜和 ClearWeld™焊接

中间膜激光焊接是一种类似于透射焊接的技术，但它可以用于不适合透射焊接的热塑性聚合物的组合。

这种工艺被设计用于激光透明热塑性聚合物零件。它使用热塑性聚合物中间膜作为耗材，激光将被多层中间膜吸收。

激光束使热塑性中间膜熔化，通过热传导，中间膜两侧的零件也被熔化。可以结合使用热塑性中间膜和黏接剂来连接不兼容的热塑性聚合物。

例如，由聚丙烯（PP）制成的两个零件，一个含有炭黑，另一个为材料本色，使用透射焊接装配零件后，焊接部位可以承受超过 1200N 的分离力。两个 PP 零件的熔点在 165℃ 左右。如果两个零件的材料是 PA6（尼龙 6），一个黑色，一个本色，也使用透射焊接，此时焊接部位可以承受超过 1900N 的分离力。案例中 PA6 的熔点为 220℃。

不同热塑性聚合物之间的透射焊接有一定的困难，因为它们的熔点相差太大。对于这种情况，就要使用热塑性中间膜（也叫耗材膜）来焊接不同的聚合物。

例如，激光透明零件材料是 PP，另一零件材料是添加了炭黑的 PA，并使用 1mm 厚的多层透明膜，则焊接部位可以承受 450N 的拉力。在这个例子中，多层膜分三层，第一层材料是 PP，与其相邻的层是黏接剂（如三井化学的 Admer），最后一层材料是 PA。

但是，如果激光透明零件的材料是 PA，另一个零件的材料是添加了炭黑的 PP，使用 1mm 厚的含颜料的多层膜，焊接部位将能承受超过 500N 的拉力。在这里，多层膜也包含三层，第一层是含有颜料的 PA，接下来是黏接剂，最后是 PP 层。

数年前，TWI（一家专注于聚合物连接的英国研发设计机构）和 Gentex（一家位于宾夕法尼亚的公司）开发了一种新的透射焊接方法。它们开发了一系列涂层和聚合物，并为之申请了专利，这些涂层和聚合物能在吸收激光能量的同时保持几乎无色。当将这些涂层用于两个热塑性聚合物零件之间，它能直接捕获激光能量并将其转化为零件焊接所需的热量。虽然这种涂层很薄，但它能非常有效地吸收激光能量，起到激光焦点的作用。其结果是热塑性聚合物发生局部熔化，从而实现瞬时焊接。整个过程不产生微粒，不需要固化时间，也无需改变颜色。这种工艺的商品名是 ClearWeld™。应用这些材料和工艺的方式有多种，包括薄膜、溶液和油墨，甚至可以将材料预先添加到聚合物中。

### 5.11.6　聚合物

激光焊接是相对较新的热塑性聚合物零件装配技术。该工艺的应用难点在于热塑性聚合物的可焊性。表 5-4 列出了几种聚合物，测试和实践表明它们都适用于激光焊接技术。

表 5-4　适用于激光焊接的聚合物

| 聚碳酸酯（PC） | 聚苯乙烯（PS） | 聚丙烯（PP） |
| --- | --- | --- |
| 聚甲基丙烯酸甲酯（PMMA） | 丙烯腈-丁二烯-苯乙烯（ABS） | 聚酮（PK） |
| 乙烯-乙烯醇共聚物（EVOH） | 聚氯乙烯（PVC） | 弹性材料 |
| 乙酰基材料 | 聚乙烯（PE） | 聚酰胺（PA） |
| 聚四氟乙烯（PTFE） | | |

前面已经说过，染料和颜料对红外辐射的影响完全不同。染料会溶解在热塑性聚合物中，其颗粒大小与聚合物分子相近。由于颗粒较小，染料一般不会引起内部散射。和染料相比，颜料通常是无机物，且不溶于聚合物。颜料颗粒的尺寸取决于生产商的工艺。总之，颜料分散在聚合物中，就像很小且方向随机的镜子，能引起内部散射。

### 5.11.7　应用

汽车燃油系统包含多个部件，它主要为发动机提供汽油。但问题是，在燃烧阶段燃油系统会泄漏汽油和汽油蒸气。液气分离器（Liquid Vapor Separator，LVS）是一种防止泄漏的部件（见图 5-89）。LVS 位于油箱和活性炭过滤器之间，能分离液态汽油和汽油蒸气。当汽油流回油箱时，经过活性炭过滤器的气体就被排放到外部空气中。因此，除了保护环境，LVS 还能节省汽油。

印度市场的大众 Polo 汽车使用了这种 LVS，它由两个注射成型零件通过激光焊接装配而成，零件材料为聚甲醛（POM），使用波长为 940nm 的半导体激光

图 5-89　液气分离器，用于大众 Polo（图片来源：雷斯特技术公司）

器。该焊接接头可承受超过 0.3MPa 的爆破压力。深圳远望工业自动化设备有限公司负责这些零件的生产和装配。在焊接过程中，气缸向焊接区域施加一个较小的压力。焊接设备使用了具有四个夹具的双周期旋转工作台（见图 5-90），从而实现了较短的焊接周期。

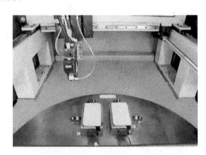

图 5-90　用于 LVS 激光焊接的旋转工作台（图片来源：雷斯特技术公司）

用于夹紧待焊接零件的夹具能透过激光。50mm/s 的焊接速度实现了非常短的焊接周期。LVS 的下部零件是激光不透明零件，由添加了 1% 炭黑的缩醛（POM）制成。LVS 的上部零件是激光透明零件，也由相同 POM 材料制成，但未添加颜料，即颜色为本色。这里用到的轮廓焊接技术使得部件尺寸和零件设计更具灵活性，它也能焊接壁厚不同的零件。

另一个激光焊接应用案例是饮料容器的可调节开关，由 Scholle Europe France SAS 设计，商标名称为 FlexTrap®。这种开关允许消费者调节饮料的流速，并具有重力分配和自动关闭功能。图 5-91 所示是可调节开关的装配体，它由两个零件经激光焊接而成。一个零件是添加了炭黑的 PP 瓶盖体，另一个是一个柔性薄壁零件，起到开关的作用，它由热塑性弹性体（TPE）制成，并添加了红色染料。

最初的装配方式是使用扫描头进行圆周轮廓激光焊接。扫描头的优势是具有足够的灵活性，但却不能满足该产品高达数百万件的产量要求。相比固定激光束焊接，扫描头运动路径的软件编程和焊接系统的集成也更复杂。

通过使用光学成像单元产生的环形聚焦激光束（见图 5-92），而不是扫描头等运动设备，焊接周期缩短了几乎一半。

图 5-91　饮料容器的可调节开关

图 5-92　光学成像单元产生的环形聚焦激光束

为了实现环形聚焦激光束，需要使用光纤耦合半导体激光器。激光束到达光学成像单元后，就在轴锥镜作用下从光纤中分离。轴锥镜是一种圆锥棱镜，能将激光束转换为环形图案。然后，利用球面透镜调整环形图案的大小，并将其投射到焊接区域（见图 5-93）。从激光头到焊接区域的距离应小于 142mm。

焊接设备是来自 DILAS 的 50W 风冷紧凑型光纤耦合半导体激光焊接机（见图 5-94）。整个开关的焊接周期仅为 0.4s。如果使用轮廓焊接方式，则焊接周期会增加到 0.7s（增加了 75%），因为扫描头需要运动两个圆周（720°）以实现足够的焊接强度。由于焊接热量的来源是经过轴锥镜转换的环形光束，所以这种方法能提供更好、更均匀的焊接接头。

图 5-93　轴锥镜能将激光束转换为
环形（图片来源：DILAS
Diodenlaser GmbH）

图 5-94　风冷紧凑型光纤耦合半导体
激光焊接机（图片来源：
DILAS Diodenlaser GmbH）

在 0.4s 的焊接周期内，两个零件（柔性薄壁零件和刚性零件）受到的压紧力都是 0.034~0.069MPa。零件下方的透明玻璃夹具为零件提供压紧力（见图 5-95）。

激光聚焦圆环可以穿透玻璃夹具在焊接区域成像。激光束首先穿透上测添加了红色染料的柔性薄壁零件。然后被下侧添加了炭黑的聚丙烯（PP）刚性零件吸收，由于吸收了激光能量，下侧零件温度升高并熔化。

图 5-95　图中可见透明玻璃夹具（光学成像系统的出口在右上角，待焊接零件受到来自玻璃夹具的向上压力，粉红色灯光用于摄像检查）（图片来源：DILAS Diodenlaser GmbH）

可调节开关用于盛放饮料的硬纸板盒（见图 5-96）。

图 5-96　用于盛放饮料的硬纸板盒（图片来源：DILAS Diodenlaser GmbH 和 Scholle Europe France SAS）

## 5.12　总结

正如本章所述，焊接热塑性聚合物零件有很多方法。方法的选用取决于应用、材料、设计和产品的使用环境，只要方法选取得当，就能有效地焊接塑料零件。

超声波焊接应该用于大批量生产的产品，它也能用于精度要求较高的小型零件，例如，焊接长度小于 70mm 的结晶聚合物零件。

旋转焊接是在一个平面上进行的，因而至少要求旋转零件是旋转对称的。这种方法会造成最大的焊接溢料。非常大的零件可以使用旋转焊接。

热板焊接可以用于三维曲面。这种技术已经在世界范围内广泛使用了 50 多年，它可以焊接长达 2000mm 的零件。但是它的焊接强度要低于其他方法，因为热板焊接利用电加热零件，而不是利用摩擦加热。

振动焊接允许焊接区域偏离平面 15°，且焊接零件最大不能超过 1500mm。在焊接过程中，上、下夹具需要为待焊接零件提供适当定位。

电磁焊接利用焊接介质来实现焊接，它可以焊接不同类型的材料，如可以焊接无定形和结晶热塑性聚合物，焊接长度可以超过 6000mm。它的焊接面可以是空间曲面。

射频焊接通常用于包装工业，二维焊接面的大小可以达到 1000mm×2000mm。

激光焊接可以实现外观不可见的焊缝。但是，透明零件之间和白色零件之间的焊接具有一定难度。通过使用机械手控制激光头或焊接区域的运动，它也能实现三维焊接。

在大多数情况下，本章所述的焊接方式要求待焊接零件的材料是同种聚合物或同族聚合物。

在选择装配方式时，也要考虑诸如成本和经验等其他因素。

# 第 **6** 章

## 压 入 装 配

## 6.1 介绍

压入装配是一种非常简单的装配方法，它不需要额外的零件或紧固件。待装配零件被强行压入配合零件中。压入装配可以用于相同或不同材料零件的装配，在设计装配关系时，必须考虑材料的属性。

压入装配的一个重要特点是，为了确保装配的有效性，待插入零件或"凸台"尺寸必须大于配合零件的最大尺寸。如果两个零件的配合尺寸相等，将会产生不可靠的滑动配合。本章将先简述压入装配理论，然后介绍几个案例。

压入装配有多种实现形式，这里将着重介绍轮毂-轴类型的压入装配。本章的目的是评估聚合物的选用、配合的几何关系，以及轮毂-轴装配体所能传递的转矩和力。

在轮毂-轴案例中，轴使用了玻璃纤维增强热塑性聚合物，轮毂使用的是增强的热塑性聚合物。轮毂和轴的使用环境温度为23℃（73℉）~93℃（200℉）。

在案例中，产品的预期寿命是主要设计指标，它可以通过热塑性聚合物的蠕变安全系数来估算。案例给出了逐步的计算过程和多种设计输入选项，依据这些计算和选项，我们能得到设计装配所需的一般参数。温度的变化、传递的转矩和材料属性在案例中都得到了考虑。

## 6.2 符号和定义

$R$：轴或轮毂的半径

$E$：轴或轮毂的弹性模量

$E_s$：轴或轮毂的割线模量

$\nu$：轴或轮毂的泊松比

$h$：配合深度

$\sigma_{设计}$：轴或轮毂的设计强度

$F_入$：装配力

$F_出$：拉出力

$\mu$：摩擦系数

$P_{接触}$：轴和轮毂接触面的压强

$\alpha$：轴或轮毂的热膨胀、收缩系数

$\beta$：几何系数

$\sigma_{剪切}$：抗剪强度

$M$：传递的转矩

$T$：温度

$n$：安全系数

$i$：干涉量

## 6.3 几何定义

为了实现零件的成功装配，需要求出装配力 $F_{插入}$。装配力由轮毂半径和配合深度决定。几何系数是轮毂内径和外径的函数，可以表示为

$$\beta = \frac{R_外^2 + R_内^2}{R_外^2 - R_内^2} \tag{6-1}$$

式中，$R_外$ 为轮毂外径；$R_内$ 为轮毂内径。

## 6.4 安全系数

需要考虑的安全系数有两种，它们都和热塑性聚合物的屈服强度有关。第一种安全系数针对的是聚合物原材料，系数的值为 1.5（未增强聚合物）或 3（增强聚合物）。第二种安全系数考虑了注射成型缺陷的影响，比如和浇口位置有关的熔接线。注射成型参数（成型温度、周期等）和模具设计（浇口位置、浇口尺寸和排气口位置等）都可能影响熔接线的位置。可以说，熔接线的强度决定了整个零件的强度。

利用这两个安全系数，我们就能得到聚合物的设计强度 $\sigma_{设计}$ 和最终（受熔

接线影响）强度 $\sigma_{最终}$。

$$\sigma_{设计} = \frac{\sigma_{屈服}}{n_{设计}} \quad\quad (6\text{-}2)$$

$$\sigma_{最终} = \frac{\sigma_{设计}}{n_{最终}} \quad\quad (6\text{-}3)$$

## 6.5　蠕变

　　如图 6-1 所示，恒定应力下，应变随时间延长而增加的现象称为蠕变（见 1.9 节）。不同的热塑性或热固性聚合物具有不同的蠕变速率。蠕变速率通常和聚合物的组成（填充物、添加剂、增强物、颜料、润滑剂等）、环境温度、应力大小、湿度等因素有关。

　　根据安全系数理论，初始设计安全系数随着时间的增加而减小（见第 2 章）。当部件或装配体达到其使用寿命时（$t$=结束），安全系数等于 1。

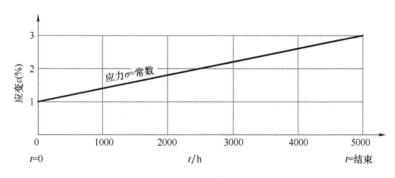

图 6-1　应变随时间的变化

## 6.6　载荷

　　设计压入装配时，需要考虑三种载荷。如前文所述，$F_入$ 表示将轴压入轮毂所需的轴向装配力。装配的环境温度为室温（23℃）。装配力的大小和干涉量 $i$ 有关。

　　第二种需要考虑的载荷是拉出力 $F_出$。这也是一种轴向力，它的大小取决于干涉量以及接触面的压强。

　　第三种载荷是传递的转矩 $M$。它表示装配体（轴和轮毂）承受特定载荷的能力，它的大小是零件干涉量和接触面压强的函数。

## 6.7　压入装配理论

法国数学家拉梅提出了用于计算待装配零件接触面压强的计算公式。这些公式特别适用于厚壁圆柱零件。

在室温（23℃）下，装配接触面的压强为

$$p_{接触} = \frac{i}{\dfrac{R_{内}}{E_{轮毂}}(\beta + \nu_{轮毂}) + \dfrac{R_{内}}{E_{轴}}(1 - \nu_{轴})} \tag{6-4}$$

装配零件所需的装配力为

$$F_{入} = 2\pi\mu h R_{轴}\, p_{接触} = F_{出} \tag{6-5}$$

传递的转矩是插入力的函数

$$M = F_{入} R_{轴} = 2\pi\mu h R_{轴}^2\, p_{接触} \tag{6-6}$$

$p_{接触}$ 垂直于轴和轮毂的接触面，因此

$$\sigma_{垂直} = p_{接触} \tag{6-7}$$

但是，最大应力是切应力

$$\sigma_{切向} = \beta p_{接触} \tag{6-8}$$

要实现合理的压入装配，就要使屈服强度大于零件接触面的切应力

$$\sigma_{屈服} > \sigma_{切向} \tag{6-9}$$

用等于号替换式（6-9）中的大于号，可以得到最大装配干涉量

$$i_{最大} = 2R_{轴}\frac{\sigma_{屈服}}{\beta}\left(\frac{\beta + \nu_{轮毂}}{E_{轮毂}} + \frac{1 - \nu_{轴}}{E_{轴}}\right) \tag{6-10}$$

轴和轮毂（装配前）如图 6-2 所示。

装配过程中，摩擦会引起温度的升高。干涉量将随装配温度变化而变化。温度高于室温时，干涉量为

$$i^T = 2(R_{外}^T + R_{内}^T) \tag{6-11}$$

由于轴的半径受到温度影响，因而 $R_{轴}^T$ 为

$$R_{轴}^T = R_{轴}(1 + \alpha_{轴}\Delta T) \tag{6-12}$$

同理，轮毂半径为

$$R_{轮毂}^T = R_{轮毂}(1 + \alpha_{轮毂}\Delta T) \tag{6-13}$$

初始干涉量为

$$i = 2(R_{轴} - R_{内}) \tag{6-14}$$

解上述方程组，得到温度 $T$ 时的总干涉量为

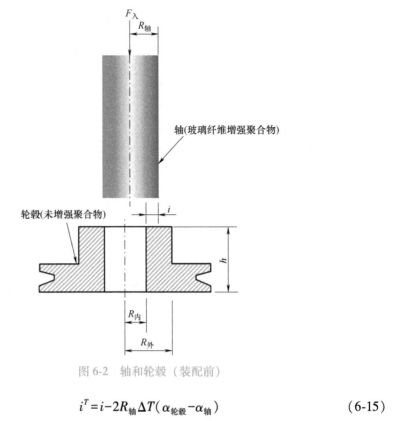

图 6-2 轴和轮毂（装配前）

$$i^T = i - 2R_{轴}\Delta T(\alpha_{轮毂} - \alpha_{轴}) \tag{6-15}$$

## 6.8 设计准则

压入装配的设计变量由时间、温度、材料、几何尺寸和载荷的函数所决定。

在上述函数中，时间代表产品的使用寿命。为了便于计算，函数变量必须适当减少或简化。因此，时间变量仅具有两个值。第一个值是初始时间（$t=0$），此时产品刚完成装配；第二个值是结束时间（$t=$结束），此时产品达到使用寿命（通常在产品保修条款中有明确定义），装配体可能失效。

温度也被简化为两个值：室温（产品的装配温度）和工作温度。

剩下的三个变量，即材料、几何尺寸和载荷可以一起考虑。只要其中两个变量已知，就可以得出剩下的那个变量。

利用以上信息，将时间和温度变量互相组合得到四种工况，根据未知量的不同，每种工况又分为三种不同小类，见表6-1。

**141**

表 6-1    压入装配的建议设计准则

| 工况 | 载荷<br>（材料、几何尺寸） | 几何尺寸<br>（材料、载荷） | 材料<br>（几何尺寸、载荷） |
|---|---|---|---|
| 工况 A：<br>$t=0$，$T=23℃$ | 求出装配体的 $F_入$ 和 $M$ | 求出达成传递转矩所需的 $i$、$h$ 和 $\beta$ | 求出所需的 $\sigma_屈服$ |
| 工况 B：<br>$t=0$，$T=93℃$ | 求出该温度下的 $F_出$ 和 $M$ | 求出该温度下的 $\beta$ 和 $h$ | 求出该温度下的 $E$（弹性模量） |
| 工况 C：<br>$t=结束$，$T=23℃$ | 求出应力松弛条件下的 $F_出$ 和 $M$ | 求出应力松弛条件下的 $h$ 和 $\beta$ | 求出应力松弛条件下的割线模量 $E_s$ |
| 工况 D：<br>$t=结束$，$T=93℃$ | 求出等温应力松弛条件下的 $F_出$ 和 $M$ | 求出等温应力松弛条件下的 $h$ 和 $\beta$ | 求出等温应力松弛条件下的割线模量 $E_s$ |
| 备注 | 如果应力松弛条件下的传递转矩小于实际值，则需要进一步迭代计算 | 多次迭代可得出 $h$ 和 $\beta$ 的最佳值 | 根据求出的材料性质，设计者可以容易选出所需的聚合物 |

# 6.9    案例：塑料轴和塑料滑轮

在接下来的四个案例中，我们将基于工况 A 进行详细的讨论。

对于工况 A，载荷（装配力、拉出力和传递转矩）是未知量。通过不同温度和不同时间点下的几何尺寸和材料参数可以得出载荷。两个时间点分别是初始时间（$t=0$，产品完成装配）和结束时间（$t=结束$，产品达到使用寿命）。

本例是一款盒式磁带播放器的滑轮，它的功能是通过磁带传递转矩。

## 6.9.1    不同聚合物制成的轴和滑轮

本例的装配体包括两部分：一个滑轮和一个轴。由于轴是结构件，必须承受磁带造成的弯矩，所以它使用了玻璃纤维增强的聚合物。相比之下，滑轮仅需要在受到磁带转矩时不与轴产生相对转动即可，所以它使用了未增强的聚合物（见图 6-2）。

## 6.9.2    安全系数的选择

对于本例中的滑轮，有两种浇口形式可供选择。第一种是盘形浇口，可以在模具内剪浇口（通常是三板模），也可以在成型后添加一道加工工序来去除浇口。盘形浇口未被采纳，因为滑轮表面不能有溢料和后加工造成的微裂纹。

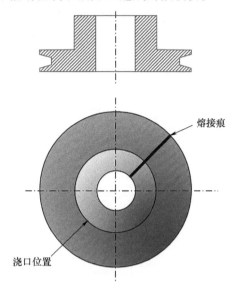

另一种是潜伏（隧道）浇口。但它会在浇口位置的对面产生熔接痕，如图 6-3 所示。

熔接痕强度要比热塑性聚合物原材料的强度低，其强度一般不高于原材料的 60%。如前文所述，零件强度由最弱部分决定。因此，必须使用安全系数 $n_{最终}$。

$$n_{设计} = \frac{\sigma_{屈服}}{\sigma_{设计}} \qquad (6\text{-}16)$$

$$n_{最终} = \frac{\sigma_{设计}}{\sigma_{最终}} \qquad (6\text{-}17)$$

### 6.9.3 材料性质

图 6-3　滑轮浇口位置和熔接痕

先看轴的材料性质。轴的材料是玻璃纤维增强热塑性聚合物 PET。

图 6-4 所示是由供应商提供的材料应力-应变曲线，接下来将从该图提取可用的数据，并进行设计计算。

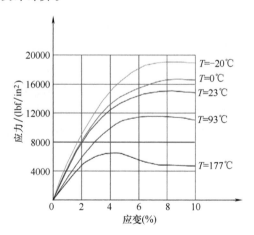

图 6-4　玻璃纤维增强热塑性聚合物
PET 的应力-应变曲线

根据室温（23℃）和高温运行环境温度（93℃）这两个温度参数，从图 6-4 中选择对应的两条曲线，如图 6-5 所示。

单独提取室温的应力-应变曲线，并画出弹性模量曲线，如图 6-6 所示。

选择弹性模量作为该聚合物材料的模量将会造成极大的误差。图 6-6 中弹性模量曲线和应力-应变曲线之间的面积代表了计算中的误差。

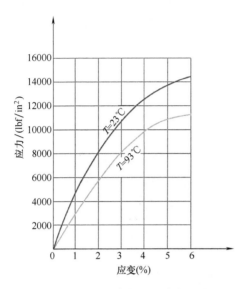

图 6-5　23℃和 93℃条件下的玻璃纤维增强热塑性聚合物 PET 的应力-应变曲线

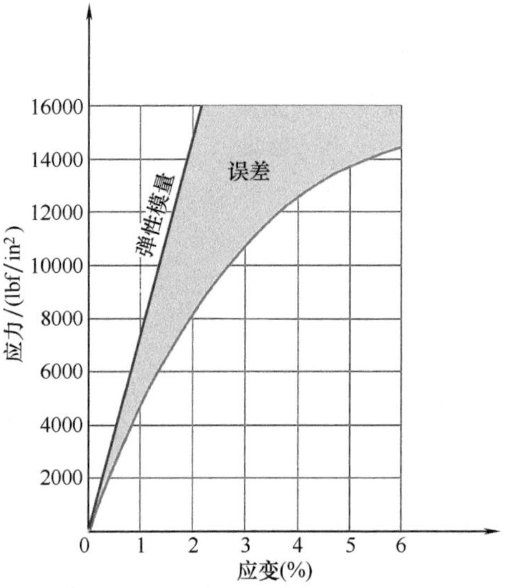

图 6-6　23℃条件下的玻璃纤维增强热塑性聚合物 PET 的应力-应变曲线和弹性模量

### 1. 23℃时轴的材料性质

为了尽量减小误差，我们使用割线模量代替弹性模量。图 6-7 所示是应力-应变曲线及其割线模量图，将其与图 6-6 比较，可以发现图 6-7 的深色部分面积（割线模量引起的误差）明显比图 6-6 的深色部分面积（弹性模量引起的误差）小。

屈服点（见图 6-7 中的 $\sigma_{屈服}$）通常可以在材料相关书籍中找到。玻璃纤维增强聚合物没有明显的屈服点。在拉伸试验中，试样的屈服区域受增强物的添加量以及原材料生产过程中不同成分含量的影响。图 6-7 标记了在屈服区域中记录的最低屈服点。建议将这种方法用于添加了增强物的聚合物。

增强物可以是玻璃、金属、碳、矿物、芳族聚酰胺等。玻璃纤维增强 PET 的屈服点 $\sigma_{屈服,t=0,23℃}=96.5\text{MPa}$（14000lbf/in²）。在图 6-7 的 $Y$ 轴上找到这个值，然后画一条通过该点与 $X$ 轴平行的直线，得到直线与应力-应变曲线的交点。通过该交点向 $X$ 轴作垂线，得到屈服应变 $\varepsilon_{屈服,t=0,23℃}=5.25\%$。从而可以得到割线模量

$$E_{S屈服,t=0,23℃}=\frac{\sigma_{屈服,t=0,23℃}}{\varepsilon_{屈服,t=0,23℃}}=266667\text{lbf/in}^2 \tag{6-18}$$

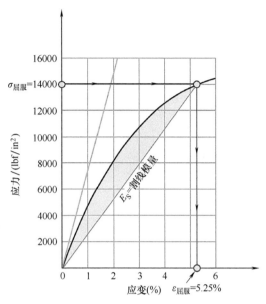

图 6-7　23℃条件下的玻璃纤维增强热塑性聚合物 PET
的应力-应变曲线和割线模量

前文提到，轴的材料供应商提供了不同温度下的应力-应变曲线。

从图 6-4 中的五条曲线中选出环境条件较为极端的两条曲线，单独画出这两条曲线，并画出它们的弹性模量。通过聚合物的屈服强度，可以在图中找到屈服应变值。屈服应力除以屈服应变，就能得到聚合物的割线模量。

$$\sigma_{设计,t=0,23℃} = \frac{\sigma_{屈服,t=0,23℃}}{n_{设计}} = 4700\,\text{lbf/in}^2 \tag{6-19}$$

式中，轴的安全系数 $n_{设计}=3$。

设计应变为

$$\varepsilon_{设计,t=0,23℃} = 0.01 = 1\% \tag{6-20}$$

按照同样的方法，在图 6-8 $Y$ 轴上找到 $\sigma_{设计,t=0,23℃}$ 的值，通过该点作 $X$ 轴的平行线，并得到平行线与应力-应变曲线的交点。然后通过该交点作 $X$ 轴的垂线，垂线与 $X$ 轴的交点就是设计应变值 $\varepsilon_{设计,t=0,23℃}$。

将设计应力除以设计应变，得到设计点的割线模量

$$E_{S设计,t=0,23℃} = \frac{\sigma_{设计,t=0,23℃}}{\varepsilon_{设计,t=0,23℃}} = 470000\,\text{lbf/in}^2 \tag{6-21}$$

从图 6-8 可以看到，$E_{S设计}$ 引入的误差较小。

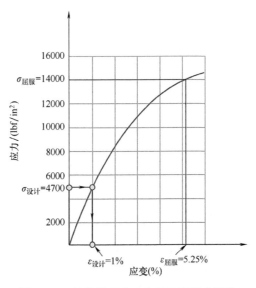

图 6-8　23℃ 条件下的玻璃纤维增强热塑性
聚合物 PET 的设计应力、设计应变和割线模量

**2. 93℃ 时轴的材料性质**

通过类似方法，我们可以得到高温环境下（93℃）聚合物的力学性质。图 6-9
画出了 $E_{S_{屈服}}$ 和 $\varepsilon_{屈服}$。同样，我们也能画出设计应力、设计应变和设计割线模量。

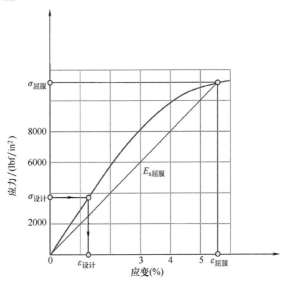

图 6-9　93℃ 条件下的玻璃纤维增强热塑性聚合物 PET 的
应力-应变曲线、轴的设计应力、应变和割线模量

### 3. 23℃时轴材料的蠕变曲线

随着时间的推移，轴和滑轮的装配体将会出现应力松弛现象。

第1章的图1-40展示了典型的应力松弛测试方法。通过测试，可以观察到维持恒定应变所需的载荷随时间的延长而减小。

为了得到精确的热塑性或热固性聚合物的应力松弛曲线，需要使用精密数控测量设备。这种测试费用很高，因为它要求施加连续变化的载荷，很多公司无法负担如此高额的测量费用。本例就是这种情况，由于缺少应力松弛曲线，本例使用蠕变曲线作为替代。

蠕变曲线能有效预测材料的长期行为。需要注意的是，为了验证设计理论和方法的正确性，必须对实际零件进行测试。

在图6-10中，轴的材料是玻璃纤维增强热塑性聚合物PET，温度为23℃。共有三条线。应力值 $\sigma$ = 6000lbf/in$^2$（41.4MPa）和4000lbf/in$^2$（27.6MPa）的两条线由测试得到。位于它们之间的线未经测试，是推测线。

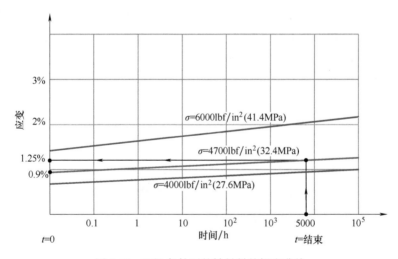

图 6-10　23℃条件下的轴材料的蠕变曲线

我们需要的是设计应力值4700lbf/in$^2$对应的蠕变曲线，这条曲线位于4000lbf/in$^2$和6000lbf/in$^2$曲线之间。在应变（$Y$）轴上，测量4000lbf/in$^2$蠕变曲线起始点和原点之间的距离。假设测量所得距离为20mm（0.78in）。也就是说，应变轴上距离原点20mm的点表示受4000lbf/in$^2$正应力拉伸试样的初始应变为0.7%。通过交叉相乘，可得4700lbf/in$^2$对应的距离为23.5mm。利用该距离，在应变轴上得到初始应变值为0.9%。通过以上计算，我们得到了4700lbf/in$^2$蠕变曲线的第一点。

使用同样的方法，我们可以求得 $10^5$h 所对应的点，然后连接两点，这样就得到了我们需要的应力值 $4700\text{lbf/in}^2$ 的蠕变曲线。

图 6-10 所示的时间（$X$）轴使用的是对数坐标。在时间轴上找到结束点（5000h），从该点作垂线与 $4700\text{lbf/in}^2$ 曲线相交，再通过交点作水平线与应变轴相交，交点就是 5000h 的应变点。

在 $\sigma = 4700\text{lbf/in}^2$ 条件下，轴所用的聚合物材料的初始应变为 0.9%。施加 5000h 的静态载荷后，材料的应变增加了 0.35%，即结束时的总应变为 1.25%。

注意：第 1 章图 1-40 展示了拉伸条件下的应力松弛试验。本例中轴的材料受到的是压缩而不是拉伸，但材料的压缩性质不可获得，在这里我们假设材料的拉伸和压缩性质相似。

**4. 93℃时轴材料的蠕变曲线**

高温条件（93℃）下轴材料的蠕变性质可以使用类似方法得出。

图 6-11 包含了四条恒定应力下的蠕变曲线（$\sigma = 2000$、3700、4000 和 $6000\text{lbf/in}^2$）。其中三条曲线（$\sigma = 2000$、4000 和 $6000\text{lbf/in}^2$）源于材料的实测数据，剩下的一条曲线（$\sigma = 3700\text{lbf/in}^2$）由上节介绍的图像插值法得出。

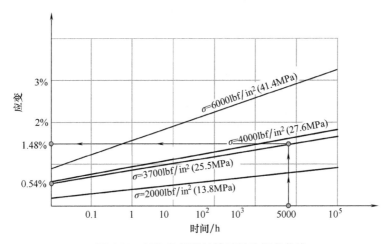

图 6-11　93℃条件下的轴材料的蠕变曲线

因此，初始设计应变为 0.54%，而结束时（5000h）的设计应变为 1.48%。现在我们可以得到结束时的割线模量为

$$E_{S_{设计,t=结束,93℃}} = \frac{\sigma_{设计,t=结束,93℃}}{\varepsilon_{设计,t=结束,93℃}} \tag{6-22}$$

即

$$E_{S_{设计,t=结束,93℃}} = 250000\text{lbf/in}^2 \tag{6-23}$$

利用以上步骤，我们就可以得到两种时间（0h 和 5000h）和两种温度（23℃和93℃）条件下轴使用的热塑性聚合物的力学性质。

其他计算结果如下

$$\sigma_{设计,t=0,23℃} = 4700 \text{lbf/in}^2 \tag{6-24}$$

$$\varepsilon_{设计,t=0,23℃} = 1\% \tag{6-25}$$

$$E_{S_{设计,t=0,23℃}} = 470000 \text{lbf/in}^2 \tag{6-26}$$

$$\varepsilon_{设计,t=结束,23℃} = 1.25\% \tag{6-27}$$

$$E_{S_{设计,t=结束,23℃}} = 376000 \text{lbf/in}^2 \tag{6-28}$$

$$\sigma_{设计,t=0,93℃} = 3700 \text{lbf/in}^2 \tag{6-29}$$

$$\varepsilon_{设计,t=0,93℃} = 1.27\% \tag{6-30}$$

$$E_{S_{设计,t=0,93℃}} = 291339 \text{lbf/in}^2 \tag{6-31}$$

$$\varepsilon_{设计,t=结束,93℃} = 1.48\% \tag{6-32}$$

$$E_{S_{设计,t=结束,93℃}} = 250000 \text{lbf/in}^2 \tag{6-33}$$

**5. 23℃时滑轮的材料性质**

类似的过程也可用于推算滑轮材料数据。

图 6-12 包含 4 个温度下的应力-应变曲线。我们从中提取 23℃和93℃的曲线作为研究对象。

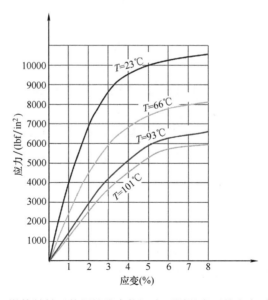

图 6-12　滑轮材料（热塑性聚合物）在不同温度下的应力-应变曲线

浇口会在零件对侧引起熔接痕。熔接痕附近的热塑性聚合物强度不会高于原材料强度的 60%。所以，我们需要考虑熔接痕造成的强度下降。换句话说，我们必须增加另一个安全系数，该系数表示滑轮成型工艺的影响。

如果聚合物屈服强度是 $\sigma_{屈服}$，那么设计应力为

$$\sigma_{设计} = \frac{\sigma_{屈服}}{n_{设计}} \qquad (6\text{-}34)$$

对于具有显著屈服点的未增强热塑性聚合物，安全系数 $n_{设计}$ 为 1.5。所以

$$\sigma_{设计} = \frac{\sigma_{屈服}}{1.5} \qquad (6\text{-}35)$$

为了表示成型缺陷（本例为注射成型所引起的熔接痕）的影响，我们还需要额外增加一个安全系数。前面讲到熔接痕使得材料强度降低了 40%，所以

$$n_{最终} = 2 \qquad (6\text{-}36)$$

因此，考虑了成型缺陷的最终设计应力 $\sigma_{最终}$ 为

$$\sigma_{最终} = \frac{\sigma_{设计}}{n_{最终}} = \frac{\sigma_{设计}}{2} \qquad (6\text{-}37)$$

综上，可以得出设计和最终割线模量分别为

$$E_{S_{设计}} = \frac{\sigma_{设计}}{\varepsilon_{设计}} \qquad (6\text{-}38)$$

和

$$E_{S_{最终}} = \frac{\sigma_{最终}}{\varepsilon_{最终}} \qquad (6\text{-}39)$$

图 6-13 所示是 23℃ 条件下的滑轮材料应力-应变曲线。通过下述计算，我们可以得到所需的应力和应变值。

首先，我们在应力（$Y$）轴上找出屈服强度点。从该点出发，向右作应变（$X$）轴的平行线，得到与应力-应变曲线的交点。这个点就是应力-应变曲线上的屈服点。然后，从该点向下作垂线，得到与应变（$X$）轴的交点，该点就是屈服应变点。

屈服应力为

$$\sigma_{屈服,\, t=0,23℃} = 10500 \text{lbf/in}^2 \qquad (6\text{-}40)$$

利用设计安全系数，我们得到设计应力

$$\sigma_{设计,\, t=0,23℃} = \frac{\sigma_{屈服,\, t=0,23℃}}{n_{设计}} = 7900 \text{lbf/in}^2 \qquad (6\text{-}41)$$

考虑到熔接痕的影响，我们使用最终安全系数

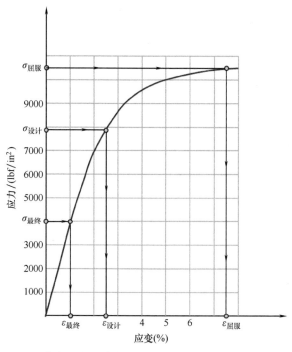

图 6-13 23℃条件下的聚合物应力-应变曲线以及各种应力、应变值

$$\sigma_{最终,t=0,23℃} = \frac{\sigma_{设计,t=0,23℃}}{n_{最终}} = 4000lbf/in^2 \tag{6-42}$$

利用上述计算得到的两个应力值，我们可以从图 6-13 中找到两个相应的应变值，分别为

$$\varepsilon_{设计,t=0,23℃} = 2.5\%$$

$$\varepsilon_{最终,t=0,23℃} = 1.0\% \tag{6-43}$$

现在可以得出上述点的割线模量分别为

$$E_{S_{设计,t=0,23℃}} = 316000lbf/in^2$$

$$E_{S_{最终,t=0,23℃}} = 400000lbf/in^2 \tag{6-44}$$

**6. 93℃时滑轮的材料性质**

图 6-14 所示是 93℃条件下的滑轮材料应力-应变曲线。

$$\sigma_{设计,t=0,93℃} = \frac{\sigma_{屈服,t=0,93℃}}{n_{设计}} = 4200lbf/in^2 \tag{6-45}$$

$$\sigma_{最终,t=0,93℃} = \frac{\sigma_{设计,t=0,93℃}}{n_{最终}} = 2100lbf/in^2 \tag{6-46}$$

通过应力值，我们可以得到对应的应变值

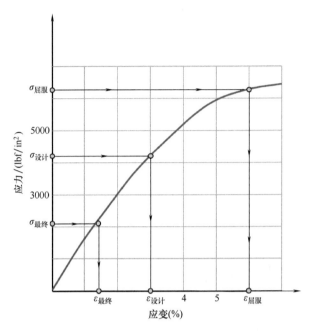

图 6-14　93℃时滑轮的应力-应变曲线及其相关应力和应变

$$\varepsilon_{设计,t=0,93℃} = 3\%$$

$$\varepsilon_{最终,t=0,93℃} = 1.42\% \tag{6-47}$$

相应的割线模量为

$$E_{S设计,t=0,93℃} = 140000 \text{lbf/in}^2$$

$$E_{S最终,t=0,93℃} = 148000 \text{lbf/in}^2 \tag{6-48}$$

**7. 23℃时滑轮材料的蠕变曲线**

图 6-15 所示是 23℃条件下滑轮材料的蠕变曲线。当滑轮所受的恒定载荷为 4000lbf/in²（27.6MPa）时，其初始应变为 0.95%。从时间（$X$）轴上选取结束时间点（5000h），向上作垂线与蠕变曲线相交，读出交点的应变（$Y$）坐标值，该值就是时间结束时的应变值，即 1.96%。

所以，我们可以得到

$$\varepsilon_{最终,t=结束,23℃} = 1.96\% \tag{6-49}$$

和

$$E_{S最终,t=结束,23℃} = 205000 \text{lbf/in}^2 \tag{6-50}$$

**8. 93℃时滑轮材料的蠕变曲线**

同样的方法也适用于高温条件。93℃条件下滑轮材料的蠕变曲线如图 6-16 所示。

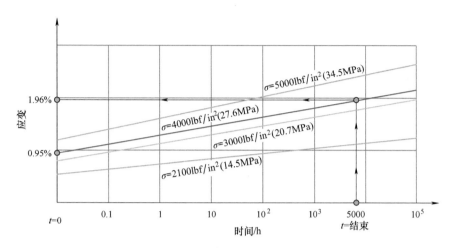

图 6-15　23℃条件下滑轮材料的蠕变曲线

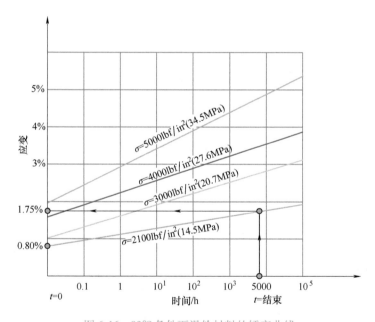

图 6-16　93℃条件下滑轮材料的蠕变曲线

因此，我们可以得出

$$\varepsilon_{最终,t=结束,93℃} = 1.75\%\qquad(6\text{-}51)$$

和

$$E_{S_{最终,t=结束,93℃}} = 120000 lbf/in^2\qquad(6\text{-}52)$$

## 6.10　解决方案：塑料轴和塑料滑轮

轴和轮毂的装配如图 6-17 所示。

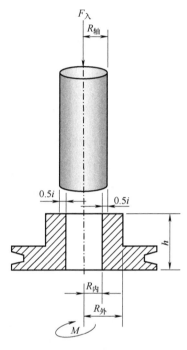

图 6-17　轴和轮毂的装配

### 6.10.1　工况 A

现在考虑表 6-1 中的工况 A，此时装配体的工作环境温度为 23℃，且产品（磁带播放器）处于运行状态。产品的运行和摩擦会使温度升高。在空调或散热孔的帮助下，产品在整个测试过程中都保持恒定温度。

未知量分别为装配所需的干涉量、装配需要的装配力以及装配体所能传递的转矩。

已知量如下：

| | |
|---|---|
| 轴的半径 | $R_{轴} = 0.25\text{in}$（6.35mm） |
| 滑轮外径 | $R_{外} = 0.5\text{in}$（12.7mm） |
| 滑轮高度 | $h = 0.315\text{in}$（8mm） |
| 摩擦系数 | $\mu = 0.3$ |

| 轴的泊松比 | $\nu_{轴} = 0.38$ |

| 滑轮的泊松比 | $\nu_{滑轮} = 0.40$ |

| 轴的设计割线模量（$t=0$，23℃） | $E_{S_{设计,轴}} = 470000 \text{lbf/in}^2$ |

| 滑轮的最终割线模量（$t=0$，23℃） | $E_{S_{最终,滑轮}} = 400000 \text{lbf/in}^2$ |

| 滑轮的最终应力（$t=0$，23℃） | $\sigma_{最终,滑轮} = 4000 \text{lbf/in}^2$ |

轴和滑轮之间接触面的压强就是最终应力，因此

$$p_{接触} = \sigma_{最终,滑轮} = 4000 \text{lbf/in}^2 \tag{6-53}$$

上述组合的几何系数为

$$\beta = \frac{R_{外}^2 + R_{轴}^2}{R_{外}^2 - R_{轴}^2} = 1.67 \tag{6-54}$$

现在我们可以算出所需的干涉量

$$i_{23℃} = 2R_{轴} \frac{\sigma_{最终,滑轮}}{\beta} \left( \frac{\beta + \nu_{滑轮}}{E_{S_{最终,滑轮}}} + \frac{1 - \nu_{轴}}{E_{S_{设计,轴}}} \right) \tag{6-55}$$

即

$$i_{23℃} = 0.013 \text{in}(0.33 \text{mm}) \tag{6-56}$$

装配力大小为

$$F_{入} = 2\pi\mu h R_{轴} \sigma_{最终} = 594 \text{lbf}(2.6 \text{kN}) \tag{6-57}$$

装配体能传递的转矩大小为

$$M = F_{入} R_{轴} = 148 \text{in} \cdot \text{lbf}(16.7 \text{N} \cdot \text{m}) \tag{6-58}$$

结果评估

通过上述计算，我们得到了基于安全系数的最大装配干涉量。另外，我们也得出了装配体所能传递的最大转矩和装配所需的装配力。

通过改变材料性质和几何参数，就可以得到更多候选方案。

## 6.10.2 工况 B

现在讨论表 6-1 中的工况 B。装配体在该工况下的运行温度为 93℃。

未知量为装配所需的干涉量、装配所需的装配力和装配体所能传递的转矩。

已知量如下：

| 轴的半径 | $R_{轴} = 0.25 \text{in}$（6.35mm） |

| 滑轮外径 | $R_{外} = 0.5 \text{in}$（12.7mm） |

| 滑轮高度 | $h = 0.315 \text{in}$（8mm） |

| 摩擦系数 | $\mu = 0.3$ |

| 轴的泊松比 | $\nu_{轴} = 0.38$ |

滑轮的泊松比               $\nu_{滑轮} = 0.40$

轴的设计割线模量（$t = 0$，93℃）    $E_{S_{设计,轴}} = 291339\text{lbf/in}^2$

滑轮的最终割线模量（$t = 0$，93℃）    $E_{S_{最终,滑轮}} = 148000\text{lbf/in}^2$

滑轮的最终应力（$t = 0$，93℃）    $\sigma_{最终,滑轮} = 2100\text{lbf/in}^2$

轴的线膨胀系数            $\alpha_{轴} = 7.1 \times 10^{-5}/\text{℉}$

滑轮的线膨胀系数         $\alpha_{滑轮} = 3.1 \times 10^{-5}/\text{℉}$

高温条件下的干涉量为

$$i_{93℃} = i_{23℃} - 2R_{轴}\Delta T(\alpha_{滑轮} - \alpha_{轴}) = 0.008\text{in}(0.2\text{mm}) \tag{6-59}$$

如果要在该温度下拆卸装配体，则需要的拉出力为

$$F_{出} = 2\pi\mu h R_{轴}\sigma_{最终} = 312\text{lbf}(1.4\text{kN}) \tag{6-60}$$

装配体能够传递的转矩为

$$M = F_{出}R_{轴} = 78\text{in}\cdot\text{lbf}(8.8\text{N}\cdot\text{m}) \tag{6-61}$$

结果评估

当滑轮的线膨胀系数大于轴（$\alpha_{滑轮} > \alpha_{轴}$）时，本工况就显得尤其重要。在高温条件下，滑轮的最终应力下降。由于热膨胀的影响，压入装配变松了。

我们也要考虑滑轮的线膨胀系数小于轴（$\alpha_{滑轮} < \alpha_{轴}$）时的情况。由于温度升高，切应力（接触应力）乘以几何系数所得的值将等于屈服应力。

## 6.10.3 工况 C

现在讨论表 6-1 的工况 C。本工况装配体的运行温度为 23℃。

未知量为装配所需的干涉量、装配所需的装配力和装配体能传递的最大转矩。

已知量为：

轴的半径               $R_{轴} = 0.25\text{in}$（6.35mm）

滑轮外径             $R_{外} = 0.5\text{in}$（12.7mm）

滑轮高度             $h = 0.315\text{in}$（8mm）

摩擦系数             $\mu = 0.3$

轴的泊松比             $\nu_{轴} = 0.38$

滑轮的泊松比           $\nu_{滑轮} = 0.40$

轴的设计割线模量（$t =$ 结束，23℃）    $E_{S_{设计,轴}} = 376000\text{lbf/in}^2$

滑轮的最终割线模量（$t =$ 结束，23℃）    $E_{S_{最终,滑轮}} = 205000\text{lbf/in}^2$

滑轮的最终应力（$t =$ 结束，23℃）    $\sigma_{最终,滑轮} = 4000\text{lbf/in}^2$

| | |
|---|---|
| 轴的线膨胀系数 | $\alpha_{轴} = 7.1 \times 10^{-5}\,{}^\circ\text{F}$ |
| 滑轮的线膨胀系数 | $\alpha_{滑轮} = 3.1 \times 10^{-5}\,{}^\circ\text{F}$ |

首先求出该温度下装配体接触面的压强

$$p_{接触} = \frac{i_{23℃}}{2R_{轴}\left(\dfrac{\beta + \nu_{滑轮}}{E_{S_{最终,滑轮}}}\right)} \tag{6-62}$$

即

$$p_{接触} = 2212\text{lbf/in}^2 \tag{6-63}$$

该工况下，拆卸装配体所需的拉出力为

$$F_{出} = 2\pi\mu h R_{轴}\sigma_{最终} = 328\text{lbf}(1.46\text{kN}) \tag{6-64}$$

能传递的转矩为

$$M = F_{出}R_{轴} = 82\text{in}\cdot\text{lbf}(9.3\text{N}\cdot\text{m}) \tag{6-65}$$

**结论评估**

工况 C 可以看作是对备用件的长期评估。应力松弛造成了装配件传递转矩的下降。如果需要评估使用前的储存对产品的影响，工况 C 就特别合适。

上述方法不仅能用于压入装配，它也可以评估长期储存对部件和产品的影响。

## 6.10.4　工况 D

本节讨论表 6-1 中的工况 D。在该工况装配体的运行温度为 93℃。

未知量为滑轮和轴接触面的压强、装配所需的装配力和装配体所能传递的转矩。

已知量为：

| | |
|---|---|
| 轴的半径 | $R_{轴} = 0.25\text{in}$（6.35mm） |
| 滑轮外径 | $R_{外} = 0.5\text{in}$（12.7mm） |
| 滑轮高度 | $h = 0.315\text{in}$（8mm） |
| 摩擦系数 | $\mu = 0.3$ |
| 轴的泊松比 | $\nu_{轴} = 0.38$ |
| 滑轮的泊松比 | $\nu_{滑轮} = 0.40$ |
| 轴的设计割线模量（$t$=结束，93℃） | $E_{S_{设计,轴}} = 250000\text{lbf/in}^2$ |
| 滑轮的最终割线模量（$t$=结束，93℃） | $E_{S_{最终,滑轮}} = 120000\text{lbf/in}^2$ |
| 滑轮的最终应力（$t$=结束，93℃） | $\sigma_{最终,滑轮} = 2100\text{lbf/in}^2$ |

轴的线膨胀系数 $\qquad\qquad\qquad\qquad\qquad \alpha_{轴}=7.1\times10^{-5}\,{}^{\circ}F$

滑轮的线膨胀系数 $\qquad\qquad\qquad\qquad \alpha_{滑轮}=3.1\times10^{-5}\,{}^{\circ}F$

在 93℃下使用 5000h 后，滑轮和轴接触面的压强为

$$p_{接触}=\frac{i_{23℃}+2R_{轴}\Delta T(\alpha_{轴}-\alpha_{滑轮})}{2R_{轴}\left(\dfrac{\beta+\nu_{滑轮}}{E_{S_{最终,滑轮}}}\right)} \tag{6-66}$$

即

$$p_{接触}=1051\text{lbf/in}^2 \tag{6-67}$$

该工况下，拆卸装配体所需的拉出力为

$$F_{出}=2\pi\mu hR_{轴}\sigma_{最终}=151\text{lbf}(0.7\text{kN}) \tag{6-68}$$

装配体能传递的转矩为

$$M=F_{出}R_{轴}=32\text{in}\cdot\text{lbf}(4.3\text{N}\cdot\text{m}) \tag{6-69}$$

**结果评估**

本工况代表了热应力松弛的最差情况。通过计算，我们得到了产品寿命结束时的剩余传递转矩和拉出力。如果传递转矩的值低于设计指标，那么就要调整材料或零件几何尺寸。

如果出现性能低于设计指标的情况，就必须进行反复计算，以确保零件具有最合适的材料和几何尺寸。

## 6.11 案例：金属球轴承和塑料凹槽

本案例将研究金属零件和塑料零件的压入装配。塑料零件是上进气歧管（Upper Intake Manifold，UIM），材料为添加了 35%玻璃纤维的尼龙（PA）6,6。金属零件是球轴承。它们之间的装配方式为压入装配。

在详细展开设计思路前，我们先来了解上进气歧管的独特成型工艺。

### 6.11.1 可熔型芯注射成型

可熔型芯注射成型，也叫消失型芯注射成型，可用于零件的三维中空特征成型。该过程会用到一个或多个低熔点软质合金型芯。

除了注射成型设备，该工艺还会用到型芯铸造设备。复杂的塑料零件往往需要多个型芯。为了避免飞边，某些型芯的铸造方向为从下往上。因此，设计铸型时，需要调整型芯的方向，以使浇口的位置尽可能低。排气口应放在最后填充区域（即顶部），以防止填充时的困气。如果需要多个浇口，那么应注意避

免浇铸时液态金属的飞溅。筋或尖角会在铸型中造成热点，从而对铸造周期产生负面影响。另外，必须防止型芯飞边，因为含有飞边的型芯能导致塑料零件的不合格。

型芯制造完成后，为了获得一些复杂的形状，还需要将多个型芯装配到一起。型芯通过螺钉或螺栓装配。在装配过程中，需要注意防止钢制工具刮伤型芯。

型芯将穿过加热炉，在这里型芯的温度由室温（23℃）上升到40~80℃，该过程通过机械手完成。型芯的重量范围较广，为5~100kg，具体重量取决于塑料零件的设计和尺寸。

机械手将型芯放置在垂直注射成型模具中。然后聚合物进入模具型腔并完全包裹型芯。金属型芯的熔点是138℃。注射成型工艺中聚合物的温度在295~305℃之间。不佳的浇口设计会引起热量集中，从而导致金属型芯的局部熔化。需要注意的另一点是，型芯必须被牢固定位，以防止成型过程中型芯的变形或移动。

型芯的移动可以通过分析发现。最初阶段，需要进行塑料零件成型的流动分析。从分析结果中，可以得到成型时型芯受到的压力梯度。然后创建型芯的结构模型，并对模型加载前面分析中得到的压力梯度。接下来，将型芯模型、相关边界条件和载荷输入有限元分析软件。利用有限元分析，我们可以预测型芯变形和位移的大小及方向。模具的浇口位置、浇口大小和填充模式对型芯的变形和位移有重要影响。合格的流动分析应能给出浇口位置、尺寸、最后填充区域（用于决定排气口的位置）、纤维方向和熔接痕位置。

成型完成后，含有金属型芯的塑料零件被从模具中顶出。下一步，零件进入型芯熔化设备。有多种方法来熔化型芯，第一种方法是使用热油炉，对于低熔点合金，典型的熔化温度是160℃，型芯的完全熔化通常需要30~60min；另一种方法是使用感应加热炉，比起第一种方法，这种方法要快很多，仅需要2~3min，型芯就能完全熔化。如果使用热油炉，就需要利用重力将熔化合金和热油分离，然后排出并收集熔化合金，最后将其重新用于型芯的铸造。熔化合金的典型损失率为0.01%~0.1%。用于型芯的金属合金相当昂贵，价格大约是20美元/lb。

接下来，中空塑料零件进入清洗工序，该工序使用乙二醇溶液；之后是漂洗和干燥工序。为了确保完全去除残留的熔化合金，上述所有过程缺一不可。

可熔型芯注射成型在20世纪70年代中期就已投入使用。最初，它被用于诸如进气歧管等汽车零件。现在也被用于其他行业，如气动自行车车轮。

## 6.11.2　上进气歧管信息

菲亚特克莱斯勒汽车集团曾开发了一款高输出、3.5L 六缸发动机（见图 6-18），与更重但效率更低的八缸发动机竞争。该高输出单元的输出功率为 179kW（6600r/min），输出转矩为 329N·m（4000r/min），压缩比为 9.1∶1。

a)

b)

图 6-18　高输出、3.5L 六缸发动机

a) 实物　b) 3D 实体模型（图片来源：菲亚特克莱斯勒汽车集团）

在计算机仿真的帮助下，发动机的空气流动系统实现了最优设计，从而使得发动机达成了较高的输出。该发动机拥有一个大节气阀、大进气阀和一个大的喉部区域，这些部件是高速进气口和进气室的辅助部件。为了获得最大排气流量，发动机的排气阀尺寸、排气口、歧管和催化转化器入口形状经过了优化。为了降低背压、实现更大排气量，排气系统的直径被加大。

本款发动机采用了具有短通道阀和歧管调节阀的三腔进气歧管。通过调节气流和高升程凸轮轴，它能实现更高的进气流量。

通过优化刚度、发动机隔音和调整旋转部件，发动机的噪声、振动和不平顺性得以显著降低。在动力传动系统中，容易造成 NVH 恶化的两个位置位于引擎、变速箱和上进气歧管（UIM）的配合面。配合面和 UIM 内部流道的表面粗糙度都能引起噪声。得益于独特的 UIM 设计，该款发动机在噪声隔离方面取得了重大突破。UIM 的流道表面十分光滑，使得噪声被最小化。这是因为其使用了 35% 玻璃纤维增强的尼龙 6,6（PA6,6），与之相比，传统 UIM 使用的是铝合金材料。

上进气歧管的 2D 图如图 6-19 所示。包括上进气歧管的发动机截面图如图 6-20 所示。

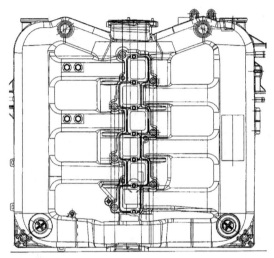

图 6-19　上进气歧管的 2D 图（图片来源：ETS 公司）

图 6-20　3.5L 六缸发动机的截面图，包括了上进气歧管的
截面（图片来源：菲亚特克莱斯勒汽车集团）

使用热塑性聚合物的原因有以下几点。相比于铸造铝 UIM，聚合物 UIM 的平滑内壁使得发动机的最大功率增加 1.5%～2%。聚合物的使用也将发动机的性能提升了 0.5%～1%，因为聚合物拥有较低的热导率，所以不再需要高温气体通

过进气口。发动机的性能提升在热启动和最大功率状态下特别显著。用聚合物替代铝能使 UIM 重量降低多达 50%。相较于铝的压力铸造成型和机械加工后处理，聚合物可以使成本降低 20% ~ 50%。聚合物 UIM 具有更高的设计灵活性，它可以集成多种功能，例如节气门体、快速连接器、燃油轨等。

从制造的角度来看，注射成型模具相比铸造模具有更长的使用寿命。另外，熔芯注射成型允许更大的零件设计自由度，从而有利于空气流动的优化，例如流道位置和截面形状的优化。与同样由聚合物制成但通过焊接技术（如振动焊接）装配而成的产品相比，集成式歧管具有更高的结构完整性，这是克服振动和爆炸压力所必需的。

短流道阀轴（Short Runner Value Shaft，SRVS）是 UIM 的零件之一，其截面图如图 6-21 所示。发动机运行时，SRVS 激活安装在其上的六个短流道阀板（Short Runner Value Plate，SRVP）。通过转动，SRVP 可以调节经过歧管的汽油和空气混合气体的流量。在歧管上有七个机械加工的孔用于装配 SRVS，它们的上、下极限尺寸分别为 8.30mm 和 8.10mm。在 0.138MPa 压强下，具有上极限尺寸的孔产生的泄漏流量为 $100 \text{cm}^3/\text{min}$，对于本设计这是可以接受的。

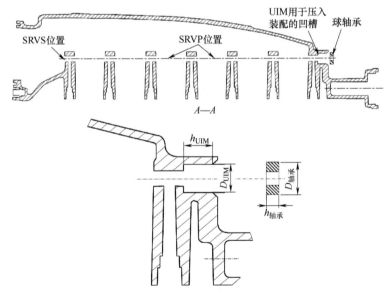

图 6-21　上进气歧管短流道阀轴的截面图

（图片来源：菲亚特克莱斯勒汽车集团和博格华纳公司）

SRVS 与汽车长度方向平行。在朝向汽车前端的位置（七个孔中第一个孔所在的位置），有两种方法可以把轴的自由端安装到歧管上。一种方法是使用金属球轴承（Ball Bearing，BB），利用压入装配，轴承的外圈装配到歧管，而轴承的内圈则装配到 SRVS 上（见图 6-22、图 6-23）。另一种方法不使用球轴承，而是仅用歧管的零件壁直接支撑 SRVS，此时 SRVS 的正常运行就取决于作为轴承面的聚合物的性能。

接下来，我们来验证压入装配球轴承对于 SRVS 装配的适用性。

图 6-22　球轴承所处位置的详图，可以看到
SRVS 轴和六个 SRVP 中的一个（图片来源：ETS 公司）

图 6-23　SRVS 和 SRVP 的剖面细节

## 6.11.3　设计思路

上进气歧管的原材料是来自巴斯夫公司的尼龙 6,6（PA6,6），添加了 35% 玻璃纤维，牌号为 Ultramid® A3HG7Q17。用于压入装配的球轴承外径和内径分别为 16mm 和 5mm。SRVS 由球轴承定位，并激活 SRVP。

为确保足够的装配完整性，需要对 UIM 进行机械加工。接下来我们将确定哪些地方需要机械加工，以保证塑料 UIM 和金属球轴承在−40℃~118℃的环境中能够工作 5000h。

UIM 所用的尼龙聚合物是吸湿性材料。UIM 需要承受两种湿度条件，分别是 50%相对湿度环境（或 2%以重量计的吸水率）和干燥环境。

UIM 上用于装配球轴承的凹槽直径受注射成型工艺影响，其尺寸范围为 14.4~14.5mm。

符号和定义：

$D_{BB}$：球轴承直径

$D_{UIM}$：UIM 直径

$h_{BB}$：球轴承高度

$h_{UIM}$：UIM 高度

$\mu$：金属对塑料的摩擦系数

$\nu_{BB}$：球轴承的泊松比

$\nu_{UIM}$：UIM 的泊松比

$\alpha_{BB}$：球轴承的线膨胀系数

$\alpha_{UIM}$：UIM 的线膨胀系数

$\sigma_{BB}$：球轴承的拉伸强度

$\sigma_{Y\,DAM}$：UIM 的屈服强度，干燥条件

$\sigma_{Y\,50\%RH}$：UIM 的屈服强度，50%相对湿度

$\sigma_{D\,DAM}$：UIM 的设计应力，干燥条件

$\sigma_{D\,50\%RH}$：UIM 的设计应力，50%相对湿度

$E_{BB}$：球轴承的弹性模量

$E_{S_{DAM,UIM}}$：UIM 的屈服割线模量，干燥条件

$E_{S_{50\%RH,UIM}}$：UIM 的屈服割线模量，50%相对湿度

$\beta$：几何系数

$n$：安全系数

$T$：温度

## 6.11.4　材料性质

在 6.9 节中，我们使用了图形，即应力-应变曲线和蠕变曲线。而在本节中，我们将使用来自计算机的数据。

基于统一标准的计算机辅助材料选择系统（Computer-Aided Material Preselection by Uniform Standards，CAMPUS）是一个数据库，它提供来自不同供应商的

各种聚合物的可比数据，并包含一套标准的、对于材料选择十分有用的材料性质。

在1987年，四家德国塑料原材料供应商：巴斯夫、拜耳、赫斯特（现名泰科纳）和赫斯（现名赢创），达成协议联合开发CAMPUS。CAMPUS的第一版于1988年在德国巴登巴登推出。五年后，另外两家公司：陶氏化学和杜邦工程聚合物，加入管理委员会并成为创始成员。在1994年芝加哥全国塑料展览会期间，第三版进行了全球发布。当年晚些时候，在日本建立了工作组。用于Windows的第四版于1996年发布。现在，超过19家具有全球规模的聚合物供应商为CAMPUS提供数据，同时，数据库的全球用户数已超过130000家。

来自聚合物生产商的用户可以免费使用该数据库。它提供五种语言：英语、德语、法语、西班牙语和日语。

CAMPUS能提供单点和多点数据。

1）单点数据包括流变性质、力学性质、热性质（包括阻燃特性）、电性质、材料特有的性质以及成型条件、添加物、特殊性质和成型选项。

2）多点数据包括推荐成型温度范围内的黏度-剪切速率数据、较宽温度范围下的割线模量-应变曲线、剪切模量-温度曲线、拉应力-应变曲线、不同温度和应力水平下的等时蠕变曲线，以及不同温度和应力水平下的蠕变模量-时间曲线。

世界范围内存在着多种国家标准及其相关机构。例如，美国材料与试验协会（ASTM）、德国标准化协会（DIN）、英国标准协会（BSI）、法国标准化协会（AFNOR）、西班牙标准认证协会（AENOR）和日本工业标准委员会（JISC）。在美国和欧洲分别有超过20000种树脂可以选择，而在亚太地区也有将近10000种可供选择。许多产品的数据缺少有关测试条件和样本的充分信息。数据的缺乏和标准的不统一，加上材料不同批次的差异以及实验室之间的差异，使得材料工程师和设计工程师的工作更加困难。CAMPUS的标准能消除样品尺寸、样品准备和测试条件的差异。

CAMPUS通过使用五个关键国际标准：ISO 10350、ISO 11403-1、ISO 11403-2、ISO 3167和ISO 294，解决了塑料行业内材料数据采集和报告格式不统一的问题。它的用户包括奥迪、宝马、博世、福特、通用、IBM、雷诺、大众和沃尔沃。通过这些公司的服务器，工程师可以使用CAMPUS数据库。数据库使用了特有程序，它具有统一的材料数据采集和呈现规则，并且拥有易用的用户界面。CAMPUS能提供来自不同聚合物供应商的具有真正可比性的数据，而能在市场上做到这一点的数据库非常少。

Ultramid ® A3HG7Q17在不同温度和湿度条件下的屈服强度和割线模量如图6-24~图6-29所示。材料性能参数和几何尺寸见表6-2。

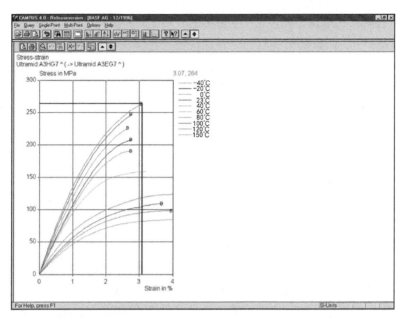

图 6-24　35%玻璃纤维增强尼龙 6,6（巴斯夫公司 Ultramid A3HG7Q17）在 -40℃ 、
干燥条件下的屈服强度和割线模量，数据取自 CAMPUS 4.0 版本
（图片来源：巴斯夫公司和 CAMPUS）

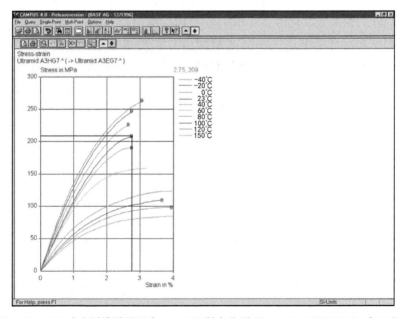

图 6-25　35%玻璃纤维增强尼龙 6,6（巴斯夫公司 Ultramid A3HG7Q17）在 23℃ 、
干燥条件下的屈服强度和割线模量，数据取自 CAMPUS 4.0 版本
（图片来源：巴斯夫公司和 CAMPUS）

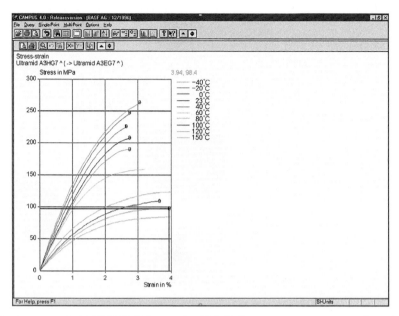

图 6-26　35% 玻璃纤维增强尼龙 6,6（巴斯夫公司 Ultramid A3HG7Q17）在 120℃、干燥条件下的屈服强度和割线模量，数据取自 CAMPUS 4.0 版本（图片来源：巴斯夫公司和 CAMPUS）

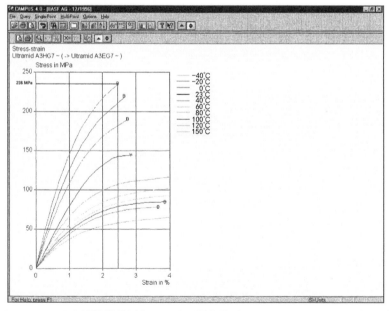

图 6-27　35% 玻璃纤维增强尼龙 6,6（巴斯夫公司 Ultramid A3HG7Q17）在 -40℃、50% 相对湿度条件下的屈服强度和割线模量，数据取自 CAMPUS 4.0 版本（图片来源：巴斯夫公司和 CAMPUS）

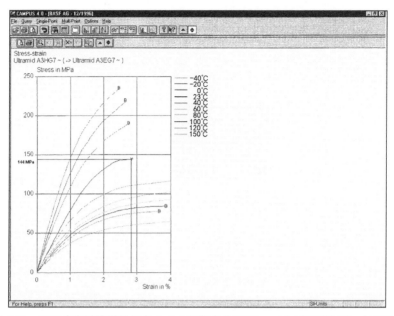

图 6-28　35%玻璃纤维增强尼龙 6,6（巴斯夫公司 Ultramid A3HG7Q17）在 23℃、
50%相对湿度条件下的屈服强度和割线模量，数据取自 CAMPUS 4.0 版本
（图片来源：巴斯夫公司和 CAMPUS）

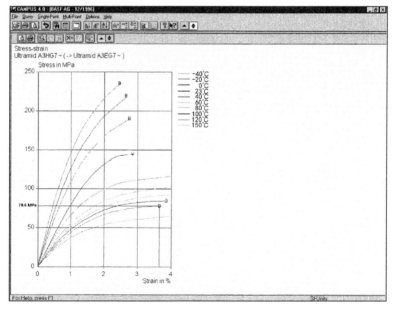

图 6-29　35%玻璃纤维增强尼龙 6,6（巴斯夫公司 Ultramid A3HG7Q17）在 120℃、
50%相对湿度条件下的屈服强度和割线模量，数据取自 CAMPUS 4.0 版本
（图片来源：巴斯夫公司和 CAMPUS）

表 6-2 材料性能参数和几何尺寸

| 定义 | 符号 | 单位 | 数值 | | | | | |
|------|------|------|-----|-----|-----|-----|-----|-----|
| 时间 | $t$ | h | 0 | 0 | 0 | 5000 | 5000 | 5000 |
| 温度 | $T$ | ℃ | −40 | 23 | 118 | −40 | 23 | 118 |
| 球轴承直径 | $D_{BB}$ | mm | 16 | | | | | |
| UIM 直径 | $D_{UIM}$ | mm | 22 | | | | | |
| UIM 高度 | $h_{UIM}$ | mm | 5 | | | | | |
| 摩擦系数 | $\mu$ | — | 0.4 | | | | | |
| 球轴承泊松比 | $\nu_{BB}$ | — | 0.41 | | | | | |
| UIM 泊松比 | $\nu_{UIM}$ | — | 0.3 | | | | | |
| 球轴承线膨胀系数 | $\alpha_{BB}$ | 1/℃ | $6.5×10^{-6}$ | | | | | |
| UIM 线膨胀系数 | $\alpha_{UIM}$ | 1/℃ | $4.5×10^{-5}$ | | | | | |
| 球轴承的拉伸强度 | $\sigma_{BB}$ | MPa | $2×10^5$ | | | | | |
| UIM，UIM 的屈服强度，干燥条件 | $\sigma_{Y\,DAM}$ | MPa | 264 | 209 | 100 | 60 | 36 | 25 |
| UIM 的屈服强度，50%相对湿度 | $\sigma_{Y\,50\%RH}$ | MPa | 236 | 144 | 79 | 38 | 23 | 16 |
| UIM 的设计应力，干燥条件 | $\sigma_{D\,DAM}$ | MPa | 88 | 70 | 33 | 20 | 12 | 8 |
| UIM 的设计应力，50%相对湿度 | $\sigma_{D\,50\%RH}$ | MPa | 79 | 48 | 27 | 13 | 8 | 5 |
| 球轴承的弹性模量 | $E_{BB}$ | MPa | 207000 | 207000 | 207000 | 207000 | 207000 | 207000 |
| UIM 的屈服割线模量，干燥条件 | $E_{S\,DAM,UIM}$ | MPa | 8515 | 7491 | 2512 | 5000 | 3600 | 2500 |
| UIM 的屈服割线模量，50%相对湿度 | $E_{S\,50\%RH,UIM}$ | MPa | 9516 | 4948 | 2160 | 4800 | 3200 | 1600 |

（续）

| 定义 | 符号 | 单位 | 数值 | | | | | |
|------|------|------|------|------|------|------|------|------|
| 几何系数 | $\beta$ | — | 3.2456 | 3.2456 | 3.2456 | 3.2456 | 3.2456 | 3.2456 |
| 安全系数 | $n$ | — | 3 | 3 | 3 | 3 | 3 | 3 |

### 6.11.5 解决方案

为了验证金属球轴承（BB）压入装配到上进气歧管（UIM）的可行性，需要以下几个步骤。

首先，我们需要计算室温下装配所需的干涉量。

然后，我们将检查干涉量如何随着温度的升高而减小。发动机运行时，UIM所处的最高环境温度为 118℃。塑料的线膨胀系数比金属大。例如，本例中 BB的线膨胀系数为 $6.5\times10^{-6}$/℃，与之相比，UIM 的数值为 $4.45\times10^{-5}$/℃。

装配体的热膨胀或收缩将在第三步中得到考虑。由于装配体的实际工作温度可能高于其额定温度，所以干涉量的计算也需要考虑热膨胀的影响。

对于低温条件（-40℃），我们需要确保 BB 和 UIM 过盈配合区域的应力不超过聚合物的屈服强度。

最后三个步骤将验证 UIM 的长期性能（5000h 后）是否达到要求。由于没有聚合物的应力松弛曲线，我们将使用蠕变曲线替代。这种替代所产生的误差一般为±15%。

#### 1. 室温下的干涉量

装配工厂的典型环境温度为 23℃。无论是注射成型之前还是之后，聚酰胺（PA）都是吸湿性（对水气敏感）聚合物。因此，为了计算必要干涉量，我们需要考虑两种湿度条件。

第一种湿度条件是 DAM（Dry AS Molded），也称成型完成时的干燥条件。此时可认为聚合物是完全干燥的。在实际应用中，这种条件仅在零件刚成型后或零件在烤炉中退火时才存在。计算干涉量的公式为

$$i_{23℃,\text{DAM}} = D_{\text{UIM}} \frac{\sigma_{\text{Y DAM},23℃,t=0}}{n\beta}\left(\frac{\beta+\nu_{\text{BB}}}{E_{\text{S}_{\text{DAM,UIM},23℃,t=0}}} + \frac{1-\nu_{\text{BB}}}{E_{\text{BB}}}\right) \tag{6-70}$$

将已知量代入上述方程，干涉量为

$$i_{23℃,\text{DAM}} = 0.1110\text{mm} \tag{6-71}$$

第二种条件为，球轴承压入装配之前，塑料零件已经露天存放了 6 个月左

右。在这种条件下，吸湿性聚合物吸收了空气中的水汽。这种条件也称为 50%
相对湿度条件。此时的干涉量计算方程为

$$i_{23\text{℃},50\%\text{RH}} = D_{\text{UIM}} \frac{\sigma_{\text{Y }50\%\text{RH},23\text{℃},t=0}}{n\beta} \left( \frac{\beta+\nu_{\text{BB}}}{E_{\text{S}_{50\%\text{RH},\text{UIM},23\text{℃},t=0}}} + \frac{1-\nu_{\text{BB}}}{E_{\text{BB}}} \right) \tag{6-72}$$

吸湿后的歧管装配干涉量会低一些

$$i_{23\text{℃},50\%\text{RH}} = 0.0473\text{mm} \tag{6-73}$$

注意：基于聚合物屈服强度的设计点（UIM 的设计强度）的安全系数是 3。
设计强度（数值比屈服强度低）考虑了 UIM 注射成型缺陷及其结合线（熔接
痕）的影响。

**2. 118℃下的干涉量**

这里仅计算 DAM 条件下的干涉量，因为从前文结果可以得知 DAM 条件下
的干涉量更大。如前文所述，当温度梯度存在时，聚合物的膨胀比金属大好几
倍。因此，必须计算装配体在 118℃时的剩余干涉量，计算方程如下

$$i_{118\text{℃},\text{DAM}} = i_{23\text{℃},\text{DAM}} + D_{\text{UIM}}\Delta T(\alpha_{\text{UIM}} - \alpha_{\text{BB}}) \tag{6-74}$$

另外，假设该温度下空气中没有水气存在。所以，仅需要考虑 DAM 条件。

$$i_{118\text{℃},\text{DAM}} = 0.0051\text{mm} \tag{6-75}$$

相较于室温，装配体损失了 0.106mm 的压入装配干涉量。虽然装配体中仍
有较小的干涉量，但在道路条件（试验场地）测试或振动测试中，它无法满足
5000h 不松动的要求。

**3. -40℃干涉量的验证**

温度从 23℃降到-40℃时，将 23℃时的过盈量 0.1110mm 和由热收缩引起的
干涉量相加

$$i_{-40\text{℃},\text{DAM}} = 0.1110\text{mm} + D_{\text{UIM}}[23\text{℃}-(-40\text{℃})](\alpha_{\text{UIM}}-\alpha_{\text{BB}}) \tag{6-76}$$

得到-40℃的干涉量为 0.1806mm。

**4. -40℃、$t=0$ 条件下的应力验证**

-40℃时的干涉量（0.1806mm）将在球轴承和 UIM 的接触面引起一定大小
的应力。我们用下述方程计算其大小

$$p_{-40\text{℃},t=0} = \beta p_{\text{UIM},-40\text{℃},t=0} = \beta \frac{i_{-40\text{℃}}}{D_{\text{UIM}}\left( \frac{\beta+\nu_{\text{BB}}}{E_{\text{S}_{\text{UIM},-40\text{℃},t=0}}} + \frac{1-\nu_{\text{BB}}}{E_{\text{BB}}} \right)} \tag{6-77}$$

将已知量代入上式，得到 UIM 承受的应力大小为 84.7MPa（12244lbf/in²）。
聚合物在 DAM 和 50%相对湿度条件下的屈服强度分别是 264MPa（38167lbf/in²）
和 236MPa（34119lbf/in²），它们都远远大于计算值。所以，该温度下装配体将

运行良好。

**5. -40℃、$t=5000h$ 条件下的应力大小**

装配体需要至少运行 5000h。这段时间内，聚合物的力学性能将发生变化，但假设金属球轴承的力学性能不会改变。由于无法获得 PA6,6 的应力松弛曲线，所以用蠕变曲线代替。

两个零件的过盈配合区域的应力大小为

$$p_{-40℃,t=5000} = \beta p_{\text{UIM},-40℃,t=5000} = \beta \frac{i_{-40℃}}{D_{\text{UIM}}\left(\dfrac{\beta+\nu_{\text{BB}}}{E_{S_{\text{UIM},-40℃,t=5000}}} + \dfrac{1-\nu_{\text{BB}}}{E_{\text{BB}}}\right)} \tag{6-78}$$

得到 5000h 后的应力大小为 49.9MPa（7213lbf/in$^2$）。在 CAMPUS 的 BASF 材料数据中，DAM 条件下的屈服强度为 60MPa（8674lbf/in$^2$），计算值比屈服强度小。因此，在干燥、低温条件下，UIM 装配体可以连续良好运行 5000h。对于 50% 相对湿度条件，由于计算值远大于屈服强度 [37.5MPa（5421lbf/in$^2$）]，装配体将会出现失效。这意味着，当汽车长期停靠在寒冷、潮湿环境中时，即使不满 5000h，UIM 的压入配合区域也很可能出现应力开裂或永久变形。

**6. 23℃、$t=5000h$ 条件下的应力大小**

当汽车在室温下长期停靠时，装配体的压入配合有非常好的表现。

$$p_{23℃,t=5000} = \beta p_{\text{UIM},23℃,t=5000} = \beta \frac{i_{23℃}}{D_{\text{UIM},23℃,t=5000}\left(\dfrac{\beta+\nu_{\text{BB}}}{E_{S_{\text{UIM},23℃,t=5000}}} + \dfrac{1-\nu_{\text{BB}}}{E_{\text{BB}}}\right)} \tag{6-79}$$

5000h 后压入配合区域的应力大小为 22.1MPa（3196lbf/in$^2$）。在 CAMPUS 的 BASF 材料数据库中，DAM 条件下的屈服强度为 36MPa（5205lbf/in$^2$），计算值比屈服强度低。对于 50% 相对湿度条件，计算值和屈服强度几乎相等（22.1MPa 和 23MPa）。因此，在潮湿环境下，压入配合可能变松动。

**7. 118℃、$t=5000h$ 条件下的应力大小**

发动机运行时，UIM 的工作温度是 118℃。在该条件下，组成 UIM 的聚合物的力学性能将会降低，而且很有可能发生永久变形。

$$p_{118℃,t=5000} = \beta p_{\text{UIM},118℃,t=5000} = \beta \frac{i_{118℃}}{D_{\text{UIM},118℃,t=5000}\left(\dfrac{\beta+\nu_{\text{BB}}}{E_{S_{\text{UIM},118℃,t=5000}}} + \dfrac{1-\nu_{\text{BB}}}{E_{\text{BB}}}\right)} \tag{6-80}$$

该条件下的应力大小为 15.9MPa（2324lbf/in$^2$）。它比 DAM 和 50% 相对湿度下的屈服强度都要高，后两者分别是 8.33MPa（1205lbf/in$^2$）和 5.2MPa（753lbf/in$^2$）。

通过将 2% 炭黑颜料（用于为 UIM 聚合物染色）中的一半替换成尼格罗黑染料，可以去掉球轴承。为了获得装配 SRVS 所需的凹槽，需要对 UIM 进行机械加工，而 UIM 由玻璃纤维增强的尼龙（PA）构成，机械加工将使得玻璃纤维露出表面。在发动机运行时，轴和玻璃纤维产生 90° 的来回旋转摩擦，与砂纸类似。当轴在机械加工凹槽中旋转时，1% 尼格罗黑染料渗透到聚合物的机械加工表面，从而形成一层润滑层。由于去掉了球轴承及其相关的装配工时，在这种方法的帮助下，菲亚特克莱斯勒汽车集团每年可以节省约 160 万美元。

## 6.12　成功的压入配合

压入装配在很多公司都有成功应用。其中就包括了一家来自丹麦比伦德的公司（乐高集团，1932 年由木匠基尔克·克里斯蒂安森创建）。在 1947 年，该公司购买了第一台注塑机。经过两年的开发，第一款乐高塑料玩具诞生了。

多年以来，乐高塑料积木的产量超过了 5000 亿个。所有乐高积木都遵循典型的设计要求（见图 6-30c），即在模具型芯的开合方向具有一定数量的掏空特征，这些特征能提供足够的弹性，使得儿童可以多次拆装积木。另外，20 世纪 50 年代生产的乐高积木可以完全适配现在生产的乐高积木。实现这种精度的关键就在于注射成型期间的质量控制系统。将丙烯腈-丁二烯-苯乙烯（ABS）热塑性聚合物加热到 232℃ 并使其完全熔化。然后熔化的聚合物被注射进模具。模具所用的注塑机压力范围为 25~150tf，具体取决于积木的类型。用于冷却 ABS 的平均保持时间为 7s，冷却后零件被顶出。乐高集团使用的量产模具的误差小于 0.01mm，它表示的不良率仅仅为 0.0018%。和本章前半部分的讨论类似，掏空特征（见图 6-30c）的设计考虑了拉伸强度和安全系数。

先进心血管系统公司（ACS，加利福尼亚，圣克拉拉）在医疗领域成功运用了压入装配技术。冠心病（由动脉粥样硬化引起）患者需要血管成形术来扩宽变窄或堵塞的动脉。医生将一个被固定在导引线上的未充气气囊，也称为气囊导管，放置到患者心脏附近的狭窄动脉中，然后利用水压对其充气，并维持气囊尺寸不变，这里的压力能到达正常血压的 75~200 倍（6~20 个大气压或 6~20bar）。内部白细胞、血栓和周围的肌壁在气囊作用下扩张，从而改善血管内的血液流动，最后撤除气囊内部压力并取出气囊。充放气设备及螺钉头部细节如图 6-31 所示。

为了实现气囊的充气和放气，ACS 的这款产品集成了压力计。

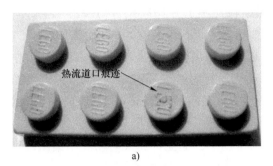

a)

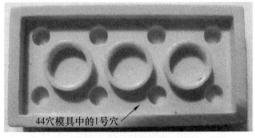

b)

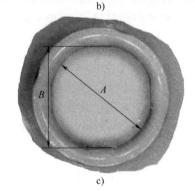

c)

图 6-30　乐高积木

a）俯视图，可以看到热流道口痕迹　b）仰视图，可以看到穴号（44 穴中的 1 号穴）

c）掏空特征的细节，其提供的弹性可以维持数年

　　为了降低产品成本，需要用压入装配替换四个螺纹成型螺钉（见图 6-32）。通过设计四个压入装配特征，实现了上述目的。压入装配由双锥形销（替换螺钉）和六边形凹槽（替换螺丝柱）组成，其中的关键在于两者之间的 0.07mm 径向过盈配合。零件之间的初步导向由销的 3°脱模角提供（见图 6-32a）。装配过程中，当销的压入深度达到其高度（$L = 7.94$mm）的 80% 时，销上的一点和六边形凹槽的一边接触，销和六边形凹槽形成相切状态。

　　销和六边形凹槽的每一边相接触。随着进一步的压紧，两个零件的压入装配

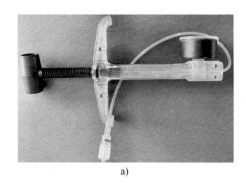

a)　　　　　　　　　　　　　　b)

图 6-31　充放气设备及螺钉头部细节

a）充放气设备，材料为医疗级聚碳酸酯（PC），使用四颗螺纹成型螺钉装配

b）十字槽（H 型）螺钉头部细节（图片来源：ETS 公司）

得以完成。最初的六个相切接触最终变成 2D 平面内的六条线接触或 3D 空间内的矩形相切接触（见图 6-32c），这些接触确保了牢固的连接。如果把六边形凹槽改为圆形，那么整个圆周都将产生接触，这将引起应力松弛，并导致压入配合过早松动。六边形凹槽能提供弹性配合，此时压入装配的分离力超过 440N（100lbf）。

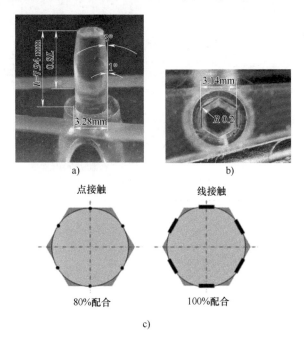

图 6-32　压入装配

a）销的详细设计　b）六边形的详细设计（图片来源：ETS 公司）　c）接触情况

Dura 汽车系统公司（密歇根州，弗里蒙特）也成功应用了压入装配。由于热塑性塑料在连续载荷下的蠕变或应力释放特性，所以压入配合会变松。在图 6-33 中，螺栓头部会对热塑性零件施加恒定载荷，为了防止零件的蠕变，这里使用了青铜衬套作为力矩限制器（见图 6-33b）。螺栓完全锁紧后，衬套将承载螺栓头的载荷，从而防止热塑性塑料在不同使用温度下的蠕变。建议对装配体进行温度循环测试。该压入装配用于青铜限制器和 33% 玻璃纤维增强聚酰胺（PA）零件，很多福特汽车变速器都使用这种装配方式。

本例的关键是弯曲梁的设计（见图 6-33a）。如果没有为压入装配添加径向空间（弯曲梁），那么即使是添加了 33% 玻璃纤维的聚酰胺也会发生应力松弛，甚至在温度变化（夏季到冬季）之前就会失效。弯曲梁（见图 6-33c）的设计应确保力矩限制器的压入装配完成之后，聚合物仍处于屈服之前的弹性变形阶段，正如本章前面所述。

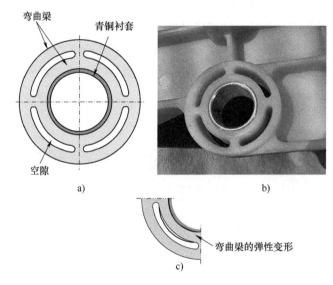

图 6-33　力矩限制器

a）设计细节　b）装配体的实物图片　c）弯曲梁的设计细节（图片来源：ETS 公司）

## 6.13　总结

有两种方案可供选择：①使用金属球轴承并将其压入装配到热塑性塑料进气歧管；②使用聚合物表面作为轴承面。经过详细对比上述两种方案，我们知道最佳的选择是使用聚合物作为轴承面。对于本章的 UIM 装配体，不建议将压入装配用于球轴承和 UIM。

即使使用了严格的机械加工公差（直径为 15.85～15.88mm），上进气歧管（3.5L 六缸 24 气门，材料为添加了 35% 玻璃纤维的聚酰胺 6,6（PA6,6，巴斯夫公司 Ultramid ® A3HG7Q17）） 也会在低温时产生过大应力，并在高温时出现球轴承的松动。

# 第 **7** 章

## 活 动 铰 链

## 7.1 介绍

在热塑性塑料零件设计中，如果零件的各个部分有相对运动，或不同的零件在同一个模具中成型然后互相装配，那么使用集成式的连接特征将有助于实现这些要求。通常将这种使用柔性材料的设计称为活动铰链。

活动铰链或集成式铰链由聚合物制成，它非常薄，用于连接两个较大的主体部分。它能实现零件的打开和闭合，或不通过机械铰链而实现弯折。

活动铰链的最常用材料是聚丙烯和聚乙烯。这些材料既能多次弯折而不断裂，还具有低成本和易成型的优点。与聚丙烯和聚乙烯相比，其他材料可能具有更好的力学、热、化学和电气性能，但由于它们的柔性较低，所以极少用于活动铰链。聚丙烯和聚乙烯能弯折多达一百万次，而其他聚合物仅能达到数千次。

本章将讨论设计活动铰链的一系列方法，这些方法分为两大类：用于聚丙烯和聚乙烯的活动铰链设计（将在 7.2 节讨论）；用于其他材料的活动铰链设计（将在 7.3 节讨论）。这两大类可以覆盖几乎所有的活动铰链设计需求。

第二种类型的重要性在于它提供了三种铰链：能弯折数千次的完全弹性铰链、仅能弯折数次的完全塑性铰链和能弯折数百次的弹塑性铰链。可以根据实际使用情况选择最合适的铰链类型。

## 7.2 聚丙烯和聚乙烯铰链的典型设计

聚丙烯和聚乙烯活动铰链通常包括一个顶部凹槽（见图 7-1a）和一个底部弧面，材料的使用仅受其材料力学性能的限制。

当铰链处于闭合状态（见图 7-1b）时，顶部凹槽变成一个圆弧，它有助于防止铰链的开裂。铰链的底部弧面用于聚合物分子的定向并经受多达一百万次的弯折。聚丙烯和聚乙烯活动铰链的典型设计尺寸如图 7-2 所示。

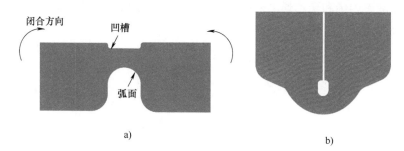

图 7-1　聚丙烯和聚乙烯活动铰链

a）闭合前　b）折弯 180° 之后

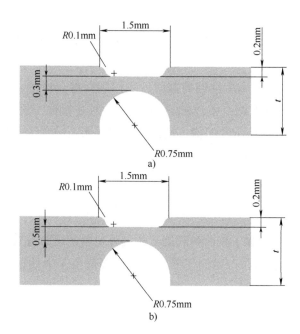

图 7-2　聚丙烯和聚乙烯活动铰链的典型设计尺寸

a）一般设计　b）最大厚度

为了实现高弯折次数，应在零件从模具中顶出后立即进行数次快速折弯。零件的高温加上数次快速弯折，使铰链处的材料得以定向。所有聚丙烯和某些聚乙烯都具有这种特性。

## 7.3 活动铰链的常见错误设计

对于除聚丙烯和聚乙烯之外的材料，类似图 7-3 所示的错误设计仍然在工程应用中被使用。

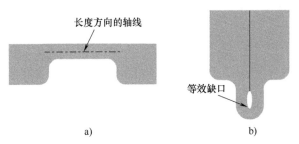

图 7-3 活动铰链的常见错误设计

a）闭合前 b）弯折 180° 之后

这种设计存在问题，因为闭合状态下铰链存在一个应力集中区域，如图 7-3b 所示。

图 7-3b 所示是铰链和中性轴的截面，我们稍后将会讨论。当铰链闭合，中性轴之上的材料将被压缩，中性轴之下的材料则被拉伸。这里的闭合角度是 180°。由于没有图 7-1 所示的凹槽，铰链的上部外侧区域实际上起到了缺口的效果，这将导致铰链的拉伸断裂。

## 7.4 用于工程塑料的基本设计

图 7-4 所示是用于除了聚丙烯和聚乙烯之外材料的更为有效的设计。该设计与上节设计的唯一区别在于增加了凹槽，它能降低由于中性轴上部纤维被压缩而产生的应力集中。

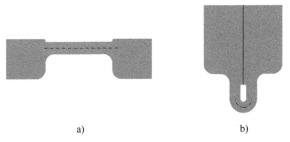

图 7-4 活动铰链的建议设计（中性轴居中）

a）闭合前 b）弯折 180°

图 7-4b 中的光滑圆弧表示受压缩材料的弯曲形状。接下来将提出并验证这种设计方案的数学模型，并给出具体案例。

## 7.5 活动铰链设计分析

首先分析活动铰链（见图 7-5）的闭合状态（见图 7-6），此时铰链弯折 180°。

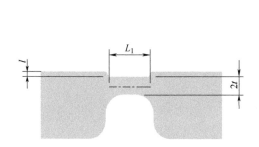

图 7-5 自由状态下的
活动铰链截面

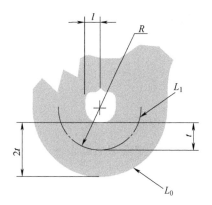

图 7-6 闭合状态下活动
铰链截面和中性轴位置

### 7.5.1 弯曲引起的弹性应变

1. 假设

1）铰链弯曲成圆形，并且中性轴和铰链横向轴线重合。

2）外侧材料受到最大拉伸。

3）内侧材料受到最大压缩。

4）当拉伸应力达到屈服点，根据设计标准，铰链失效。

相关符号和定义如下：

$L_1$：活动铰链的中性轴长度

$t$：铰链厚度的一半

$l$：凹槽深度

$R$：铰链半径

$L_0$：铰链底部外侧长度

2. 几何条件

中性轴的长度等于半圆的周长（铰链处于闭合状态）

$$L_1 = \pi R \tag{7-1}$$

基于上述假设，$L_0$ 也是半圆的周长，这个半圆的半径由铰链半径和铰链厚度的一半组成，所以

$$L_0 = (R+t)\pi \tag{7-2}$$

**3. 弯曲应变**

铰链闭合后，底部外侧长度由 $L_1$ 变为 $L_0$。外侧长度变化量和中性轴长度（假设中性轴长度不变）之比就是弯曲应变

$$\varepsilon_{弯曲} = \frac{\Delta L_0}{L_1} = \frac{L_0 - L_1}{L_1} = \frac{\pi(t+R) - \pi R}{\pi R} = \frac{t}{R} \tag{7-3}$$

由于

$$R = \frac{L_1}{\pi} \tag{7-4}$$

弯曲应变的最终表达式为

$$\varepsilon_{弯曲} = \frac{\pi t}{L_1} \tag{7-5}$$

**4. 弯曲应力**

弯曲应力由弯曲应变决定。假设发生的是纯弯曲，即中性轴保持在中心位置不变。在实际情况中，当受到拉伸或压缩时，中性轴将相对原始位置向上或向下移动。移动值与拉伸应力或应变有关。试验表明，该假设在大多数情况下是可以接受的。

$$\sigma_{弯曲} = \varepsilon_{弯曲} E = \frac{\pi t}{L_1} E \tag{7-6}$$

图 7-7 所示是活动铰链截面的纯弯曲应变图。

材料的割线模量是 $E$。为了避免失效，必须满足的条件为

$$\sigma_{弯曲} < \sigma_{屈服} \tag{7-7}$$

把弯曲应力表达式（7-6）代入式（7-7）得

$$\frac{\pi t}{L_1} E < \sigma_{屈服} \tag{7-8}$$

仅发生弹性应变的中性轴长度为

$$L_1 > \frac{\pi t E}{\sigma_{屈服}} \tag{7-9}$$

**5. 铰链的闭合角**

通过变换不等式（7-9），我们可以得到闭合角的极限为

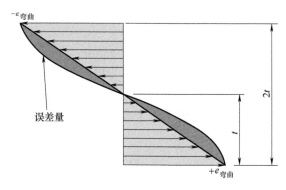

图 7-7  活动铰链截面的纯弯曲应变图

$$\pi < \frac{L_1 \sigma_{\text{屈服}}}{tE} \tag{7-10}$$

设闭合角为 $\Phi$

$$\Phi = \frac{L_1 \sigma_{\text{屈服}}}{tE} \tag{7-11}$$

我们可以得出极限条件为 $\Phi < \pi$，此时只有弹性应变。

**6. 铰链的弯曲半径**

将式（7-9）代入式（7-4）消除 $L_1$，得到铰链弯曲半径的限制为

$$R > \frac{tE}{\sigma_{\text{屈服}}} \tag{7-12}$$

式（7-12）仅适用于弹性应变。为了获得弹性铰链，需要的最小半径为

$$R = \frac{tE}{\sigma_{\text{屈服}}} \tag{7-13}$$

## 7.5.2  弯曲引起的塑性应变

前面几节的讨论仅适用于完全弹性材料。现在来分析铰链的完全塑性行为。

**1. 假设**

1）材料为完全塑性。

2）铰链弯曲形状为圆形。

3）中性轴在铰链中心。

4）当 $\varepsilon_{\text{弯曲}} = \varepsilon_{\text{极限}}$ 时，发生失效。

**2. 弯曲应变**

在式（7-5）中，我们计算的是弹性状态下的弯曲应变。为了得到中性轴长

度，将该式改写为

$$L_1 = \frac{\pi t}{\varepsilon_{弯曲}} \tag{7-14}$$

为了得到铰链的长度极限，需要将式（7-14）中的等号和弯曲应变分别替换为大于号和极限应变。

极限应变是材料断裂时的应变。由于底部外侧材料产生了塑性变形，避免失效的必要条件为

$$L_1 > \frac{\pi t}{\varepsilon_{极限}} \tag{7-15}$$

只要存在纯弯曲，活动铰链的中心区域就不会达到完全塑性变形。可以利用式（7-16）计算活动铰链弹性区域的厚度

$$h = \frac{L_1 \sigma_{屈服}}{2\pi E} \tag{7-16}$$

纯弯曲区域的中性轴长度 $L_1$ 范围为

$$\pi(l+t) < L_1 < \frac{\pi t E}{\sigma_{屈服}} \tag{7-17}$$

如果中性轴长度 $L_1$ 小于或等于下极限，那么活动铰链将表现出黏弹性行为。为了量化地解释这个性质，必须考虑拉伸应变以及由此产生的颈缩现象，纯拉伸的应变图如图 7-8 所示。因此

$$L_1 = \frac{\pi t}{\varepsilon_{弯曲}} \tag{7-18}$$

如果中性轴长度 $L_1$ 大于式（7-17）的上极限，那么铰链将是完全弹性的。

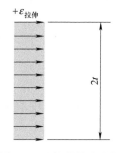

图 7-8　纯拉伸的应变图

### 7.5.3　弯曲和拉伸叠加所引起的塑性应变

大多数铰链都存在前面提到的颈缩现象。考虑一个活动铰链，如图 7-9 所示，符号及定义如下：

$L_1$：中性轴长度

$L_0$：底部外侧长度

$2t$：铰链厚度（打开状态）

$2t'$：铰链厚度（闭合状态）

$l$：凹槽深度（打开状态）

$l'$：凹槽深度（闭合状态，并伴有颈缩现象）

闭合状态下的底部外侧长度 $L_0$ 可以表示为半径（$l'+2t'$）的半圆周长

$$L_0 = \pi(l'+2t') \tag{7-19}$$

或由式（7-1）求出

$$L_0 = \frac{L_1}{R}(l'+2t') \tag{7-20}$$

**1. 拉伸应变**

图 7-10 所示是活动铰链截面的应变图。图 7-10 是由图 7-7 纯弯曲应变和图 7-8 纯拉伸应变合并而得。两个三角形 $\triangle ABC$ 和 $\triangle CDE$ 是相似三角形，根据欧几里得定理可得

$$\frac{\varepsilon_{弯曲}+\varepsilon_{拉伸}}{\varepsilon_{弯曲}-\varepsilon_{拉伸}} = \frac{2t'-h}{h} \tag{7-21}$$

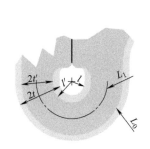

图 7-9　活动铰链的设计细节

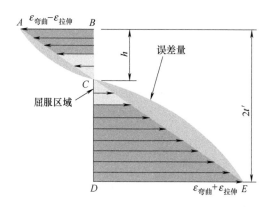

图 7-10　铰链厚度方向截面的应变图

整理式（7-21）可得

$$h\varepsilon_{弯曲}+h\varepsilon_{拉伸} = 2t'\varepsilon_{弯曲}-2t'\varepsilon_{拉伸}-h\varepsilon_{弯曲}+h\varepsilon_{拉伸} \tag{7-22}$$

或

$$2h\varepsilon_{弯曲}-2t'\varepsilon_{弯曲}+2t'\varepsilon_{拉伸} = 0 \tag{7-23}$$

$$\varepsilon_{弯曲} = \frac{t'}{t'-h}\varepsilon_{拉伸} \tag{7-24}$$

两种应变之和必然等于总应变

$$\varepsilon_{弯曲}+\varepsilon_{拉伸} = \frac{L_0-L_1}{L_1} = \frac{\pi(l'+2t')-L_1}{L_1} \tag{7-25}$$

式（7-24）和（7-25）组成了含有两个未知量 $\varepsilon_{弯曲}$ 和 $\varepsilon_{拉伸}$ 的方程组。发生

弹性变形的铰链厚度为

$$h = R - l' = \frac{L_1}{\pi} - l' \tag{7-26}$$

将式（7-26）代入式（7-24）得到

$$\varepsilon_{弯曲} = \frac{t'}{t' - \dfrac{L_1}{\pi} + l'} \varepsilon_{拉伸} \tag{7-27}$$

整理式（7-25）得到

$$\varepsilon_{弯曲} = \frac{\pi(l' + 2t') - L_1}{L_1} - \varepsilon_{拉伸} \tag{7-28}$$

为求出式（7-27）和式（7-28）的解，式（7-29）和式（7-30）的分母需要满足两个条件。

$$\frac{t' \varepsilon_{拉伸}}{t' - \dfrac{L_1}{\pi} + l'} = \frac{\pi(l' + 2t') - L_1}{L_1} - \varepsilon_{拉伸} \tag{7-29}$$

$$\frac{\pi t' \varepsilon_{拉伸}}{\pi t' + \pi l' - L_1} = \frac{\pi(l' + 2t') - L_1 - L_1 \varepsilon_{拉伸}}{L_1} \tag{7-30}$$

第一个条件是

$$L_1 \neq 0 \tag{7-31}$$

第二个条件是

$$\pi t' + \pi l' - L_1 \neq 0 \tag{7-32}$$

然后

$$L_1 \varepsilon_{拉伸} = \pi t' + \pi l' - L_1 \tag{7-33}$$

最终得到

$$\varepsilon_{拉伸} = \frac{\pi}{L_1}(t' + l') - 1 \tag{7-34}$$

横向应变与纵向应变成比例，这个比值被称为泊松比 $\nu$，它定义了颈缩现象。

$$\varepsilon_{横向} = \frac{\Delta t}{2t} = \nu \varepsilon_{拉伸} \tag{7-35}$$

铰链闭合前后的厚度变化为

$$\Delta t = 2t\nu \varepsilon_{拉伸} \tag{7-36}$$

$$2t' = 2t - \Delta t \tag{7-37}$$

$$t' = t - tv\varepsilon_{拉伸} \tag{7-38}$$

$$l' = l + \frac{\Delta t}{2} \tag{7-39}$$

$$l' = l + tv\varepsilon_{拉伸} \tag{7-40}$$

将式（7-38）和式（7-40）代入式（7-34），得到

$$\varepsilon_{拉伸} = \frac{\pi}{L_1}(t - tv\varepsilon_{拉伸} + l + tv\varepsilon_{拉伸}) - 1 \tag{7-41}$$

整理式（7-41），得到

$$\varepsilon_{拉伸} = \frac{\pi}{L_1}(t + l) - 1 \tag{7-42}$$

**2. 弯曲应变**

将式（7-42）中的 $\varepsilon_{拉伸}$ 和式（7-26）、式（7-38）及式（7-40）代入式（7-24）中可得到弯曲应变 $\varepsilon_{弯曲}$

$$\varepsilon_{弯曲} = t'\frac{\frac{\pi}{L_1}(l + t) - 1}{t' + l' - \frac{L_1}{\pi}} \tag{7-43}$$

$$= t'\frac{\frac{\pi}{L_1}(l + t) - 1}{t + l - \frac{L_1}{\pi}} = \frac{\pi t'}{L_1} \tag{7-44}$$

将式（7-38）中的 $t'$ 代入式（7-44）得到

$$\varepsilon_{弯曲} = \frac{\pi}{L_1}(t - tv\varepsilon_{拉伸}) \tag{7-45}$$

将式（7-42）中的拉伸应变代入式（7-45）

$$\varepsilon_{弯曲} = \frac{\pi t}{L_1}\left(1 - v\frac{\pi t + \pi l - L_1}{L_1}\right) \tag{7-46}$$

$$= \frac{\pi t}{L_1} - v\frac{\pi t}{L_1}\left(\frac{\pi t + \pi l - L_1}{L_1}\right) \tag{7-47}$$

转化为公分母并进行因式分解

$$\varepsilon_{弯曲} = \frac{\pi t}{L_1} - \frac{\pi^2 vtl}{L_1^2} - \frac{\pi^2 vt^2}{L_1^2} + \frac{\pi vt}{L_1} \tag{7-48}$$

$$= \frac{\pi t}{L_1^2}(L_1 + vL_1 - \pi vt - \pi vl) \tag{7-49}$$

最后可得弯曲应变为

$$\varepsilon_{弯曲}=\frac{\pi t}{L_1^2}\left[L_1(1+\nu)-\pi\nu(t+l)\right] \tag{7-50}$$

### 3. 中性轴位置

知道了塑性弯曲和拉伸条件下的拉伸应变 $\varepsilon_{拉伸}$（由外侧材料的拉伸引起）和弯曲应变 $\varepsilon_{弯曲}$（由内侧和外侧材料的弯曲引起），就可以得到中性轴到内侧材料表面的距离 $h$

$$h=R-l'=\frac{L_1}{\pi}-l'=\frac{L_1}{\pi}-l-\nu t\varepsilon_{拉伸} \tag{7-51}$$

$$=\frac{L_1}{\pi}-l-\frac{\nu t}{L_1}(\pi t+\pi l-L_1) \tag{7-52}$$

注意：如果拉伸应变较大，$h$ 将变为负值。这意味着活动铰链处于拉伸状态且中性轴位于活动铰链之外。

### 4. 铰链长度

铰链的应变需满足下述条件

$$\varepsilon_{拉伸}+\varepsilon_{弯曲}<\varepsilon_{极限} \tag{7-53}$$

极限应变 $\varepsilon_{极限}$ 表示断裂时的应变，因此可以计算出铰链断裂前的最小长度。整理不等式（7-53）得

$$\varepsilon_{拉伸}+\varepsilon_{弯曲}-\varepsilon_{极限}<0 \tag{7-54}$$

$$\varepsilon_{弯曲}=\frac{\pi t}{L_1}-\frac{\pi^2\nu t l}{L_1^2}-\frac{\pi^2\nu t^2}{L_1^2}+\frac{\pi\nu t}{L_1} \tag{7-55}$$

令

$$a=\frac{2t}{L_1} \tag{7-56}$$

且

$$\varepsilon_{拉伸}=\frac{\pi}{L_1}(t+l)-1 \tag{7-57}$$

整理式（7-55），得到

$$\varepsilon_{弯曲}=\frac{\pi}{2}a+\frac{\pi\nu}{2}a-\frac{\pi^2\nu}{4}a^2-\frac{\pi^2\nu l}{2L_1}a \tag{7-58}$$

同样，可以得到拉伸应变

$$\varepsilon_{拉伸}=\frac{\pi}{2}a+\frac{\pi l}{L_1}-1 \tag{7-59}$$

将式（7-58）和式（7-59）代入不等式（7-54）得

$$\pi a + \frac{\pi \nu}{2}a + \frac{\pi l}{L_1} - \frac{\pi^2 \nu}{4}a^2 - \frac{\pi^2 \nu l}{2L_1}a - 1 - \varepsilon_{极限} < 0 \qquad (7\text{-}60)$$

将不等式按照 $a$ 的降幂排列

$$\frac{\pi^2 \nu}{4}a^2 + \frac{\pi^2 \nu l}{2L_1}a - \frac{\pi \nu}{2}a - \pi a - \frac{\pi l}{L_1} + 1 + \varepsilon_{极限} > 0 \qquad (7\text{-}61)$$

然后两边同时乘以因子 $\dfrac{4}{\pi^2 \nu}$ 得到

$$\frac{4}{\pi^2 \nu}\left( \frac{\pi^2 \nu}{4}a^2 + \frac{\pi^2 \nu l}{2L_1}a - \frac{\pi \nu}{2}a - \pi a - \frac{\pi l}{L_1} + 1 + \varepsilon_{极限} \right) > 0 \qquad (7\text{-}62)$$

$$a^2 + \frac{2l}{L_1}a - \frac{2}{\pi}a - \frac{4}{\pi \nu}a - \frac{4l}{\pi \nu L_1} + \frac{4}{\pi^2 \nu} + \frac{4}{\pi^2 \nu}\varepsilon_{极限} > 0 \qquad (7\text{-}63)$$

$$a^2 + \frac{2}{\pi}\left( \frac{\pi l}{L_1} - 1 - \frac{2}{\nu} \right)a - \frac{4}{\pi^2 \nu}\left( \frac{\pi l}{L_1} - 1 - \varepsilon_{极限} \right) > 0 \qquad (7\text{-}64)$$

$a$ 的取值范围为

$$a \in (-\infty, a_1) \cup (a_2, +\infty) \qquad (7\text{-}65)$$

该二次多项不等式的根为

$$a_{1,2} = -\frac{1}{\pi}\left( \frac{\pi l}{L_1} - 1 - \frac{2}{\nu} \right) \pm \frac{1}{\pi}\sqrt{\left( \frac{\pi l}{L_1} - 1 - \frac{2}{\nu} \right)^2 + \frac{4}{\nu}\left( \frac{\pi l}{L_1} - 1 - \varepsilon_{极限} \right)} \qquad (7\text{-}66)$$

可得 $a_1$ 为

$$a_1 = -\frac{l}{L_1} + \frac{1}{\pi} + \frac{2}{\pi \nu} - \frac{1}{\pi}\sqrt{\frac{\pi^2 l^2}{L_1^2} + 1 + \frac{4}{\nu^2} - \frac{2\pi l}{L_1} - \frac{4}{\nu}\varepsilon_{极限}} \qquad (7\text{-}67)$$

$$= -\frac{l}{L_1} + \frac{1}{\pi} + \frac{2}{\pi \nu} - \frac{1}{\pi}\sqrt{\left( 1 - \frac{\pi l}{L_1} \right)^2 + \frac{4}{\nu^2}(1 - \nu \varepsilon_{极限})} \qquad (7\text{-}68)$$

因为

$$1 - \frac{\pi l}{L_1} = 1 - \frac{l}{R} = \frac{R - l}{R} = \frac{t}{R} \qquad (7\text{-}69)$$

使用下述近似，不会产生过大误差

$$\left( 1 - \frac{\pi l}{L_1} \right)^2 = \left( \frac{t}{R} \right)^2 = 0 \qquad (7\text{-}70)$$

所以 $a_1$ 变成

$$a_1 = -\frac{1}{L_1} + \frac{1}{\pi} + \frac{2}{\pi \nu} - \frac{2}{\pi \nu}\sqrt{1 - \nu \varepsilon_{极限}} \qquad (7\text{-}71)$$

或

$$a_1 = -\frac{1}{L_1} + \frac{1}{\pi} + \frac{2}{\pi\nu}(1-\sqrt{1-\nu\varepsilon_{极限}})$$ (7-72)

因为

$$a < a_1$$ (7-73)

$a$ 的取值范围为

$$a \in (-\infty, a_1) \cup (a_2, +\infty)$$ (7-74)

为了满足该条件

$$\frac{2t}{L_1} < -\frac{1}{L_1} + \frac{1}{\pi} + \frac{2}{\pi\nu}(1-\sqrt{1-\nu\varepsilon_{极限}})$$ (7-75)

最后求出活动铰链的最小长度是

$$\frac{2t+1}{L_1} < \frac{1}{\pi} + \frac{2}{\pi\nu}(1-\sqrt{1-\nu\varepsilon_{极限}})$$ (7-76)

或

$$L_1 > \frac{\pi\nu(2t+1)}{\nu+2[1-\sqrt{1-\nu\varepsilon_{极限}}]}$$ (7-77)

**5. 铰链弹性部分的厚度**

最后我们需要求出铰链总厚度中弹性部分的厚度 $W$。

应变图 7-11 包含了两个相似三角形：$\triangle ABC$ 和 $\triangle CDE$。根据欧几里得定理，可以得到

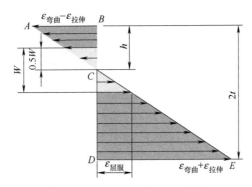

图 7-11　活动铰链截面的应变图

$$\frac{\varepsilon_{屈服}}{\varepsilon_{拉伸}+\varepsilon_{弯曲}} = \frac{\dfrac{W}{2}}{2t-h}$$ (7-78)

由于屈服应变是屈服强度和割线模量之比，式（7-78）可以写成

$$\frac{\sigma_{屈服}}{E(\varepsilon_{拉伸}+\varepsilon_{弯曲})}=\frac{W}{2(2t-h)} \tag{7-79}$$

或者

$$W=\frac{2(2t-h)\sigma_{屈服}}{E(\varepsilon_{拉伸}+\varepsilon_{弯曲})} \tag{7-80}$$

$$W=\frac{2\left[2t-\dfrac{L_1}{\pi}+l+\dfrac{\nu t}{L_1}(\pi t+\pi l-L_1)\right]\sigma_{屈服}}{\left[\dfrac{\pi(t+l)-L_1}{L_1}+\dfrac{\pi t}{L_1^2}(L_1+\nu L_1-\pi\nu t-\pi\nu l)\right]E} \tag{7-81}$$

## 7.6　计算机流程图

可以在市场上买到活动铰链设计的辅助软件。下文展示了这类软件的框架，以及如何将它们用于具体的零件设计。

计算中用到的符号和定义如下。

$X$：铰链厚度

$Y$：铰链长度

$Z$：铰链凹槽深度

$U$：铰链闭合后的厚度

$V$：中性轴到内侧材料表面的距离

$W$：铰链弹性应变部分的厚度

变量 $X$、$Y$ 和 $Z$ 如图 7-12 所示。

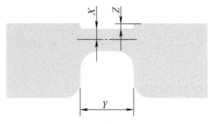

图 7-12　变量 $X$、$Y$ 和 $Z$

1）选择材料。然后计算机从自带材料库中获得材料属性。

2）建立最小铰链厚度 $X$。

3）基于空间考虑选择铰链长度 $Y$。

4）计算 $A$。

5）如果 $Y>A$，那么没有失效，为完全弹性铰链，计算停止。

显示以下参数：

* 铰链厚度 $X$。

* 铰链长度 $Y$。

* 铰链闭合角度 $\Phi$。

* 铰链半径 $R$。

* 铰链极限应变 $\varepsilon_{极限}$。

如果 $Y<A$，跳到下一步。

6）程序自动选择 $Z$。

7）计算 $B$。

8）如果 $Y>B$，则是纯塑性弯曲。跳到下一步。

① 计算 $C$。

② 如果 $Y>C$，那么没有失效，计算停止。

显示以下参数：

* 铰链厚度 $X$。

* 铰链长度 $Y$。

* 铰链弹性应变部分的厚度 $W$。

* 铰链极限应变 $\varepsilon_{极限}$。

如果 $Y<C$，那么铰链失效，计算停止。

如果 $Y<B$，那么发生了塑性弯曲和拉伸的叠加效应，跳到下一步。

9）计算 $D$。

10）如果 $Y>D$，则没有失效，计算停止。

显示以下参数：

* 弯曲应变。

* 拉伸应变。

* 中性轴到内侧材料表面的距离 $V$。

* 铰链厚度 $X$。

* 铰链长度 $Y$。

* 铰链弹性应变部分的厚度 $W$。

* 铰链闭合后的厚度 $U$。

如果 $Y<D$，计算停止。

为说明上述内容，图 7-13 给出了实际计算流程图。

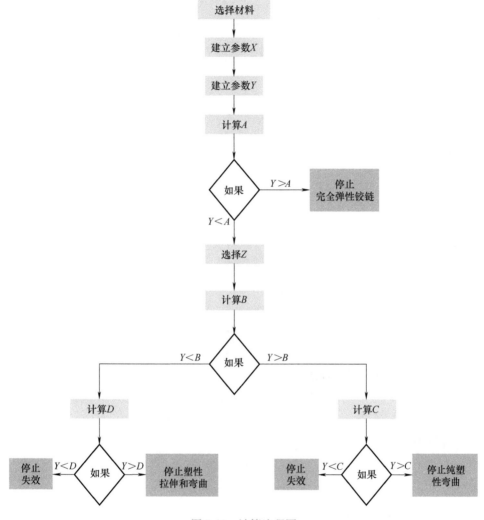

图 7-13　计算流程图

## 7.7　计算机流程图用到的公式

流程图 7-13 用到的公式如下。
铰链厚度

$$X = 2t \qquad (7-82)$$

计算 A

$$A = \frac{\pi t E}{\sigma_{屈服}} \qquad (7\text{-}83)$$

铰链闭合角度

$$\Phi = \frac{Y\sigma_{屈服}}{tE} \qquad (7\text{-}84)$$

铰链半径

$$R = \frac{tE}{\sigma_{屈服}} \qquad (7\text{-}85)$$

应变

$$\varepsilon = \frac{\pi t}{Y} \qquad (7\text{-}86)$$

计算 $B$

$$B = \pi(t+l) \qquad (7\text{-}87)$$

凹槽深度

$$Z = l \qquad (7\text{-}88)$$

计算 $C$

$$C = \frac{\pi t}{\varepsilon_{极限}} \qquad (7\text{-}89)$$

铰链弹性应变部分的厚度

$$W = \frac{Y\sigma_{屈服}}{2\pi E} \qquad (7\text{-}90)$$

计算 $D$

$$D = \frac{\pi\nu(X+Z)}{\nu + 2\left[1 - \sqrt{1 - \nu\varepsilon_{极限}}\,\right]} \qquad (7\text{-}91)$$

铰链闭合后的厚度

$$U = t(1 - \nu\varepsilon_{拉伸}) \qquad (7\text{-}92)$$

铰链弯曲应变

$$\varepsilon_{弯曲} = \frac{\pi t}{Y^2}\left[Y(1+\nu) - \pi\nu(t+Z)\right] \qquad (7\text{-}93)$$

中性轴到内侧材料表面的距离

$$V = \frac{Y}{\pi} + \nu t - l - \frac{\pi\nu t^2}{Y} - \frac{\pi\nu tl}{Y} \qquad (7\text{-}94)$$

铰链弹性应变部分的厚度

$$W = \frac{2 \left[ 2t(1 - \nu \varepsilon_{拉伸}) - h \right] \sigma_{屈服}}{\left[ \pi t(2 - \nu \varepsilon_{拉伸} + l) - Y \right] E} \tag{7-95}$$

## 7.8 案例

本节将讨论两个使用活动铰链的零件实例。第一个零件是一个连接器，它是一个发动机舱部件，用于连接车载计算机和发动机控制模块。第二个零件是一个线缆支架，用于整理火花塞和配电器之间的点火线缆。每个案例都将分析零件的材料和设计。

### 7.8.1 连接器

连接器的轴测图如图 7-14 所示。它的原始设计包含了三个需要装配的零件，为了降低装配人工成本、库存、搬运和运输成本，考虑利用活动铰链进行新的设计，从而实现将三个零件合并为一个零件。

从材料性质来讲，最适合活动铰链材料的是聚丙烯。但这种材料不适合发动机舱内的高温（120~150℃）和飞溅出的各种化学物质（如汽油、机油等）。因此，设计者必

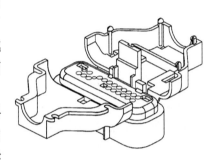

图 7-14　连接器轴测图

须选择其他塑料材料。首先考虑的材料是聚酰胺（PA），它能承受机舱内的高温和化学物质。

对连接器还有另一个要求，即需要满足包装和从成型工厂到最终装配工厂的运输要求。在运输中，一些连接器发生了断裂。非对称的铰链设计导致了活动铰链的断裂，进而造成面板从部件上脱落。聚酰胺无法满足部件要求，因为运输中的面板存在晃动，这种晃动会引起材料达到其断裂伸长点。

必须考虑另一种材料。这里选择了热塑性弹性聚酯（PET 弹性体）。

1. "正确弯曲方向"条件下的计算

为了检查活动铰链的设计细节和材料选择，我们将首先进行"正确弯曲方向"条件的分析。图 7-15 中的两个平板部分按照图 7-16 所示的"正确方向"弯曲。虽然平板部分旋转了 90°，但铰链上的 A 点仅需旋转 45°。

本例首先分析材料为 PET 弹性体的情况，之后将分析使用聚酰胺时的情况。

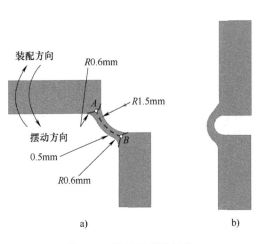

图 7-15 铰链的设计细节

a）自由状态 b）装配完成后的状态

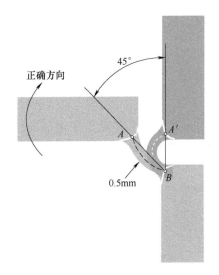

图 7-16 "正确方向"弯曲的
铰链细节

PET 弹性体的材料属性如下。

断裂时的拉应力：$\sigma_{极限}=50\text{MPa}$。

屈服时的拉应力：$\sigma_{屈服}=40\text{MPa}$。

屈服点处的割线模量：$E_{S屈服}=236.5\text{MPa}$。

极限应变（断裂伸长率）：$\varepsilon_{极限}=39.7\%$。

屈服应变：$\varepsilon_{屈服}=9.1\%$。

泊松比：$\nu=0.45$。

厚度、长度和凹槽深度的设计值如下。

铰链厚度：$X=0.5\text{mm}$。

铰链长度：$Y=2.748\text{mm}$。

铰链偏移或凹槽深度：$Z=0.0\text{mm}$。

现在我们来分析设计是否可靠。首先计算 $A$，它是完全弹性铰链的长度。如果 $A<Y$，则铰链为完全弹性。对于 45°折弯角（即"正确弯曲方向"），$A$ 值为

$$A=\frac{\pi t E_{S屈服}}{4\sigma_{屈服}}=1.16\text{mm} \tag{7-96}$$

$$A<Y \tag{7-97}$$

1.16mm 是完全弹性铰链的最小长度。

得到完全弹性铰链的条件后，继续计算铰链的其他参数。

铰链半径

$$R = \frac{t}{\varepsilon_{屈服}} = 2.74\text{mm} \tag{7-98}$$

铰链弯曲时的最大应变

$$\varepsilon_{弯曲} = 4\frac{\pi t}{L_1} = 0.071 = 7.1\% \tag{7-99}$$

对应铰链弹性部分的角度为

$$\Phi = \frac{180°L_1\sigma_{屈服}}{4\pi t E_{s_{屈服}}} = 27° \tag{7-100}$$

**2. "错误弯曲方向"条件下的计算**

当铰链向相反方向弯曲时，弯曲角度是 135°而不是"正确方向"的 45°。
这种情况下，我们使用极限应变，因为此时只要求铰链不断裂，但允许发生永
久变形。计算过程和前文一致。

$$A = \frac{3\pi t E_{s_{屈服}}}{4\sigma_{屈服}} = 3.48\text{mm} \tag{7-101}$$

$$A > Y \tag{7-102}$$

由于 $A>Y$，所以必须计算 $B$。$B$ 表示铰链中的塑性弯曲部分的厚度。

$$B = \frac{3\pi t}{4} = 0.59\text{mm} \tag{7-103}$$

$$B < Y \tag{7-104}$$

$B$ 远远小于 $Y$。这意味着铰链发生了塑性弯曲。$C$ 表示发生塑性变形的铰链
长度，计算可得

$$C = \frac{3\pi t}{4\varepsilon_{极限}} = 1.48\text{mm} \tag{7-105}$$

$$C < Y \tag{7-106}$$

由于 $C<Y$，所以即使铰链发生了塑性变形，它也不会断裂。这是因为铰链
仍有部分厚度保持了弹性变形

$$W = \frac{2[2t(1-\nu\varepsilon_{拉伸})-h]\sigma_{屈服}}{[\pi t(2-\nu\varepsilon_{拉伸})-Y]E_{s_{屈服}}} \tag{7-107}$$

如果用极限应变代替公式中的屈服应变，我们可以得到不同的结果。对于
45°的弯曲角度，$A$ 为

$$A = \frac{\pi t}{4\varepsilon_{极限}} = 0.49\text{mm} \tag{7-108}$$

$$A < Y \tag{7-109}$$

因为 $A<Y$，我们得到了弹性铰链。同样，可以算出其他铰链参数。

铰链半径

$$R = \frac{t}{\varepsilon_{极限}} = 0.63\text{mm} \qquad (7\text{-}110)$$

铰链弯曲时的最大应变

$$\varepsilon_{弯曲} = \frac{\pi t}{4L_1} = 0.071 = 7.1\% \qquad (7\text{-}111)$$

对于 135° 的弯曲角度，$A$ 为

$$A = \frac{3\pi t}{4\varepsilon_{极限}} = 1.48\text{mm} \qquad (7\text{-}112)$$

$$A<Y \qquad (7\text{-}113)$$

因为 $Y>A$，我们得到的是弹性铰链。因此，铰链半径为

$$R = \frac{3t}{4\varepsilon_{极限}} = 0.47\text{mm} \qquad (7\text{-}114)$$

铰链弯曲时的最大应变

$$\varepsilon_{弯曲} = \frac{3\pi t}{4L_1} = 0.213 = 21.3\% \qquad (7\text{-}115)$$

## 7.8.2 材料对比

最开始用于设计评估的材料是聚酰胺（尼龙），以下是该材料的验证过程。

聚酰胺材料性质：

断裂时的拉应力：$\sigma_{极限} = 93\text{MPa}$。

屈服强度：$\sigma_{屈服} = 65\text{MPa}$。

屈服点的割线模量（$E_{S_{屈服}}$）：$E_{S_{屈服}} = 1599\text{MPa}$。

极限应变（断裂伸长率）：$\varepsilon_{极限} = 19\%$。

屈服应变：$\varepsilon_{屈服} = 2.46\%$。

泊松比：$\nu = 0.42$。

铰链主要尺寸：

铰链厚度：$X = 0.5\text{mm}$。

铰链长度：$Y = 2.748\text{mm}$。

铰链偏移或凹槽深度：$Z = 0.0\text{mm}$。

### 1. "正确弯曲方向"条件下的计算

弯曲角度为 45° 时，计算过程如下

$$A = \frac{\pi t E_{S_{屈服}}}{4\sigma_{屈服}} = 4.83\text{mm} \qquad (7\text{-}116)$$

$$A > Y \tag{7-117}$$

$$B = \frac{\pi t}{4} = 0.196\text{mm} \tag{7-118}$$

$$B < Y \tag{7-119}$$

$$C_{\text{极限}} = \frac{\pi t}{4\varepsilon_{\text{极限}}} = 1.03\text{mm} \tag{7-120}$$

$$C < Y \tag{7-121}$$

此时铰链不会失效。现在用屈服应变替换极限应变，则 $C$ 为

$$C_{\text{屈服}} = \frac{\pi t}{4\varepsilon_{\text{屈服}}} = 7.98\text{mm} \tag{7-122}$$

$$C > Y \tag{7-123}$$

此时设计将会失效，因为 $C > Y$。

安全系数是铰链设计长度 $Y$ 和计算值 $C$ 的比值。利用极限应变值，可得安全系数为

$$n_{\text{极限}_{45°}} = \frac{Y}{C_{\text{极限}}} = 2.7 \tag{7-124}$$

该安全系数解释了铰链发生塑性变形之后还能弯曲的原因。闭合之后，铰链仍能部分回弹。

另一方面，使用屈服应变替换极限应变后，安全系数将小于 1，这意味着在装配连接器时，铰链将会断裂（或出现裂纹）。

$$n_{\text{屈服}_{45°}} = \frac{Y}{C_{\text{屈服}}} = 0.34 \tag{7-125}$$

**2. "错误弯曲方向"条件下的计算**

对于 135° 的弯曲角度，计算过程类似

$$A = \frac{3\pi t E_{s_{\text{屈服}}}}{4\sigma_{\text{屈服}}} = 14.5\text{mm} \tag{7-126}$$

$$A \gg Y \tag{7-127}$$

$$B = \frac{3\pi t}{4} = 0.589\text{mm} \tag{7-128}$$

$$B < Y \tag{7-129}$$

$$C_{\text{极限}} = \frac{3\pi t}{4\varepsilon_{\text{极限}}} = 3.1\text{mm} \tag{7-130}$$

$$C > Y \tag{7-131}$$

该铰链设计将出现失效。如果用屈服应变替代极限应变，可得

$$C_{屈服} = \frac{3\pi t}{4\varepsilon_{屈服}} = 23.94\text{mm} \tag{7-132}$$

$$C > Y \tag{7-133}$$

铰链将出现失效。此时安全系数为

$$n_{极限135°} = \frac{Y}{C_{极限}} = 0.88 \tag{7-134}$$

最后，对于 135° 弯曲方向（与前文方向相反），无论是使用极限应变还是屈服应变，铰链都会断裂。

$$n_{屈服135°} = \frac{Y}{C_{屈服}} = 0.11 \tag{7-135}$$

### 7.8.3　点火线缆支架

第二个案例也来自汽车行业。点火线缆支架用于整理配电器和火花塞之间的线缆。每个六缸发动机有两个支架，每个支架固定三条线缆。

图 7-17~图 7-19 所示分别是点火线缆支架的轴测图、主视图和俯视图。旋转的箭头表示零件的闭合方向。线缆首先被固定在图右边的凹槽内。然后旋转零件左侧部分，直到卡扣扣合到位，从而固定线缆。这里的旋转就是通过活动铰链实现的。

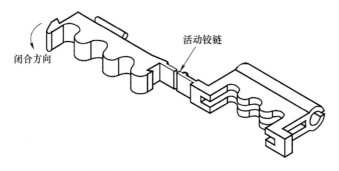

图 7-17　点火线缆支架的轴测图

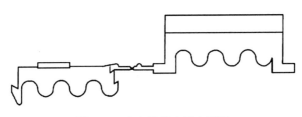

图 7-18　点火线缆支架主视图

图 7-19 点火线缆支架俯视图

**1. 初始设计**

初始设计如图 7-20a 所示。这种设计在聚丙烯铰链上比较常见。在聚丙烯成型工艺中，为使铰链区域的材料定向，通常在零件出模后立即快速弯折铰链数次。

虽然该零件是由聚酰胺制成，但它却套用了聚丙烯材料的铰链设计。在测试时，铰链出现了断裂，这是因为铰链区域的聚酰胺并未定向。另外，如果在成型后立即进行弯折，这种设计的聚酰胺铰链将会断裂，此时材料处于成型后的干燥状态。在这个阶段，零件不含有水气，所以它的极限应变非常低。成型完成后，材料开始吸收空气中的水气，并在数月后达到饱和（不同材料吸水性的细节内容，见 1.7.10 节）。

**2. 改进后的设计**

由于初始设计会产生无法预测的失效，所以重新设计了铰链，见图 7-20b。受压缩的材料沿着由凹槽形成的平滑弧面分布。7.4 节、7.5 节和图 7-4 已经详细论述过这种设计。

对本案例进行改进的计算过程如下。

所用的聚酰胺材料性质：

拉伸强度：$\sigma_{极限} = 101\text{MPa}$。

屈服强度：$\sigma_{屈服} = 73\text{MPa}$。

屈服点的割线模量：$E_{S_{屈服}} = 2800\text{MPa}$。

极限应变（断裂伸长率）：$\varepsilon_{极限} = 18\%$。

屈服应变：$\varepsilon_{屈服} = 2.6\%$。

泊松比：$\nu = 0.38$。

铰链主要尺寸：

铰链厚度：$X = 0.5\text{mm}$。

铰链长度：$Y = 4.5\text{mm}$。

铰链偏移或凹槽深度：$Z = 0.25\text{mm}$。

首先计算 $A$，它表示弯曲 180° 时的铰链长度

$$A = \frac{\pi t E_{S_{屈服}}}{\sigma_{屈服}} = 30.12\text{mm} \tag{7-136}$$

$$A \gg Y \tag{7-137}$$

因为 $A$ 远大于 $Y$，所以需要计算 $B$

$$B = \pi(t+Z) = 1.6\text{mm} \tag{7-138}$$

$$B < Y \tag{7-139}$$

计算 $C$

$$C = \frac{\pi t}{\varepsilon_{极限}} = 4.36\text{mm} \tag{7-140}$$

因为 $C<Y$，此时铰链不会失效，但在闭合之后会出现塑性变形。

图 7-21 所示是铰链的闭合状态图。在偏移量或凹槽深度 $Z$ 影响下，铰链内侧形成圆弧，从而防止了缺口效应引起的失效。

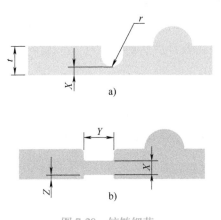

图 7-20　铰链细节

a）初始设计　b）改善的设计

图 7-21　装配后的铰链状态

## 7.9　铰链异常问题的处理

很多铰链存在由于成型工艺问题引起的异常。铰链设计的成功取决于对其背后理论的充分理解。生产人员需要理解材料的流变活动，因为它对铰链的成型质量有重要影响。为使铰链正常工作，成型后的材料分子链必须与成型时的熔体流动方向平行，但实际情况是部分分子链未能平行。

为了便于理解，这里以碗里煮熟的面条为例。想象在桌上快速拖动碗，从而导致面条从碗的一侧溢出。此时面条的溢出方向虽然基本上和碗的移动方向平行，但却互相缠绕，比较混乱。现在假设在移动碗之前，将面条的一端固定在桌上，并在碗的边缘放置一宽齿梳，用于理顺面条。然后拖动碗，此时溢出的面条不仅与碗的移动方向平行，而且将保持互相平行。这就是活动铰链材料分子链的理想方向。

注射成型的动态、热和流变过程使得分子的强线性排列成为可能。在注射压力的驱动下，熔融聚合物将从壁厚较厚的区域流入壁厚较薄的区域。此时，有可能在半塑性区域或凝固区域阻碍一部分分子。如果凝固区域之间的流动通道足够薄，那么流过该区域的熔融聚合物的分子链将互相平行，就像前文所述的面条一样。

有了合适的材料和成型工艺，就能得到极其耐久、抗疲劳的铰链。

如果工艺条件错误或浇注系统设计不当，即使铰链具有良好的设计，也不能得到合格的铰链成品。

注射成型过程能彻底改变聚合物的分子结构。如果剪切速率超过材料的极限，那么即使是分子链中强壮的共价键也将断裂。这会导致分子量的降低和材料性能的下降。

另一个引起铰链失效的工艺问题是在注射阶段后对熔融流体施加了过大压力。注射阶段从聚合物进入型腔开始，到充满型腔结束。注射阶段之后是加压阶段，这个阶段中材料可能增加 15%。最后是补偿阶段或保压阶段，在此期间可添加额外 25% 的材料。当注射阶段结束、加压阶段开始时，型腔内的压力会陡然增加，而熔体的流动速率则会突然降低。如果此时压力过大，则流动速率将下降过快。这会带来热传导风险，导致熔体过早凝固而无法有效填充。

当生产商试图以更高的压力进行注射时，问题往往变得复杂。额外的压力迫使凝胶状材料进入铰链，引起过大的内应力。在某些极端情况下，分子链完全无法保持互相平行的状态，而是以互相缠绕、折叠的状态进入铰链。

另外，零件和铰链之间的连接类型会导致生产商使用过大的成型压力。铰链和零件的连接区域应该具有足够大的过渡圆角。这些圆角将极大地影响铰链区域的压降，因此圆角对于使用较低的注射压力十分重要。这些圆角也有助于铰链区域分子链的定向。

具有活动铰链的零件的成型过程分为三个阶段：注射、加压和保压。各阶段的工艺都必须符合流变特性。若必须在铰链功能和零件外观之间做出取舍，就需要在产品开发和模具设计阶段加以考虑并解决。

## 7.10　压制铰链

压制或冷加工是一种在零件成型后再加工铰链的方法。这种工艺能生产出高强度、高耐久和具有良好材料取向的铰链。

图 7-22 所示是生产压制铰链的典型过程。成型后的零件（见图 7-22a）被放入压制底座（见图 7-22b，也称为压制夹具）。然后压头由气缸驱动向下运动。最终在压力作用下，铰链达到设计厚度。

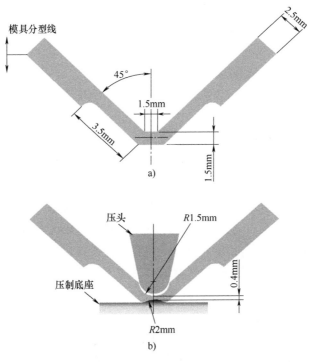

图 7-22　生产压制铰链的典型过程
a）模具成型状态　b）压制状态

压制底座和压头之间的材料受压力影响而被迫向外运动，该区域将会伸长。伸长过程也伴随着聚合物分子的定向，这有助于获得高强度、高韧性的铰链。

为了生产合格的压制铰链，受压聚合物所产生的应变应大于其屈服应变。这对于铰链的稳定是必要的。如果加工时的应变小于屈服应变，那么在压力去除后，聚合物将完全恢复其原有形状。正如第 3 章所说，只有超过屈服点，聚合物才会产生塑性变形。当零件的应变超过了屈服应变时，其中一部分应变将是弹性应变，因此聚合物会部分恢复其原有形状。

同时还要注意压制区域的应变不能超过材料的极限应变。因为过高的应变会导致分子链之间连接的断裂。这种断裂有可能无法从外观上察觉，但它终将使铰链损坏。

一旦压力撤除，零件将会恢复部分形状。这种恢复几乎瞬间发生。

图 7-23 所示是铰链弯折后的形状。压制底座和压头之间的间隙应远小于铰链的最终厚度。可以利用垫片控制该间隙,从而确保整个铰链的厚度均匀。

图 7-23 弯折后的压制铰链

用于压制工艺的铰链厚度为 0.25~0.5mm。如果厚度大于此范围,则铰链表面的材料将承受过大的压缩。当压缩水平达到聚合物的极限强度,那么铰链将会过早失效。

压制过程既可以在室温下直接进行(即冷成型),也可以在加热夹具或塑料零件之后再进行。加热温度应当远低于材料的玻璃化转变温度。聚合物或夹具的温度越高,气缸施加的压力就越低。

一般来说,通过加热夹具、聚合物或两者同时加热,可以获得非常好的聚合物性能。

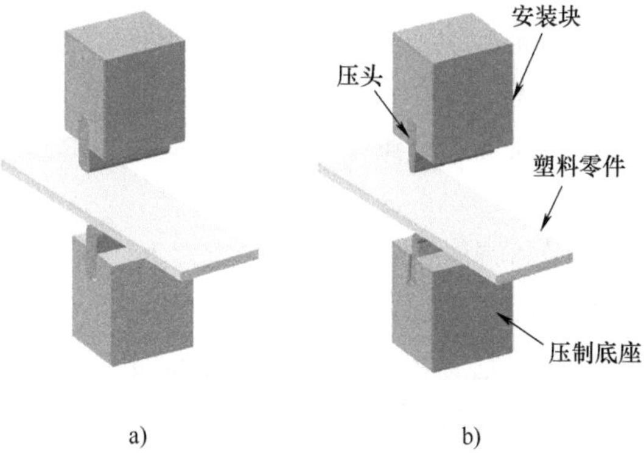

图 7-24 平行压头和锥形压头

a)平行压头 b)锥形压头

图 7-24 和图 7-25 所示是不同的压制模具组合。图 7-25 所示压头的平面部分不应超过 3mm。对于某些聚合物,使用双压头模具通常能获得更具韧性的铰链。

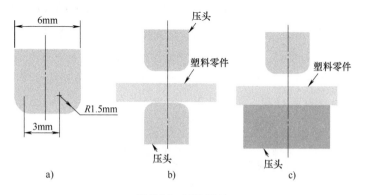

图 7-25 压头设计

a)平行设计的典型结构 b)双压头设计 c)压头+压制底座设计

## 7.11　油罐铰链设计

世界范围内有超过 800 项含有"油罐"铰链的专利。图 7-26 所示是这种利用油罐效应铰链的设计原理图。两根长度分别为 $L_1$ 和 $L_2$ 的梁在油罐中间部位通过铰链连接，该铰链既可以绕 $Z$ 轴转动，也可以在 $XY$ 平面内平移。每个梁的另一端也连接到一个活动铰链，但这些铰链仅允许梁绕 $Z$ 轴的转动，而限制了 $XY$ 平面的平移。

连接到第二个梁下方铰链的是一个小手柄。

对手柄施加一个从右向左的力 $F$，由于底部铰链无法在 $XY$ 平面内平移，手柄将绕着它旋转，从而迫使梁 $L_2$ 也从右向左旋转。与梁 $L_2$ 末端相连的是梁 $L_1$。两个梁之间通过中间铰链连接，它允许转动和平移。当 $L_2$ 从右向左转动时，它将带动 $L_1$ 也从右向左转动。

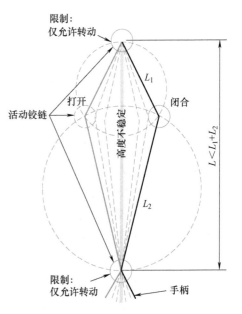

图 7-26　油罐效应铰链设计原理图

下部铰链和上部铰链的距离为 $L$，这个距离小于 $L_1$ 和 $L_2$ 之和。一旦两个梁处于竖直状态，整个系统将变得高度不稳定，因为两个梁都受到压缩载荷。梁将处于两种静止位置，即图 7-26 右侧的黑线位置（闭合状态）或左侧的灰线位置（打开状态），而不可能位于除此之外的其他位置。这种设计原理应用在很多产品中。

油罐铰链有多种变体。图 7-27 所示的油罐铰链包含了一个刚性梁和梁两端两个活动铰链。油罐铰链还可以是两个偏移的平面、两个三角形曲面（见图 7-28）、甚至是两个 3D 相交椭球面（见图 7-29）。

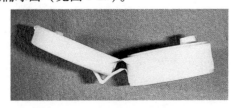

图 7-27　带有油罐铰链的洗剂加注器盖

在包装行业，这类设计经常用于牙刷盖子、乳液盖子等。在压缩载荷的作用下，只要盖子超过中间点，它就会继续运动，直到完全打开。

在汽车行业，这种设计用于后视镜"白天"位置和"夜间"位置的切换机构。

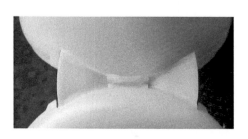 

图 7-28  另一款洗剂加注器，带有由
两个三角形曲面组成的油罐铰链

图 7-29  液体加注壳体，带有由两个
相交的椭球面组成的油罐铰链

## 7.12  总结

设计注射成型活动铰链时，有两种方案可供选择：材料为通用聚合物的设计，例如聚丙烯和聚乙烯（见图 7-1 和图 7-2）；材料为"工程聚合物"或其他聚合物的设计（见图 7-4 和图 7-5）。两种设计的区别是聚丙烯和聚乙烯铰链的纵向截面为弧形，而其他聚合物的铰链壁则是平行的。

浇口位置对活动铰链的性能有重大影响。设计者需要与模具制造商和注射成型厂沟通并优化浇口位置和成型参数。对于注射成型零件来说，活动铰链及其附近区域的熔接痕是不允许的。

## 7.13  练习

本练习为一款消费电子产品零件，在其生命周期内需要运动至少一百万次。为使注塑零件达到此要求，设计者选择在零件上集成活动铰链特征。该零件被称为柔性部件，其设计细节见图 7-30。柔性部件有四个活动铰链。图 7-31 所示是它在运行时的分离体图。一个 20lbf（89N）的力垂直施加到图示位置。图 7-32 展示了柔性部件的运行方式：左右运动或往复运动，每个方向 11°。

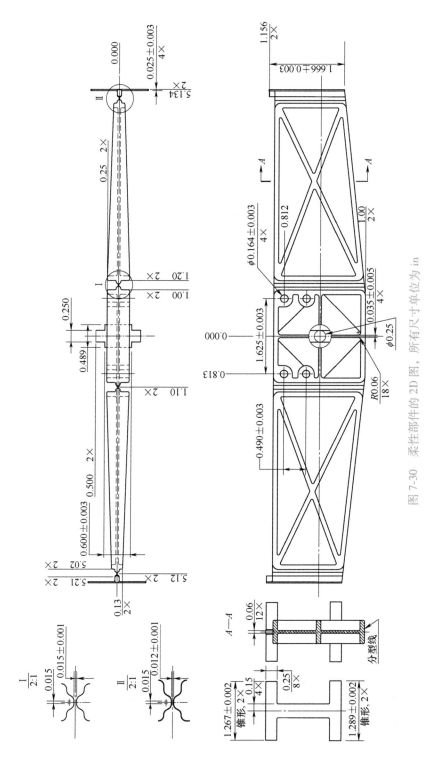

图 7-30 柔性部件的 2D 图，所有尺寸单位为 in

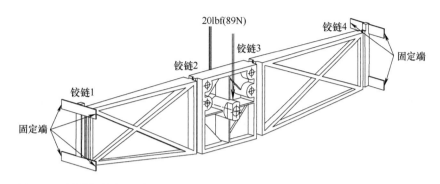

图 7-31 柔性部件的 3D 视图［在运行时，具有固定端的水平薄板用于固定柔性部件就位。运行时（此时零件做与纸面垂直的往复运动）的部件将承受 20lbf（89N）垂直向下的力］（图片来源：ETS 公司）

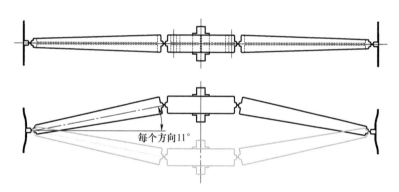

图 7-32 运行时，柔性部件左右运动（或来回运动），每个方向 11°

为了满足产品的性能要求，设计者需要模具制造商的协助。模具制造商选择的浇口位置如图 7-33 所示。图 7-34 所示是流道系统和流道的截面图。模具是三板模（也称自断水口模），当零件被从模具中顶出时，流道系统将自动和零件分离。图 7-35 所示是本练习所用的点浇口，熔融聚合物通过点浇口进入并填充型腔。图 7-36 所示是实际注塑零件及其流道系统。图 7-37 所示是仅使用一个浇口时的缺胶状态。

在产品使用中，铰链 2 和铰链 3 出现了过早失效的现象。与一百万次的预期寿命相比，这两个活动铰链在大约五十万次循环时就出现了微小裂纹，紧接着发生断裂。

使用前述信息（图 7-30~图 7-36 和前文的所有信息），从表 7-1 的两款聚合物中选择一款，实现：

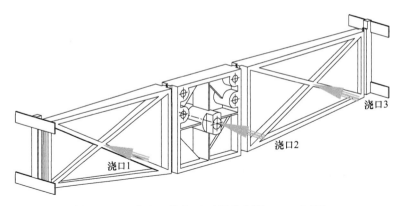

图 7-33　三个浇口的位置（图片来源：ETS 公司）

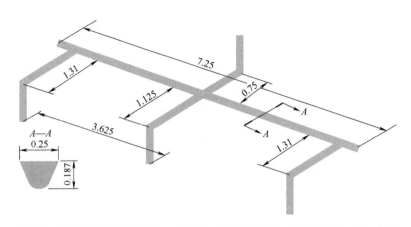

图 7-34　零件模具的流道系统，所有尺寸单位都是 in（图片来源：ETS 公司）

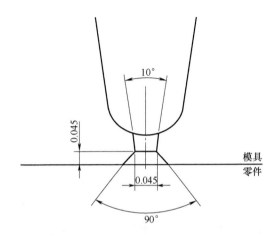

图 7-35　点浇口，所有尺寸单位都是 in（图片来源：ETS 公司）

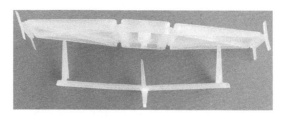

图 7-36　实际注塑零件及其流道系统（图片来源：ETS 公司）

图 7-37　仅使用一个浇口时的缺胶状态（图片来源：ETS 公司）

1）至少一百万次的铰链寿命，而现有寿命仅有五十万次。

2）使用一种十分简单的结构设计方案（也称为设计窍门），以进一步将活动铰链的寿命由一百万次提高到至少三百万次。

为了成功完成练习，应检查零件图纸和浇口布置。

（提示：本练习不需要任何计算）

表 7-1　聚丙烯材料性质

| 聚丙烯牌号 | PD-626 | PD-702 | 单位 |
|---|---|---|---|
| 屈服强度 | 4500 | 4600 | $lbf/in^2$ |
| 屈服应变 | 13% | 12% | — |
| 1%割线模量 | 160000 | 160000 | $lbf/in^2$ |
| 洛氏硬度 | 86 | 89 | R 标尺 |
| $66lbf/in^2$ 时的热变形温度 | 181 | 203 | ℉ |
| 73℉时的悬臂梁式缺口冲击强度 | 0.7 | 0.6 | ft·lbf/in |
| 密度 | 0.902 | 0.9 | $g/cm^3$ |
| 熔体流动率 | 12 | 35 | g/10min |

# 第 8 章

卡 扣 装 配

## 8.1 介绍

类似于压入装配，卡扣装配也是一种连接两个零件而不需要额外部件或紧固件的简单装配方法。卡扣，也称为锁臂，由钩子和凹槽组成。装配时，钩子发生变形或部分变形。一旦进入凹槽，钩子就回到其原始位置。钩子和凹槽的互相作用提供了卡扣的保持力。

卡扣能连接不同聚合物或完全不同材料制成的零件，例如塑料和金属的连接。它在不同行业都得到了应用，比如电动工具、计算机机箱、电子部件、包装盒、玩具、汽车零部件、医疗设备以及其他多种产品。降低成本是一种趋势，而卡扣由于能替代紧固件并集成到零件中，所以非常契合这一趋势。它不需要额外的工具并能实现更快速的装配。在产品装配完成后，某些卡扣可以实现外观不可见。成功的卡扣需要精确的工程设计，虽然卡扣已出现多年，但成型、制造等方面的新要求使工程师必须设计出更加可靠的卡扣。

卡扣的类型主要有两种：一种是永久卡扣或一次性装配卡扣，这种卡扣在装配后无法拆开，后者大多用于易耗消费品；另一种是可拆卸卡扣，它有多种应用，如笔盖和瓶盖（要求多次开合）和类似汽车零部件的产品（产品维护时要求拆卸）。

两种类型卡扣都包括数种子类别。悬臂梁卡扣是一种基本卡扣形式，悬臂梁轴向插入配对零件的凹槽中。曲面梁卡扣是悬臂梁卡扣的变体，它的梁具有弯曲特征。环形卡扣是一种圆形或椭圆形的连接，通常用于笔和瓶盖等产品。球形卡扣具有一个圆顶形的凸出特征，这个特征需要卡入配对零件上对应的凹口。扭力梁卡扣利用第二根梁的剪切应力来提供保持力。

卡扣非常有利于生产。由于卡扣能减少零件数量，所以仓库成本、人工成本、库存成本、供应商数量、运输和搬运成本，以及所有和额外零件相关的成本都得到了降低或减少。它还能缩短装配时间。

但与其他装配方法相比，卡扣装配更加依赖产品设计。不恰当的卡扣设计可能在装配时甚至装配前发生断裂。

单向恒定截面悬臂梁卡扣如图 8-1 所示，单向竖直锥形悬臂梁卡扣如图 8-2 所示，单向水平锥形悬臂梁卡扣如图 8-3 所示，单向双锥形悬臂梁卡扣如图 8-4 所示，双向恒定截面悬臂梁卡扣如图 8-5 所示，双向竖直锥形悬臂梁卡扣如图 8-6 所示，双向水平锥形悬臂梁卡扣如图 8-7 所示，双向双锥形悬臂梁卡扣如图 8-8 所示。

本章将深入讨论三种卡扣类别，演示材料选择方案以及尺寸检查方法，并进行详细的设计分析。

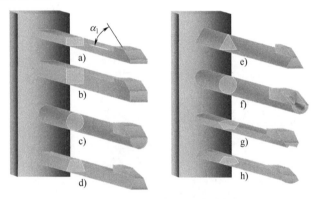

图 8-1 单向恒定截面悬臂梁卡扣

a）矩形截面 b）正方形截面 c）圆形截面 d）梯形截面

e）三角形截面 f）空心圆截面 g）凸形截面 h）凹形截面

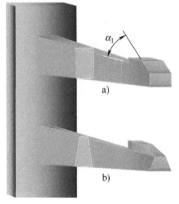

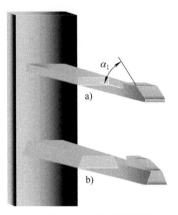

图 8-2 单向竖直锥形悬臂梁卡扣

a）矩形截面 b）梯形截面

图 8-3 单向水平锥形悬臂梁卡扣

a）矩形截面 b）梯形截面

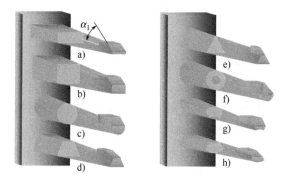

图 8-4　单向双锥形悬臂梁卡扣

a）矩形截面　b）正方形截面　c）圆形截面　d）梯形截面
e）三角形截面　f）空心圆截面　g）凸形截面　h）凹形截面

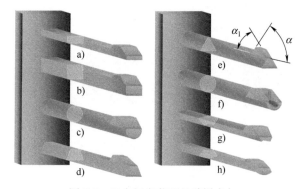

图 8-5　双向恒定截面悬臂梁卡扣

a）矩形截面　b）正方形截面　c）圆形截面　d）梯形截面
e）三角形截面　f）空心圆截面　g）凸形截面　h）凹形截面

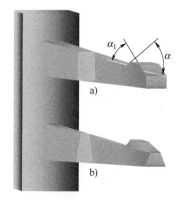

图 8-6　双向竖直锥形悬臂梁卡扣

a）矩形截面　b）梯形截面

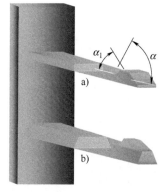

图 8-7　双向水平锥形悬臂梁卡扣

a）矩形截面　b）梯形截面

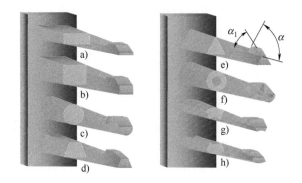

图 8-8 双向双锥形悬臂梁卡扣

a）矩形截面 b）正方形截面 c）圆形截面 d）梯形截面
e）三角形截面 f）空心圆截面 g）凸形截面 h）凹形截面

## 8.2 材料选择

材料对卡扣设计有重要影响。聚合物可被大致分为刚性和柔性两种类型，两种类型聚合物都可用于卡扣的设计，具体选择由应用场景决定。

具备卡扣的零件通常是外观件，所以材料必须同时满足功能和外观要求。根据不同的应用场景，工程师需要考虑如下几个因素。

1）抗紫外线性能。材料可能需要添加 UV 稳定剂，因为紫外线会引起材料褪色和力学性能的下降，进而导致零件断裂。

2）可喷涂性。如果零件需要喷涂，就要选择与该涂料兼容的聚合物，否则涂料可能会破坏聚合物。

3）着色剂的影响。某些着色剂，特别是镉红，会使聚合物的性能下降。

4）热的影响。不同零件的热膨胀率或收缩率不同，不同聚合物之间的差别在 1~2 倍，但聚合物和金属之间的差别可以达到 5~10 倍。

5）裂纹扩展抗性。为卡扣选择高裂纹扩展抗性的材料十分重要。

6）耐化学性。必须考虑材料所接触到的化学物质。例如，发动机舱的部件必须能承受飞溅的汽油、抗冻剂和其他化学物质的影响。

一些情况下，如电动工具和洗衣机，卡扣连接处会产生诸如嘎吱声的噪声，充分利用材料的弹性性能可以防止它的发生。在卡扣中设计一定的干涉量，由于材料的弹性，零件之间会产生持续的压力，从而可防止噪声。然而在某些情况下，该干涉量可能引起材料的蠕变或应力松弛。另外，材料的弹性特性非常有助于吸收误差，因而有利于实现稳健的设计［一种设计，其产出的产品个体之间的差异（也称为噪声）非常小］。

回料（回收的废料或零件）会降低原材料的力学性能。因此，应该为具有卡扣的零件选择含有较少回料的材料。如果想让零件使用回料，就要对其进行测试，以确保可以满足力学性能要求。

如果设计中未能充分考虑材料性能，可能会引起一些问题。例如，对扭力梁使用压缩应变替代扭转应变、卡扣设计过紧或过短、卡扣变形过大从而产生了塑性变形、悬臂根部没有倒角、使用加强筋使得悬臂过硬、忽略了冲击载荷。

环境条件也必须考虑，如 γ 辐射、化学物质的飞溅和运行温度。

## 8.3　卡扣设计需要注意的点

设计卡扣时需要考虑以下几点。

需要考虑卡扣连接周围的空间。应有足够的空间以实现卡扣的功能和运动，并为装配和拆卸预留握持和工具运动空间。

一些零件还被要求包含用于指导产品维护或零件拆卸的标记。

设计阶段还需考虑卡扣在使用中和运输中可能受到的载荷。如质量载荷、工作载荷和冲击载荷。

在一些应用中，卡扣需要实现除连接以外的其他功能。卡扣能实现防水、防尘甚至是防止空气进入。为了实现这些功能，需要使用 O 形圈或其他类似零件作为密封件。

对于承受载荷的卡扣，应利用机械干涉确保零件的相互嵌套。此时卡扣应该仅仅用于维持零件的相互嵌套。

在某些情况下，两个刚性零件（塑料或金属）无法实现钩槽式卡扣所要求的变形。这时就需要额外第三个零件将它们连接起来。

装配载荷计算是卡扣设计的重要组成部分。装配体是由手动装配还是自动装配，以及产品运行时卡扣连接所承受的载荷，都需要在设计中考虑到。设计阶段还需要考虑零件在装配时的定位。对于手动和自动装配，应将定位特征集成到零件上。在自动装配中，也可以使用夹具上的定位销定位。

摩擦系数会影响零件拆装力的大小。人机工程学研究表明，在重复性手工装配中，如果手的装配力大于 27N、拇指的装配力大于 11N 或手指的装配力大于 9N，就会对人体造成伤害。手工装配的装配动作应该是线性的，且推的动作

比拉的动作要好，对于垂直方向的装配，从上往下装配更好。重复性手工装配
应在标准站姿或坐姿状态下进行。

理论上，两种材料间的摩擦系数取值范围为 0~1（不包括边界）。但实际
应用中，摩擦系数一般在 0.1~0.6。静摩擦系数比动摩擦系数大。除了材料
本身，摩擦系数的大小也和零件的表面粗糙度有关。表面越粗糙，摩擦系数
越大。如果零件浸没在各种油中，则静摩擦系数和动摩擦系数之间的差异将
变得非常小。

在分析卡扣的详细设计方法之前，这里先给出初步的设计规则。悬臂的宽
度应小于悬臂长度的一半。对于锥形悬臂，其根部的高度大约是端部高度的
1.25~1.4 倍。当悬臂是零件壁的一部分时（即装配时零件壁也发生变形），就
要使用有限元分析。悬臂根部的倒角（悬臂与零件其他部分的连接处）应该约
为根部高度的 1/3。8.4 节将详细讨论这些计算。

还有一点很重要，悬臂应避开尖角、缩痕、浇口和熔合线，因为这些位置
都会产生内应力集中。

应该使用安全系数推荐值来计算设计应力极限。对于具有明显屈服点的材
料，如果用于不可拆卸卡扣，其推荐安全系数为 1.5；如卡扣需要反复拆装多
次，则推荐安全系数为 2.5。

对于没有明显屈服点的材料（如纤维增强的聚合物），如果用于不可拆卸卡
扣，其推荐安全系数为 2；如用于多次拆装卡扣，则推荐安全系数为 3.25。

## 8.4 卡扣设计理论

本节将推导卡扣设计理论的相关公式。这些公式相当复杂。参考文献 46、
51、52、54、133、162、163 提供了针对某一特定卡扣类型的计算软件，它们能
简化计算过程。尽管有软件的帮助，一些卡扣还是需要手工计算或有限元分析。
本章将详细介绍如何推导相关公式。

本章的计算基于单向双锥形悬臂梁卡扣。

### 8.4.1 符号和定义

悬臂梁卡扣公式的推导过程将用到下述符号。

$M$：弯矩

$l$：悬臂长度

$b_{根部}$：根部最大宽度

$b_{端部}$：端部最小宽度

$h_{根部}$：根部最大高度

$h_{端部}$：端部最小高度

$P$：插入力

$F$：啮合力

$\varphi$：截面转角

$y$：变形量

$y_{最大}$：端部最大变形

$I_Z$：截面对 $Z$ 轴的惯性矩

$I_0$：根部截面惯性矩

$C_G$：几何常数

$\varepsilon_{设计}$：设计应变

$\varepsilon_{极限}$：极限应变

$\sigma(x)$：瞬时应力

$\sigma_{设计}$：设计应力

$\sigma_{极限}$：极限应力

$n$：安全系数

$\mu$：摩擦系数

$E_S$：割线模量

单向双锥形矩形截面悬臂梁卡扣的边界条件如图 8-9 所示。

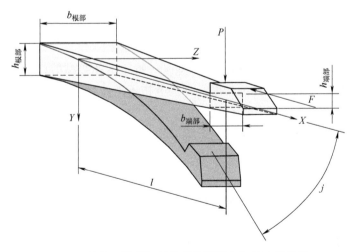

图 8-9　单向双锥形矩形截面悬臂梁卡扣的边界条件

## 8.4.2 几何条件

对于单向或双向双锥形悬臂梁卡扣（悬臂根部和端部截面见图 8-10），可以得到两个比率 $K_1$ 和 $K_2$。$K_1$ 表示悬臂端部宽度和根部宽度之比

$$K_1 = \frac{b_{端部}}{b_{根部}} \qquad (8-1)$$

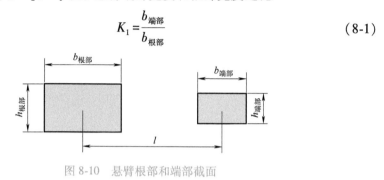

图 8-10 悬臂根部和端部截面

同样，悬臂端部高度和根部高度之比为

$$K_2 = \frac{h_{端部}}{h_{根部}} \qquad (8-2)$$

为简化后续计算，令参数 $a_1$ 和 $a_2$ 分别为

$$a_1 = \frac{K_1 - 1}{l} \qquad (8-3)$$

$$a_2 = \frac{K_2 - 1}{l} \qquad (8-4)$$

利用上述参数，可以得到沿悬臂长度方向任意位置截面的瞬时梁宽度和高度，它们的取值范围为 0（根部）~1（端部）。因此，瞬时宽度为

$$b(x) = b_{根部}(1 + a_1 x) \qquad (8-5)$$

对应的瞬时高度为

$$h(x) = h_{根部}(1 + a_2 x) \qquad (8-6)$$

根据式（8-5）和式（8-6），根部截面的惯性矩为

$$I_0 = \frac{b_{根部} h_{根部}^3}{12} \qquad (8-7)$$

## 8.4.3 应力-应变曲线和方程

图 8-11 所示是塑料的典型应力-应变曲线。曲线上标明了两个点，右侧的点是屈服点，左侧的点是设计点。两个点的应力或应变的比值就是安全系数（详

见第 2 章）。所以，安全系数为

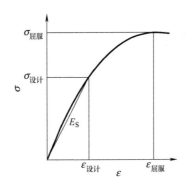

图 8-11　塑料的典型应力-应变曲线

$$n = \frac{\varepsilon_{\text{屈服}}}{\varepsilon_{\text{设计}}} \tag{8-8}$$

利用割线模量和设计应变极限，可以得到设计应力

$$\sigma_{\text{设计}} = E_{\text{S}} \varepsilon_{\text{设计}} \tag{8-9}$$

沿悬臂的瞬时应力是弯矩、惯性半径和惯性矩的函数

$$\sigma(x) = \frac{M(x) Z_{\text{最大}}}{I_z(x)} \tag{8-10}$$

将悬臂根部参数代入式（8-10），即 $x = 0$ 时，应力为

$$\sigma(0) = \frac{M(0) Z_{\text{最大}}}{I_z(0)} = \frac{Pl}{I_0} Z_{\text{最大}} \tag{8-11}$$

进一步可得

$$\frac{Pl}{E_{\text{S}} I_0} = \frac{\varepsilon_{\text{设计}}}{Z_{\text{最大}}} \tag{8-12}$$

瞬时弯矩（悬臂任意截面的矩）为

$$M(x) = -P(l-x) \tag{8-13}$$

综合上述等式，悬臂的挠度为

$$y = \frac{\mathrm{d}^2 y}{\mathrm{d}x^2} = -\frac{M(x)}{E I_z(x)} \tag{8-14}$$

因此

$$\frac{\mathrm{d}^2 y}{\mathrm{d}x^2} = \frac{P(l-x)}{E I_z(x)} \tag{8-15}$$

而

$$I_Z(x) = I_0 f(x) \tag{8-16}$$

将式（8-16）代入式（8-15），可得挠度为

$$y = \frac{P(l-x)}{EI_Z(x)} = \frac{P}{EI_0} \frac{(l-x)\,\mathrm{d}x}{f(x)} \tag{8-17}$$

用分部积分法计算上述二重积分

$$y = F_1(x) + F_2(x) \tag{8-18}$$

函数 $F_1(x)$ 和 $F_2(x)$ 分别为

$$F_1(x) = \int \frac{(l-x)\,\mathrm{d}x}{f(x)} + C_1 \tag{8-19}$$

$$F_2(x) = \int F_1(x) + C_2 \tag{8-20}$$

### 8.4.4　瞬时惯性矩

瞬时惯性矩（任意截面）为

$$I_Z(x) = \frac{b(x)h^3(x)}{12} \tag{8-21}$$

将 $b$ 和 $h$ 替换为它们的参数形式，可以得到

$$I_Z(x) = \frac{b_{根部}h_{根部}^3(1+a_1x)(1+a_2x)^3}{12} \tag{8-22}$$

令

$$I_0 = \frac{b_{根部}h_{根部}^3}{12} \tag{8-23}$$

最终可得惯性矩为

$$I_Z(x) = I_0(1+a_1x)(1+a_2x)^3 \tag{8-24}$$

### 8.4.5　转角

转角方程为

$$\varphi(x) = \int \frac{P(l-x)\,\mathrm{d}x}{EI_Z(x)} \tag{8-25}$$

将式（8-24）代入式（8-25）并分离常数，可得

$$\varphi(x) = \frac{P}{EI_0} \int \frac{(l-x)\,\mathrm{d}x}{(1+a_1x)(1+a_2x)^3} \tag{8-26}$$

### 8.4.6　转角积分方程的解

可以将式（8-26）简化成两个较简单的积分

$$\varphi(x) = \frac{P}{EI_0} \int \frac{l\mathrm{d}x}{(1 + a_1 x)(1 + a_2 x)^3} - \frac{P}{EI_0} \int \frac{x\mathrm{d}x}{(1 + a_1 x)(1 + a_2 x)^3} \quad (8\text{-}27)$$

用符号 $J_1$ 和 $J_2$ 分别代表式（8-27）中的两个积分，得到更简单的转角表达式

$$\varphi(x) = \frac{P}{EI_0} J_1 - \frac{P}{EI_0} J_2 \quad (8\text{-}28)$$

其中，$J_1$ 为

$$J_1 = \frac{a_1 l}{(a_1 - a_2)^2 (1 + a_2 x)} + \frac{l}{2(a_1 - a_2)(1 + a_2 x)^2} + \frac{a_1^2 l}{(a_1 - a_2)^3} \ln\left(\frac{1 + a_1 x}{1 + a_2 x}\right) + C_1 \quad (8\text{-}29)$$

$J_2$ 为

$$J_2 = \int \frac{x\mathrm{d}x}{(1 + a_1 x)(1 + a_2 x)^3} \quad (8\text{-}30)$$

或

$$J_2 = \int \frac{A\mathrm{d}x}{1 + a_1 x} + \int \frac{B\mathrm{d}x}{1 + a_2 x} + \int \frac{C\mathrm{d}x}{(1 + a_2 x)^2} + \int \frac{D\mathrm{d}x}{(1 + a_2 x)^3} \quad (8\text{-}31)$$

将分子乘以公分母，并设分子等于 $x$

$$A(1 + a_2 x)^3 + B(1 + a_2 x)^2(1 + a_1 x) + C(1 + a_1 x)(1 + a_2 x) + D(1 + a_1 x) = x \quad (8\text{-}32)$$

为了求出 $A$、$B$、$C$、$D$ 四个未知量，列出含四个等式的方程组

$$a_2 A + a_1 B = 0$$
$$3a_2 A + (2a_1 + a_2)B + a_1 C = 0$$
$$3a_2 A + (a_1 + 2a_2)B + (a_1 + a_2)C + a_1 D = 1$$
$$A + B + C + D = 0 \quad (8\text{-}33)$$

解上述方程组，得到

$$A = \frac{a_1^2}{(a_2 - a_1)^3} \quad (8\text{-}34)$$

$$B = \frac{a_1 a_2}{(a_1 - a_2)^3} \quad (8\text{-}35)$$

$$C = \frac{a_2}{(a_2 - a_1)^2} \quad (8\text{-}36)$$

$$D = \frac{1}{a_1 - a_2} \quad (8\text{-}37)$$

因此，积分式（8-31）变成

$$J_2 = \frac{A}{a_1} \ln(1 + a_1 x) + \frac{B}{a_2} \ln(1 + a_2 x) - \frac{C}{a_2(1 + a_2 x)} - \frac{D}{2a_2(1 + a_2 x)^2} + C_2 \quad (8\text{-}38)$$

整理可得

$$J_2 = \frac{a_1}{(a_2-a_1)^3}\ln\left(\frac{1+a_1x}{1+a_2x}\right) - \frac{1}{(a_2-a_1)^2(1+a_2x)} + \frac{1}{2a_2(a_2-a_1)(1+a_2x)^2} + C_2$$

(8-39)

现在替换式（8-28）转角方程中的 $J_1$ 和 $J_2$

$$\varphi(x) = \frac{P}{EI_0}\left[\frac{a_1l}{(a_1-a_2)^2(1+a_2x)} + \frac{l}{2(a_1-a_2)(1+a_2x)^2} + \frac{a_1^2l}{(a_1-a_2)^3}\ln\left(\frac{1+a_1x}{1+a_2x}\right) + C_1\right] -$$

$$\frac{P}{EI_0}\left[-\frac{1}{(a_2-a_1)^2(1+a_2x)} + \frac{1}{2a_2(a_2-a_1)(1+a_2x)^2} + \frac{a_1}{(a_2-a_1)^3}\ln\left(\frac{1+a_1x}{1+a_2x}\right) + C_2\right]$$

(8-40)

设 $C_1$ 和 $C_2$ 合并后为 $C_3$，可以利用极限条件求出积分常数 $C_3$：当悬臂长度为 0 即 $x=0$ 时，悬臂的转角是 0 即 $\varphi(0)=0$。所以，利用悬臂根部的转角为 0 的条件，得到积分常数为

$$C_3 = \frac{(a_2-a_1)(1+a_2l) - 2a_2(1+a_1l)}{2a_2(a_2-a_1)^2}$$

(8-41)

## 8.4.7 挠度方程

对转角方程（8-40）积分，可得悬臂挠度

$$y(x) = \int\varphi(x)\,\mathrm{d}x$$

(8-42)

式（8-42）就是双向双锥形悬臂梁卡扣的挠度。

## 8.4.8 挠度积分方程的解

现在求解积分方程（8-42）。代入 $\varphi(x)$ 并积分，我们得到

$$y(x) = \frac{P}{EI_0}\left[\frac{1+a_1l}{(a_2-a_1)^2}\frac{1}{a_2}\ln(1+a_2x) + \frac{1+a_2l}{2a_2^2(a_2-a_1)(1+a_2x)}\right] -$$

$$\frac{P}{EI_0}\left[\frac{1+a_1l}{(a_2-a_1)^3}(1+a_1x)\ln(1+a_1x)\right] +$$

$$\frac{P}{EI_0}\left[\frac{1+a_1l}{(a_2-a_1)^3}\frac{a_1}{a_2}(1+a_2x)\ln(1+a_2x) + C_3x + C_4\right]$$

(8-43)

积分常数 $C_4$ 可以利用极限条件 $y(0)=0$ 求得。因此 $C_4$ 为

$$C_4 = \frac{-(1+a_2l)}{2a_2^2(a_2-a_1)}$$

(8-44)

然后将求得的 $C_3$ 和 $C_4$ 代入式（8-43），整理得到悬臂的挠度为

$$
y(x) = \frac{P}{EI_0} \left[ \frac{1+a_1 l}{(a_2-a_1)^2} \frac{1}{a_2} \ln(1+a_2 x) + \frac{1}{(1+a_2 x)} \frac{1+a_2 l}{2a_2^2(a_2-a_1)} \right] -
$$

$$
\frac{P}{EI_0} \frac{1+a_1 l}{(a_2-a_1)^3} \left[ (1+a_1 x)\ln(1+a_1 x) - \frac{a_1(1+a_2 x)\ln(1+a_2 x)}{a_2} \right] +
$$

$$
\frac{P}{EI_0} \left[ \frac{(a_2-a_1)(1+a_2 l)-2a_2(1+a_1 l)}{2a_2(a_2-a_1)^2} x - \frac{1+a_2 l}{2a_2^2(a_2-a_1)} \right] \tag{8-45}
$$

### 8.4.9　最大挠度

式（8-45）表示悬臂所能承受的挠度。为了计算最大挠度，我们将 $x = l$ 和下述 $a_1$ 和 $a_2$ 的参数式代入式（8-45）。

$$
a_1 = \frac{K_1 - 1}{l} \tag{8-46}
$$

$$
a_2 = \frac{K_2 - 1}{l} \tag{8-47}
$$

$$
a_2 - a_1 = \frac{K_2 - K_1}{l} \tag{8-48}
$$

然后得到矩形截面悬臂能够承受的最大挠度为

$$
y_{\text{最大}} = \frac{Pl^3}{EI_0} \left[ \frac{K_1 \ln K_2}{(K_2-1)(K_2-K_1)^2} + \frac{1}{2(K_2-1)^2(K_2-K_1)} \right] -
$$

$$
\frac{Pl^3}{EI_0} \frac{K_1(K_1-1)}{(K_2-K_1)^3} \left[ \frac{K_1 \ln K_1}{K_1-1} - \frac{K_2 \ln K_2}{K_2-1} \right] +
$$

$$
\frac{Pl^3}{EI_0} \left[ \frac{(K_2-K_1)K_2 - 2K_1(K_2-1)}{2(K_2-1)(K_2-K_1)^2} - \frac{K_2}{2(K_2-1)^2(K_2-K_1)} \right] \tag{8-49}
$$

简化上式，得到

$$
y_{\text{最大}} = \frac{Pl^3}{EI_0} \frac{1}{(K_2-K_1)^3} \left[ K_1^2 \ln \frac{K_2}{K_1} + \frac{1}{2}(K_2-K_1)^2 - K_1(K_2-K_1) \right] \tag{8-50}
$$

定义几何常数 $C_G$ 为

$$
\frac{1}{(K_2-K_1)^3} \left[ K_1^2 \ln \frac{K_2}{K_1} + \frac{1}{2}(K_2-K_1)^2 - K_1(K_2-K_1) \right] \tag{8-51}
$$

最后，得到单向双锥形矩形截面悬臂的最大挠度为

$$
y_{\text{最大}} = \frac{Pl^3}{EI_0} C_G \tag{8-52}
$$

不同形状截面的悬臂具有不同的 $C_G$ 值见表 8-1。

表 8-1　悬臂（三角形、正方形、矩形、梯形、圆形、
椭圆形、中空圆形）的几何常数值

| 横截面形状 | 悬臂类型 | 几何常数 $C_G$ |
|---|---|---|
| | 连续 | $C_G = \dfrac{2}{3}$ |
| | 双锥形 $K_1 \neq K_2$ | $C_G = \dfrac{2}{3(K_2-K_1)^3}\left[K_1^2\ln\dfrac{K_2}{K_1}+\dfrac{1}{2}(K_2-K_1)^2-K_1(K_2-K_1)\right]$ |
| | 连续 | $C_G = \dfrac{2}{3}$ |
| | 双锥形 $K_1 = K_2$ | $C_G = \dfrac{2}{3K_1}$ |
| | 连续 | $C_G = \dfrac{2}{3}$ |
| | 水平锥形 | $C_G = \dfrac{1}{(K_1-1)}\left[\dfrac{K_1}{(K_1-1)^2}(K_1\ln K_1-K_1+1)-\dfrac{1}{2}\right]$ |
| | 竖直锥形 | $C_G = \dfrac{1}{(K_1-1)^3}\left[\ln K_2+\dfrac{1}{2}(K_2-1)^2-(K_2-1)\right]$ |
| | 双锥形 $K_1 \neq K_2$ | $C_G = \dfrac{1}{(K_2-K_1)^3}\left[K_1^2\ln\dfrac{K_2}{K_1}+\dfrac{1}{2}(K_2-K_1)^2-K_1(K_2-K_1)\right]$ |
| | 连续 | $C_G = \dfrac{1}{3}$ |
| | 水平锥形 | $C_G = \dfrac{1}{(K_1-1)}\left[\dfrac{K_1}{(K_1-1)^2}(K_1\ln K_1-K_1+1)-\dfrac{1}{2}\right]$ |
| | 竖直锥形 | $C_G = \dfrac{1}{(K_1-1)^3}\left[\ln K_2+\dfrac{1}{2}(K_2-1)^2-(K_2-1)\right]$ |
| | 双锥形 $K_1 \neq K_2$ | $C_G = \dfrac{1}{(K_2-K_1)^3}\left[K_1^2\ln\dfrac{K_2}{K_1}+\dfrac{1}{2}(K_2-K_1)^2-K_1(K_2-K_1)\right]$ |
| | 连续 | $C_G = \dfrac{2}{3}$ |
| | 双锥形 $K_1 = K_2$ | $C_G = \dfrac{2}{3K_1}$ |

（续）

| 横截面形状 | 悬臂类型 | 几何常数 $C_G$ |
|---|---|---|
| | 连续 | $C_G = \dfrac{2}{3}$ |
| | 水平锥形 | $C_G = \dfrac{2}{(K_1-1)}\left[\dfrac{K_1}{(K_1-1)^2}(K_1\ln K_1 - K_1 + 1) - \dfrac{1}{2}\right]$ |
| | 竖直锥形 | $C_G = \dfrac{2}{(K_2-1)^3}\left[\ln K_2 + \dfrac{1}{2}(K_2-1)^2 - (K_2-1)\right]$ |
| | 双锥形 $K_1 \neq K_2$ | $C_G = \dfrac{2}{(K_2-K_1)^3}\left[K_1^2\ln\dfrac{K_2}{K_1} + \dfrac{1}{2}(K_2-K_1)^2 - K_1(K_2-K_1)\right]$ |
| | 连续 | $C_G = \dfrac{2}{3}$ |
| | 双锥形 $K_1 = K_2$ | $C_G = \dfrac{2}{3K_1}$ |

## 8.4.10　自锁角

在双向卡扣中应避免出现自锁角，因为双向卡扣应易于装配和拆卸。拔出方向上的自锁角（见图 8-7a，角度 $\alpha$）将阻碍装配的拆卸。设计者需要分析卡扣的自锁角并在设计中避免它。

自锁角的取值范围为 $0° \sim 90°$（不包括边界值）。它是摩擦系数的函数。摩擦系数越小，自锁角越大。需要注意的是，手工拆卸装配体时（维护或其他目的），拆卸速度将对动态摩擦产生影响，进而导致摩擦系数的变化。当拆卸速度减小时，摩擦系数将增加，这将改变自锁角，使得装配体很难或只有借助额外工具或损坏零件才能拆卸。

自锁角计算公式如下

$$\alpha = \arctan\frac{1}{\mu} \tag{8-53}$$

式中，$\mu$ 是摩擦系数。

## 8.5　案例：单向连续悬臂的矩形截面卡扣

笔记本计算机的装配通过流水线进行。显示屏被手工卡入计算机机壳中，然后对机壳进行超声波焊接。单向竖直锥形的卡扣沿着机壳均匀分布，它们可以防止机壳跌落或受其他机械力时焊接的断裂。笔记本电脑拆分后的各部分如图 8-13 所示。OmniBook 300 是第一款将卡扣用于 LCD 显示屏预装配的笔记本计算机（见图 8-12），之前产品使用超声波焊接防止水气进入。

图 8-12　OmniBook 300 笔记本电脑
（图片来源：惠普，科瓦利斯分部）

图 8-13　笔记本电脑拆分后的各部分
（图片来源：惠普，科瓦利斯分部）

　　在某些应用中，例如图 8-14 的应用，卡扣用于在最终装配前临时固定零件。这里的最终装配方式是超声波焊接。卡扣能用于诸如粘接或焊接之前零件的临时固定。

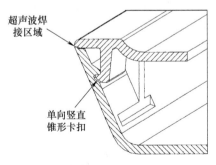

图 8-14　单向竖直锥形悬臂卡扣，用于连接显示屏模组和机壳，
惠普 OmniBook 300 笔记本计算机（图片来源：惠普，科瓦利斯分部）

**几何模型**

接下来的例子是汽车内部门板的矩形截面锁定卡扣计算，它用于门板和门框之间的装配。由于返回角是 90°，所以这类卡扣仅能使用一次。

已知量（见图 8-15）：

$$l = 0.5\text{in}(12.7\text{mm})$$

$$b = 0.25\text{in}(6.35\text{mm})$$

$$h = 0.08\text{in}(2\text{mm})$$

未增强聚合物的材料性能如下：

$$E_{割线设计} = 312000\text{lbf/in}^2(2150\text{MPa})$$

$$\varepsilon_{设计} = 2.23\%(0.0223)$$

$$\sigma_{设计} = 6957\text{lbf/in}^2(48\text{MPa})$$

**理想模型**

8.4 节的悬臂卡扣理论可以用于计算本例中卡扣悬臂所能承受的最大应力和最大插入力（见图 8-15 中的力 $P$）。最大应力为

$$\sigma_{设计} = \frac{3hE_{割线设计}y_{端部}}{2l^2} = 6957\text{lbf/in}^2(47.92\text{MPa}) \tag{8-54}$$

在式（8-54）中，$y_{端部}$是悬臂能承受的最大变形，计算如下

$$y_{端部} = 2l^2\frac{\varepsilon_{设计}}{3h} = 0.04646\text{in}(1.18\text{mm}) \tag{8-55}$$

插入力为

$$P = \frac{bh^3E_{割线设计}y_{端部}}{4l^3} = 3.711\text{lbf}(16.5\text{N}) \tag{8-56}$$

式（8-54）、（8-55）和（8-56）均是利用本章前文所述方法（理论方法）得出的。

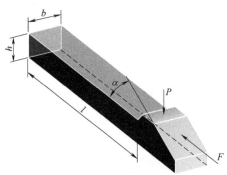

图 8-15　门板案例中的卡扣几何模型

本案例也使用 NISA Ⅱ有限元分析软件进行了另一组分析，有限元软件来自 Cranes 软件公司（美国密歇根州，特洛伊）。附录 A 和附录 B 是软件分析的结果文件。

首先分析的是强制位移的情况（见附录 A）。0.046in（1.17mm）的强制位移被施加到实体单元模型（六面体单元）的单元节点上。分析种类是静态线性分析（见图 A-1 的有限元模型），最终得到等效应力图（见图 A-2）。分析得到的最大应力值为 7112lbflin² （49MPa）。材料性能和理论计算相同。所以

$$\sigma_{等效} = 7112\text{lbflin}^2 (49\text{MPa}) \tag{8-57}$$

接下来分析另一种情况。与前述强制位移不同，这次施加的是 3.711lbf 的力，它均匀分布在截面底部的每个节点上（见图 B-1）。唯一的例外是悬臂外侧（俯视）两个节点仅承受其他节点一半大小的力。这是因为分析中使用了对称简化法。

分析可得悬臂的等效应力（见附录 B，节点主应力）为

$$\sigma_{等效} = 6514\text{lbflin}^2 (47.67\text{MPa}) \tag{8-58}$$

**结果检查**

在实际使用中，材料总是表现出非线性性质。前文理论模型的计算使用了小位移线性近似，即假设模型为线性。但是，应力-应变曲线并不具有线性形状，胡克定律（见第 3 章）也不适用于大位移情况。当悬臂弯曲角度大于 8°时，梁理论不再适用，此时应使用塔板理论。

手工计算非常耗时，FEA 分析时间则和模型的复杂度以及非线性因素有关，需要根据具体情况选择合适的方法。考虑到误差无法避免，我们的目标是根据允许的时间，容许一定误差比例的存在。

我们有下述两个选择：

1）基于零件的应用，选择一个合理的误差大小（M），并将其与计算结果相比较。

2）如果结果大于所选的误差 M，那么另选更软或弹性更好的聚合物，以使结果符合误差要求。

依据零件的历史误差数据，M 选择如下

$$M = 5\% \tag{8-59}$$

现在可以基于选定的误差大小，将上述例子的应力值与两种方法获得的值进行比较。第一种方法是理论计算法。将手工计算值与选定的误差相比得到

$$M = 2.3\% \tag{8-60}$$

式（8-60）的 $M$ 在可接受范围之内。其他更加复杂的锥形悬臂截面的计算将相当耗时。

接着，比较点载荷下的结果

$$M = 9.2\% \tag{8-61}$$

当在悬臂端部施加点载荷时，得出的结果误差最大。最精确的情况是对悬臂端部施加强制位移。此时的误差为

$$M = 0.5\% \tag{8-62}$$

通常，有限元分析用于分析复杂截面。有限元分析能有效预测零件行为，但它比较昂贵且相当耗时。

## 8.6 环形卡扣

带左侧扣合面和右侧扣合面的环形卡扣分别如图 8-16、图 8-17 所示。

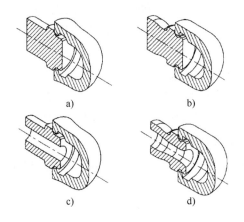

图 8-16　带左侧扣合面的环形卡扣

a）刚性实心公扣和柔性母扣　b）柔性实心公扣和刚性母扣

c）刚性圆形空心公扣和柔性母扣　d）柔性圆形空心公扣和刚性母扣

环形卡扣分析种类包括：

1）已知尺寸和材料，求力、挠度（扣合面）。

2）已知挠度（扣合面）、力和材料，求尺寸。

3）已知力、挠度（扣合面）和尺寸，求材料。

这类卡扣的分析计算和 8.4 节的卡扣类似。

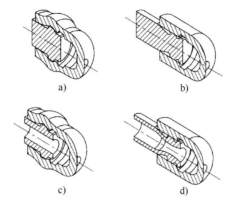

图 8-17 带右侧扣合面的环形卡扣

a）刚性实心公扣和柔性母扣　b）柔性实心公扣和刚性母扣

c）刚性圆形空心公扣和柔性母扣　d）柔性圆形空心公扣和刚性母扣

## 8.6.1 案例：圆环卡扣，刚性公扣和柔性母扣

本例包括一支笔及其笔帽（见图 8-18～图 8-22）。由于篇幅有限，本例仅直接给出公式，而不提供推导过程。

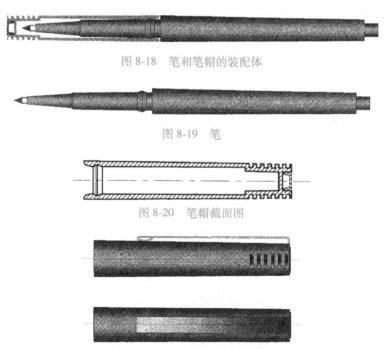

图 8-18 笔和笔帽的装配体

图 8-19 笔

图 8-20 笔帽截面图

图 8-21 笔帽视图：主视图（上）和俯视图（下）

图 8-22　笔帽设计细节

## 8.6.2　符号和定义

$D$：笔帽外径

$d$：笔帽内径、笔的外径

$f$：公扣的扣合面深度

$\alpha_1$：插入角

$\alpha$：拔出角

$l$：笔帽的扣合面位置

$P$：偏转力

$k$：几何系数

$F_E$：插入力

$F_0$：拔出力

$E_S$：割线模量

$\nu$：泊松比

$\varepsilon_A$：设计应变

$a$：笔帽外径和笔帽内径之比

$\mu$：摩擦系数

## 8.6.3　几何定义

1）插入角和拔出角大小相同。插入和拔出力大小相等。因此

$$\alpha_1 = \alpha \qquad (8\text{-}63)$$
$$F_E = F_0 \qquad (8\text{-}64)$$

2）插入角小于拔出角。此时插入力小于拔出力

$$\alpha_1 < \alpha \qquad (8\text{-}65)$$
$$F_E < F_0 \qquad (8\text{-}66)$$

3）最后一种情况，插入角大于拔出角。此时笔帽可以安装到笔上，但它受到较小的外力就可能脱落。角度不等式为

$$\alpha_1 > \alpha \qquad (8\text{-}67)$$

力的不等式为

$$F_E > F_O \tag{8-68}$$

## 8.6.4 材料选择及其性质

考虑到笔的一次性或不可换芯特性，设计者应该选择单位体积成本较低和成型周期较短的材料。

本例中，选择的材料是带炭黑颜料的聚丙烯（PP）。计算中用到的材料力学参数如下：

割线模量 $E_S = 497\text{MPa}$。

设计应变 $\varepsilon_A = 6.24\%$。

泊松比 $\nu = 0.43$。

摩擦系数 $\mu = 0.2$。

注意：由于笔帽和笔由同种材料制成，且抛光的模具型腔降低了零件表面的粗糙度，摩擦系数较低。

## 8.6.5 基本方程

偏转力

$$P = k E_S d^2 \varepsilon_A \tag{8-69}$$

式中，$k$ 是几何系数，其表达式为

$$k = \frac{\pi(a-1)\sqrt{a^2-1}}{5a^2(1-\nu)+5+5\nu} \tag{8-70}$$

插入力，或笔帽的压入力，表达式为

$$F_E = P \frac{\mu + \tan\alpha_1}{1 - \mu\tan\alpha_1} \tag{8-71}$$

拔出力，或笔帽的拆卸力，为

$$F_O = P \frac{\mu + \tan\alpha}{1 - \mu\tan\alpha} \tag{8-72}$$

将图 8-23 所示的几何尺寸代入式（8-69）~式（8-72），可得计算结果。

几何系数为

$$k = 0.052 \tag{8-73}$$

扣合面深度为

$$f = 0.5\text{mm} = 0.2\text{in} \tag{8-74}$$

偏转力，或垂直于笔中性轴的力为

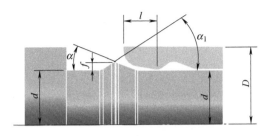

图 8-23　笔装配体的详细尺寸

$$P = 103.21\text{N} = 23.2\text{lbf} \qquad (8\text{-}75)$$

插入力为

$$F_{\text{E}} = 62.77\text{N} = 14.1\text{lbf} \qquad (8\text{-}76)$$

拔出力为

$$F_{\text{O}} = 90.7\text{N} = 20.39\text{lbf} \qquad (8\text{-}77)$$

## 8.6.6　装配角度

图 8-24 所示的装配角度为 0°。由于夹具和装配机器手臂的误差，该角度不可能实现。无论多小，误差总会存在。前文所有关于环形卡扣的计算都假设没有误差存在。计算结果表明装配力和拆卸力都很大。在实际应用中，装配力或拆卸力都比上述计算值低很多。

图 8-24　装配角度：0°

图 8-25a 所示是装配角度为 1°的情况。很多试验结果都表明，实际力的大小比理论计算值低 70%~90%，具体降低幅度取决于装配零件的尺寸。一般来说，零件越大，装配力越小。

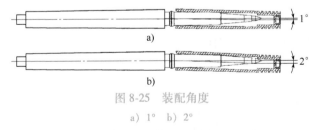

图 8-25　装配角度

a）1°　b）2°

图 8-25b 所示是装配角度为 2°的情况。测试结果表明，实际装配力的大小

比计算值低 50%~70%。和图 8-25a 所示零件类似，零件越大，实际插入力和拔出力就越小。

## 8.6.7 案例：电子手表

产品设计者应为自己设计的产品尽职尽责。如果不这样做，将产生可怕的后果。一家美国公司把它的产品设计委托给一家第三方公司，但最终的结果是，在美国消费品安全委员会要求下，将近二百万个产品被召回。

一个男孩非常喜欢妈妈送他的蜘蛛侠玩具电子手表，他在睡前戴着电子手表洗手、洗脸和刷牙，然后戴着手表睡觉。男孩睡觉时盖了被子，其卧室位于二楼。睡觉时，手表变松滑落至手臂，使得手表受到手臂压迫。睡前洗漱时，少量水进入了电子手表内部。水的进入引起了手表内部的化学反应，进而造成锂电池的泄漏，最终导致男孩手臂的酸烧伤（见图 8-26）。

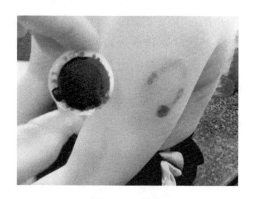

图 8-26　烧伤

男孩被疼醒并哭着去了父母的房间，父母以为男孩只是受到了昆虫叮咬，所以就让他和自己睡。第二天早上，父母发现男孩手臂上的圆形伤痕，意识到这不可能是由昆虫叮咬引起，而是电子手表（见图 8-27）造成的。

手表前壳和后壳由聚合物 PMMA 或聚甲基丙烯酸甲酯（简称丙烯酸）制成。

设计的主要问题在于没有使用 O 形圈防水，而是用后壳上连接前壳的环形卡扣代替。如果没有 O 形圈，当戴着电子手表的儿童在洗手、玩耍出汗、睡觉出汗或往头顶泼水时，水就能轻易进入手表内部，引起电池过热，从而导致酸烧伤。

即使是设计和制造精良的环形卡扣也不能实现防水。

手表外壳的注射成型模具同样也有问题。

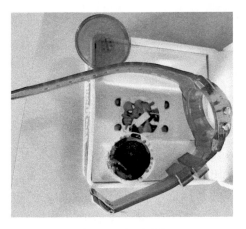

图 8-27　电子手表

模具制造商利用电火花加工（Electrical Discharge Machining，EDM），在后壳模具上加工出环形卡扣的细节（见图 8-28）。该工艺也称为电火花腐蚀、烧蚀，它是一种利用放电或火花对模具钢进行加工的工艺。加工时，浸没在液体电介质中的两个电极之间流过数安培的电流，从而实现对模具钢的加工。工艺的关键是两个电极不能相互接触。

后壳凹槽，用
于卡入前壳

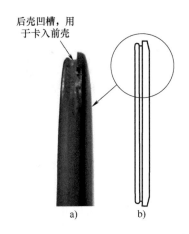

a)　　　　　　b)

图 8-28　环形卡扣的母扣位于后壳，用于连接后壳和前壳
a）实物细节　b）后壳线条图

如上所述，EDM 工艺是造成环形卡扣凹槽表面缺陷的原因。图 8-29 所示是缺陷区域的 500 倍放大图。模具制造商没有对手表后壳模具进行适当的抛光。

另外，模具的浇口位置（熔融聚合物进入模具型腔的位置）正好在凹槽区域（见图 8-30 浇口残留）。

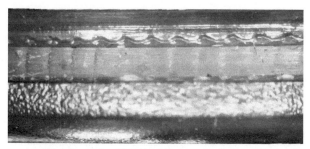

图 8-29 环形卡扣凹槽区域的成型缺陷，500 倍放大电子显微镜图

图 8-30 浇口残留

如果要实现卡扣防水，就必须使用聚合物 O 形圈或密封圈。

通过起偏镜观察后壳浇口区域，可以发现 PMMA 熔体在进入型腔时产生了湍流（见图 8-31）。

图 8-31 偏振光穿过后壳投射到起偏镜滤光片上，其中可以看到浇口位置

当偏振光穿透透明或半透明的聚合物零件时，光波各分量以不同速度平行或垂直穿过透明塑料零件，这种现象被称为阻滞，它与零件某一区域的应力值成正比。可以通过起偏镜观察阻滞现象。原始光束的平行波和法向波发生互相干涉，它们显示出不同颜色和强度，也就是应力条纹。

颜色条纹可用于评估零件的残余应力，或者如同本例，识别浇口位置和型腔内的熔体流动。

　　这种应力测量方法在下述文献中有详细解释：双折射和残余应变的光弹性测量的标准测试方法，这是美国材料与测试协会（American Society for Testing and Materials，ASTM）发布的标准，标准号为 D4093-95（2014）。

表 8-2　观察到的颜色序列与相应阻滞值的相关性

| 颜色 | 阻滞 $\delta$/nm | 阻滞/$N$ 条纹 | 颜色条纹 |
|---|---|---|---|
| 黑：零阶条纹 | 0 | 0 | 零阶条纹 |
| 灰 | 160 | 0.28 | |
| 白-黄 | 260 | 0.45 | |
| 黄 | 350 | 0.60 | |
| 橙（暗黄） | 460 | 0.79 | |
| 红 | 520 | 0.90 | |
| 靛紫：通道色辉#1（一阶条纹） | 577 | 1.00 | 一阶条纹 |
| 蓝 | 620 | 1.06 | |
| 蓝-绿 | 700 | 1.20 | |
| 绿-黄 | 800 | 1.38 | |
| 橙 | 940 | 1.62 | |
| 红 | 1050 | 1.81 | |
| 靛紫：通道色辉#2（二阶条纹） | 1150 | 2.00 | 二阶条纹 |
| 绿 | 1300 | 2.25 | |
| 绿-黄 | 1400 | 2.46 | |
| 粉 | 1500 | 2.60 | |
| 紫色：通道色辉#3（三阶条纹） | 1700 | 3.00 | |
| 绿 | 1750 | 3.03 | |

表 8-2 是起偏镜的观察颜色序列和相应的阻滞值之间的关系。然后，利用式（8-78）可以求出任意条纹的边缘应力。

$$\sigma = \frac{NF}{t} = \frac{RF}{565t} \tag{8-78}$$

式中，$\sigma$ 为任意条纹的边缘应力；$R$ 为阻滞；$N$ 为观察到的条纹序列；$t$ 为零件厚度，单位为 mm；$F = 8.75\text{MPa}$。

## 8.7　扭转卡扣

扭转卡扣（见图 8-32）的分析种类包括：

1）已知几何尺寸和材料，求力、挠度（扣合面）。

2）已知挠度（扣合面）、力和材料，求尺寸。

3）已知力、挠度（扣合面）和尺寸，求材料。

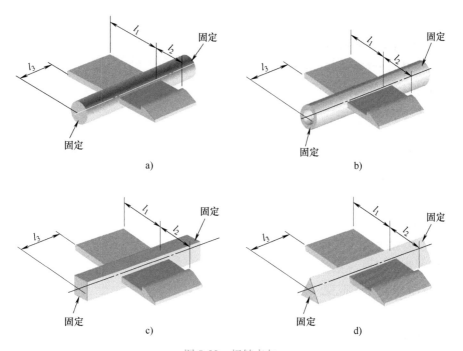

图 8-32　扭转卡扣

a）圆截面扭转轴　b）空心圆截面扭转轴　c）正方形截面扭转轴　d）三角形截面扭转轴

8.4 节的方法也能用于推导扭转卡扣计算公式。由于篇幅有限，下文仅以

图 8-33 所示带正方形截面扭转轴的扭转卡扣为例给出计算公式，而不提供推导过程。

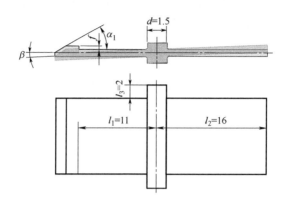

图 8-33　带正方形截面扭转轴的扭转卡扣

## 8.7.1　符号和定义

$l_1$：扣合面和扭转轴线之间的距离

$l_2$：受力位置和扭转轴线之间的距离

$l_3$：扭转悬臂侧面和扭转轴固定端之间的距离

$d$：扭转悬臂的宽度

$f$：扣合面深度

$Q$：偏转力

$F$：插入力

$\alpha$：插入角度

$W$：极惯性矩

$I$：惯性矩

$E_\mathrm{s}$：割线模量（拉伸、压缩）

$G_\mathrm{s}$：割线模量（扭转）

$\gamma_{\text{设计}}$：设计扭转应变

$\beta$：转角

$\nu$：泊松比

$\mu$：摩擦系数

$\varphi$：摩擦角

$F_0$：拔出力

$\varepsilon_{\text{设计}}$：设计应变

## 8.7.2　基本方程

极惯性矩

$$W = 0.1667d^4 \tag{8-79}$$

惯性矩

$$I = 0.0834d^4 \tag{8-80}$$

设计扭转应变

$$\gamma_{\text{设计}} = (1+\nu)\varepsilon_{\text{设计}} \tag{8-81}$$

转角

$$\beta = \frac{W}{0.5d}\gamma_{\text{设计}}l_3 \tag{8-82}$$

扣合面深度（或挠度）

$$f = l_1 \sin\beta \tag{8-83}$$

扭转割线模量

$$G_{\text{S}} = \frac{E_{\text{S}}}{2(1+\nu)} \tag{8-84}$$

偏转力

$$P = \frac{WG_{\text{S}}}{l_2}\gamma_{\text{设计}} \tag{8-85}$$

无摩擦时的插入力

$$F = P \tag{8-86}$$

无摩擦时的拔出力

$$F_0 = P \tag{8-87}$$

摩擦角

$$\varphi = \alpha\tan\mu \tag{8-88}$$

有摩擦时的插入力

$$F = P\tan(\alpha_1 + \varphi) \tag{8-89}$$

有摩擦时的拔出力

$$F_0 = P \tag{8-90}$$

## 8.7.3　材料性质

本例使用的材料是热塑性弹性体，其硬度为邵氏硬度 $H_{\text{D}}82$。材料性质如下：

割线模量 $E_{\text{S}} = 853.53\text{MPa}$

泊松比 $\nu = 0.45$

极限应变 $\varepsilon_{极限} = 17.97\%$

设计应变 $\varepsilon_{设计} = 3.52\%$

极限应力 $\sigma_{极限} = 38.87\mathrm{MPa}$

设计应力 $\sigma_{设计} = 30.03\mathrm{MPa}$

摩擦系数 $\mu = 0.31$

插入角度 $\alpha_1 = 30°$

## 8.7.4 求解

将几何尺寸（见图 8-33）和材料性质参数（见 8.7.3 节）代入式（8-79）~式（8-90），可得结果

极惯性矩

$$W = 0.562\mathrm{mm}^3 \tag{8-91}$$

扭转卡扣悬臂的惯性矩

$$I = 0.422\mathrm{mm}^4 \tag{8-92}$$

设计扭转应变

$$\gamma_{设计} = 5.1\% \tag{8-93}$$

扭转轴的转角

$$\beta = 0.076\mathrm{rad} = 4.37° \tag{8-94}$$

扣合面深度（钩子高度或扣合量）

$$f = 0.84\mathrm{mm} \tag{8-95}$$

扭转割线模量

$$G_\mathrm{S} = 294.32\mathrm{MPa} \tag{8-96}$$

偏转力，或打开卡扣的最小力

$$P = 0.527\mathrm{N}(0.118\mathrm{lbf}) \tag{8-97}$$

无摩擦时的插入力

$$F = 0.527\mathrm{N}(0.118\mathrm{lbf}) \tag{8-98}$$

无摩擦时的拔出力

$$F_0 = 0.527\mathrm{N}(0.118\mathrm{lbf}) \tag{8-99}$$

摩擦角

$$\varphi = 0.162\mathrm{rad} = 9.28° \tag{8-100}$$

有摩擦时的插入力（不按压卡扣而使卡扣装配到位的力）

$$F = 0.43\mathrm{N}(0.096\mathrm{lbf}) \tag{8-101}$$

有摩擦时的拔出力

$$F_0 = 0.527\text{N}(0.118\text{lbf}) \tag{8-102}$$

它和偏转力的大小相等。这意味着卡扣只能手动或通过工具打开。

## 8.8　案例：吹塑成型塑料瓶装配体

在医疗、制药、化妆品等行业，吹塑成型塑料瓶被用来分装液体或粉末。

装配体包括一个吹塑成型塑料瓶、一个注射成型瓶盖和一个注射成型量杯。塑料瓶的瓶颈具有环形卡扣，用于为瓶盖的主要和次要固定点提供过盈配合。此外还有一个用于固定量杯的大卡扣（见图 8-34 和图 8-35）。

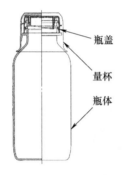

图 8-34　吹塑成型塑料瓶装配体
（图片来源：Molding 技术公司）

图 8-35　瓶体
（图片来源：Molding 技术公司）

瓶盖有两处密封：主要密封用于确保装配体的可靠工作，次要密封用于阻止瓶盖的旋转（见图 8-36）。一个防拆条位于瓶盖的两个圆环卡扣之间。当密封被破坏和移除，防拆条的剩余部分就可以作为活动铰链，使得瓶盖可以反复开启而无需将其完全拆卸。

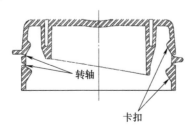

图 8-36　瓶盖（图片来源：Molding 技术公司）

量杯通过环形卡扣牢固固定在瓶颈上。为了便于使用，量杯具有较低的重心（见图8-37）。

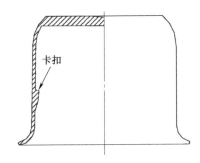

图 8-37　量杯（图片来源：Molding 技术公司）

该产品是一个极佳的例子，它展示了本书介绍的装配方式的一些实际应用。

## 8.9　模具

在预研或原型机阶段，需要优化设计、模具和工艺参数。卡扣设计的细微不同，如不均匀的壁厚、不同的筋类型或任何其他不同，都可能造成手工计算的困难。

模具的优化包括确定浇口位置、适当的排气位置、确保每个零件的流道（主流道和浇口之间的通道）长度相等。

工艺优化要求找到能产出最佳产品的工艺参数，这些参数包括结晶材料的结晶点、保压时间、注射速度、冷却以及其他参数。

尽管高精度卡扣较难实现，但它在很多行业不可或缺，如计算机、照相机、摄像机、玩具、医疗设备、汽车内饰和外部零件。设计者应避免卡扣过于依赖某些关键尺寸，尤其是误差要求较高时。模具无法避免材料的收缩，而且不同材料具有不同的收缩率，导致更换了材料的零件可能无法满足尺寸要求。只有协调优化设计、模具和工艺参数，才能得到最好的高精度卡扣。

为了成型卡扣的扣合面（公扣的钩子深度或母扣的凹槽深度），模具通常需要使用斜顶、滑块或凸轮机构。由于设计和维护复杂，这些机构会增加模具的成本。尽量减少模具机构、简化工艺和保持低成本是非常有益的。

拥有卡扣的零件的模具通常要求较严的公差。对于前面提到的高质量零件，模具和工艺的技术参数与零件本身参数同样重要。无论怎样强调模具和工艺参数的重要性都不过分。没有适当的模具和工艺参数，就算零件设计得再好，也无法产出合格的零件。基于这个原因，设计者和生产商应仔细斟酌这些参数，特别是当制造商是外部供应商时。在时间和预算允许的情况下，预研模和样品模都能极大地提升最终零件的质量。

模具应具有足够的修改余量和便利性。设计模具时就要考虑到以后模具的修改，也就是尽量"去铁"，而不是"加铁"，因为"加铁"需要焊接和机械加工，费用较高。

减小或完全去除扣合面可以避免滑块或斜顶，从而使得模具更加可靠。滑块或斜顶会显著增加模具成本并降低模具和零件的可靠性。

如果零件图（或其他技术资料）能包含浇口位置和类型、分型线和完整的公差信息，那么可制造性和质量将得到相当大的提升。这也能确保模具制造商按照设计者的意图加工模具。

## 8.10  案例：致命卡扣

1947 年，美国俄亥俄州克利夫兰西储大学的外科医生克劳德·贝克正在给一个心脏骤停的 14 岁小孩做手术。心脏骤停是由心脏未能有效收缩造成的血液正常循环的停止。血液循环受阻使得氧无法送达身体各部分。医生为他做了心脏按压，并使用了多种药物。但它们无一起效。医生尝试使用了自己实验室研制的一种实验性除颤器。通过电击，该设备能使已停止跳动的心脏重新跳动，从而挽救病人的生命。这是此类设备第一次用于人类，男孩最终得救。

十年后的 1957 年，一对夫妇从德国慕尼黑移居到美国华盛顿州。他们有两个儿子，其中小儿子在移居到美国时年仅两岁。他后来成为一名总裁和本地工会成员，并结婚且育有五个小孩。当 2002 年在加利福尼亚工作时，他遭遇意外并被送入本地医院。治疗期间，他突发了心脏骤停。护士发现后使用了自动体外除颤器（Automated External Defibrillator，AED），型号为美国明尼苏达 Survivalink 公司的 FirstSave® 9000（图 8-38）。然而，AED 并未工作。AED 失效的原因是用于固定 AED 电池的卡扣插销未能扣合。由于卡扣没有扣合，导致 AED 电路未能接通。也就是说 AED 无法获得电击所需的电流，最后患者死亡，年仅46 岁。

当 AED 被操作者（在本例中是护士）激活时，它会释放一个电击，使患者苏醒。锂电池用于提供 AED 的电力，其外壳卡扣插销如图 8-39、图 8-40 所示。电池存放在由聚碳酸酯/丙烯腈-丁二烯-苯乙烯复合材料（PC/ABS）制成的外壳内。原材料的牌号为 Cycoloy® C2950，最初由 GE 塑料生产和销售，但 2007 年

图 8-38 自动体外除颤器（图片来源：ETS 公司）

SABIC（沙特基础工业公司）以 120 亿美元收购了 GE 塑料，此后该材料转由 SABIC 生产和销售

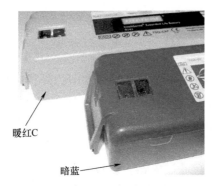

暖红C

暗蓝

图 8-39 AED 锂电池外壳卡扣插销的设计，
外壳有两种颜色：暖红 C 和暗蓝（图片来源：ETS）

图 8-40 AED 锂电池外壳卡扣插销的侧视图，外壳有两种颜色：
暖红 C 和暗蓝（图片来源：ETS 公司）

　　电池外壳被分成两个零件，通过超声波焊接装配。其中一个零件的焊接区域具有导熔线（与图 5-16 所示设计类似），以利于实现无定形聚合物的超声波焊接。而另一个零件则包含了一个卡扣插销。焊接完成后，电池装配体通过卡扣插销固定到 AED 上。

AED 的设计用到了聚合物原材料供应商提供的力学性质，如应力-应变曲线。原材料供应商提供的所有热塑性聚合物应力-应变曲线都是基于本色（Natural Color，NC）材料得到的。用户必须自行测试以获得其他颜色聚合物的力学性质，如应力-应变曲线。本例中，牌号Cycoloy® C2950 的 PC/ABS 复合材料的应力-应变曲线如图 8-41 所示，该曲线就是基于本色原材料。材料的屈服强度略低于 60MPa。

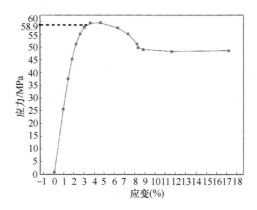

图 8-41　室温下本色Cycoloy® C2950 PC/ABS
复合材料的应力-应变曲线（图片来源：GE 网站）

然而，当 AED（型号 FirstSave® 9000）投放市场时，它并未使用本色材料。聚合物零件的颜色需要与一款喷涂颜色为"暖红 C"的钣金件保持一致。达成该颜色所需的颜料远远超过了 2%（重量分数）颜料含量的上限，实际含量几乎达到了上限值的两倍。接近 4%的颜料含量使得聚合物的强度下降了多达 50%。

在患者家属发起的对制造商的法律诉讼中，曾对零件和材料进行了非线性有限元分析（见图 8-42 ~ 图 8-44）。分析结果显示，为了将电池固定到 AED，卡

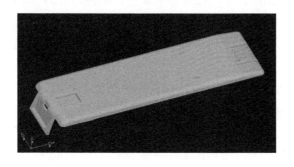

图 8-42　锂电池外壳上半部分零件的 3D 模型，包含了卡扣插销（图片来源：ETS 公司）

扣插销需要变形 3mm，如果零件是由本色材料制成，则此时卡扣插销的最大等效应力为 58.1MPa。这个应力值非常接近材料的屈服强度。在成型过程中，注射成型参数的任何微小变化都可能导致材料力学性能的降低。

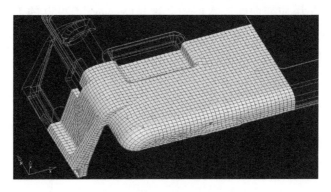

图 8-43　用于非线性有限元分析的卡扣插销网格（图片来源：ETS 公司）

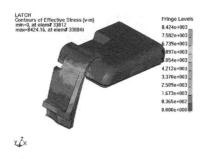

图 8-44　卡扣插销的等效应力云图，模拟电池外壳插入
AED 时产生的 3mm 卡扣变形，材料为本色Cycoloy® C2950

　　为了实现预期功能，在产品寿命结束前，卡扣的应力都必须小于屈服强度。一旦应力超过屈服强度，装配后的卡扣将无法回到其原始位置，因为聚合物发生了屈服和永久变形。在本例中表现为无法回弹并固定锂电池，最终导致患者的死亡。

　　本次事故后制造的电池卡扣具有不同的颜色，例如暗蓝色，它们相比红色拥有更好的力学性能。

　　从 2003 年到 2013 年，美国联邦药品管理局一共发布了 107 次医疗设备（包括 AED）召回。召回的原因多种多样，其中就包括了塑料零件的设计问题。

## 8.11 装配过程

虽然设计者首先需要决定的事情之一就是零件由手工装配还是自动装配，但最好能按照机器人自动装配的要求设计所有零件和装配体。这样也能让手工装配更加容易。

塑料零件的装配过程是将零件拿起然后卡入的 3D 运动。如果以手工或机器手臂的空间运动来定义装配过程，则在实际应用中有五种运动比较常见，即推动、滑动、倾倒、旋转和绕某点转动。

零件上的某些特征有助于改善装配过程，包括导向、备用装配方式、标记、定位和止动等。

主要导向是零件上用于提供导向的特征。当零件装配时，主要导向最先接触。导向应能顺利接合，接合完成后，操作工或机器手臂将不需要进行对齐操作。某些情况下，主要导向特征是作为夹具的一部分，而不是零件的一部分。

次要导向是零件的一部分。它们是零件上的斜面、圆角和间隙，用于防止装配时零件之间的干涉。

也可以添加便于零件拆卸的特征。将悬臂延伸至扣合面之外，可以提供额外的通道，以便拆卸卡扣。工具孔可以让隐藏卡扣变得容易拆卸。一个很好的例子是在零件上添加长方形孔，使得螺丝刀可以伸入零件并推动卡扣。

备用装配特征可以在卡扣损坏的情况下提供备用装配方式。为了防止零件报废，应给备用装配方式留出空间，以确保装配的最终完成。

定位特征是销或零件上的突出特征，它们在装配时可用于零件的对齐。它们可以是零件或夹具的一部分。对于手工装配，建议将定位特征集成到零件中；对于自动装配，建议在夹具上增加定位特征。

定位特征可限制零件在某一方向相对于配合零件运动。理论上，设计卡扣时需要考虑 12 个方向可能的运动，它们是：

1）两个沿 $X$ 轴方向的平移。

2）两个沿 $Y$ 轴方向的平移。

3）两个沿 $Z$ 轴方向的平移。

4）两个绕 $X$ 轴的转动。

5）两个绕 $Y$ 轴的转动。

6）两个绕 $Z$ 轴的转动。

这些运动方向也被称为自由度。限位特征利用凹槽、缺口、凸起等实现零件的固定。这些刚性限位特征可以防止零件在任意方向的运动。限位特征还有助于零件的定位并可以承受一定的载荷。可以把限位特征放在待装配的某个零件或全部零件上。

尽量使用只有一个自由度的特征。一个自由度是零件能在 3D 空间中运动的12 个方向之一。每个轴有两个平移自由度和两个转动自由度。一个卡扣最多可以限制所属零件的 11 个自由度。能提供多个自由度的特征包括：销，能为配对零件的孔或槽提供定位（两个自由度）；凸耳，一种刚性梁，可以为表面或零件壁提供定位（三个自由度）；滑轨，可以为滑动提供导向（两个自由度）；楔子，可以和槽配合（两个自由度）；锁扣悬臂，仅能限制拆卸方向的运动，它在装配时可以变形，但装配完成后即被锁定（一个自由度）。

不同类型锁扣的自由度不同。例如，钩子利用的是材料的拉伸来阻止移动；挂扣是一种零件壁或表面的突出特征，它利用的是材料的剪切性能来阻止移动；环形卡扣和环形凹槽配合，利用拉伸或压缩与剪切固定零件；扭转卡扣的悬臂上有一个钩子，它利用的也是材料的拉伸性能来阻止移动。

为了实现装配，锁扣悬臂必须能够变形，并提供 1~3 个自由度。多数情况下，悬臂是零件的一部分，但在少数情况下它被设计为一个单独零件，然后在装配时将两个零件装配到一起。

在装配期间，拆卸力应该较低或不存在（理想情况）。安装轴由包装的限制、载荷的大小和方向以及零件之间的相对位置决定。

锁扣悬臂能阻止零件的拆卸，它应该具有弹性以允许零件的装配，并在装配后提供防拆功能。它也应能承受使用中的载荷。

一些特征可以提升手工和自动装配线的质量管控。这些特征能提示操作工或传感器装配过程已成功完成。例如，卡扣达到扣合位置时的扣合声能提示操作工或机器人传感器装配操作已经成功完成。应为手工装配提供可视化的位置提示符号，以辨别装配是否成功。触觉特征是另一种质量管控技术，可以通过能量的突然释放来应用声音和触觉特征，装配机器人可以探测到这些特征。良好的装配体设计应使卡扣具有较强的回弹反馈，并使外观面保持对齐，同时要让不良装配容易被识别。

在一些应用中，卡扣仅仅起到临时固定的作用，最终的装配依赖其他装配方式，如图 8-14 所示，它的最终装配方式是超声波焊接。卡扣可以用于其他装配方式的临时固定，例如黏接和焊接。

针对特定零件的夹具，需要注意以下几点：装配后卡扣可能无法回到其初始位置，这可能是由安装方向、装配运动和卡扣设计的不兼容所引起；由于配对零件的设计问题或温度变化造成的热胀冷缩，钩子可能变成过约束状态；如果钩子状态是欠约束，则钩子可能承受过大的载荷；如果用于承受载荷的卡扣类型选用错误，也会导致过大的卡扣载荷；若将拉伸卡扣用于承受剪切载荷，则卡扣将损坏。

## 8.12　卡扣的常见问题

考虑了设计、模具和工艺后，接下来需要考虑装配过程中可能发生的问题。下文列出了卡扣装配的常见问题、原因和解决方案。

变形过大。它表现为卡扣悬臂的塑性变形。可以通过减小扣合深度、降低拔出角度或为悬臂添加垂直斜度（如果已经有斜度，则增加斜度值）解决该问题。修改后，悬臂的塑性变形将变为弹性变形，从而可以回到原始位置。其他解决方案包括增加悬臂长度或使用较低应变值的材料。

保持力过小，导致零件之间的连接不牢固。解决方案可以是增加悬臂厚度或宽度，以提供更高的惯性矩。其他方案包括减小悬臂高度、使用较大的拔出角度或换用刚性更好的材料。

悬臂长度太短，无法变形。可以增加悬臂长度或减小悬臂厚度，也可以尝试换用具有更高应变值（更好弹性）的材料。

配合零件之间的干涉过小。它会导致装配体发出嘎吱声。解决方案有减小拔出角度、减小悬臂厚度和增加扣合深度，也可以加严零件公差。

如果零件装配完成后需要再次调整，那么很显然卡扣是会出现问题的。当需要较高的装配力和配对零件无法提供足够的限位时，问题会更加明显。在材料性质未知时，这些问题经常发生。

## 8.13　可维护性

可维护性用于衡量卡扣在产品预期寿命内的可拆卸性和再装配性能。

设计零件时应确保卡扣的断裂不会造成零件其他部分的损坏。设计者还需要考虑为零件增加螺丝柱，用于卡扣损坏后零件的紧固件装配。

需要注意的是，带有卡扣的零件可能由于维护或其他原因而被拆卸。设计者应站在维护者的立场上考虑零件的拆卸。这有助于决定拆卸是否需要特殊工具或夹具，并最终提升产品的可维护性。

一个解决维护或回收问题的简易方法是将相关标记集成到卡扣或零件上。

标记可以是简单的箭头，也可以是复杂的字符或文字。同一产品、产品系列、公司的所有产品或整个行业的产品都应该使用同样的标记、字符或文字（见图 8-45）。维护手册也应该提及这些内容。

图 8-45 不同聚合物的回收标记（图片来源：塑料行业协会）

设计者需要确保产品组件的卡扣在拿取和运输（分销给经销商、维护人员或终端用户）测试过程中不会损坏。

## 8.14 练习

图 8-46 所示是自由端承受载荷的恒定矩形截面悬臂梁，环境温度为室温（23℃）。首先，计算悬臂梁在室温承受载荷后的初始挠度。然后，计算悬臂梁在运行温度（80℃）下承受载荷 72h 后的总挠度。

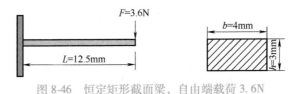

图 8-46 恒定矩形截面梁，自由端载荷 3.6N

悬臂梁的原材料为无定形聚碳酸酯（PC），制造商是 SABIC（沙特阿拉伯基础工业公司），牌号 Lexan® EM3110。图 8-47 和图 8-48 分别给出了 60℃ 和 99℃ 时原材料 Lexan® EM3110 在 3MPa、6MPa 和 8MPa 应力水平下的蠕变曲线。

Lexan® EM3110 在室温下的模量为 2137MPa。计算用到的公式如下。

惯性矩

$$I = \frac{bh^3}{12} \tag{8-103}$$

截面模量

$$z = \frac{I}{c} = \frac{bh^2}{6} \tag{8-104}$$

梁的应力

$$\sigma = \frac{FL}{z} \tag{8-105}$$

室温承受载荷时梁的初始变形

$$y_{t=0} = \frac{FL^3}{3EI} \tag{8-106}$$

蠕变模量

$$E_{蠕变} = \frac{\sigma_{恒定}}{\varepsilon_{t=72}} \tag{8-107}$$

运行温度（80℃）下承受载荷 72h 后，悬臂的最终变形为

$$y_{t=72} = \frac{FL^3}{3E_{蠕变}I} \tag{8-108}$$

运行温度（80℃）下承受载荷 72h 后，由蠕变引起的变形为

$$y_{蠕变} = y_{t=72} - y_{t=0} \tag{8-109}$$

**求解。**

首先，矩形截面梁的惯性矩为

$$I = \frac{4 \times 3^3}{12} \text{mm}^4 = 9 \text{mm}^4 \tag{8-110}$$

然后，梁的截面模量为

$$z = \frac{4 \times 3^2}{6} \text{mm}^3 = 6 \text{mm}^3 \tag{8-111}$$

自由端承受载荷所产生的梁的应力为

$$\sigma = \frac{3.6 \times 12.5}{6} \text{MPa} = 7.5 \text{MPa} \tag{8-112}$$

室温时，3.6N 载荷下梁的初始变形为

$$y_{t=0} = \frac{3.6 \times 12.5^3}{3 \times 2137 \times 9} \text{mm} = 0.122 \text{mm} \tag{8-113}$$

为了求出 80℃下承受 72h 的 3.6N 连续载荷的最终挠度，必须用到聚合物蠕变曲线。供应商提供的蠕变数据见图 8-47 和图 8-48。虽然不能直接从图中找到 7.5MPa 恒定应力（由 3.6N 的载荷所引起）的蠕变数据，但利用插值法（详见第 6 章）可以得到图 8-49 和图 8-50 中的黑色曲线。

为了得到Lexan® EM3110 在 72h 内 7.5MPa 恒定应力下的应变，首先在图像的水平轴上找到对应的时间点。由于图像使用的是以 10 的幂递增的对数坐标，所以 72h 在坐标轴上的位置靠近 100h 点。接下来过 72h 点做垂线，并与之前通过插值法得到的 7.5MPa 蠕变曲线相交。然后从交点出发向左作水平线与应变轴相交，我们就可以得到 60℃时连续承受载荷 72h 后梁的最大应变为 0.465%。

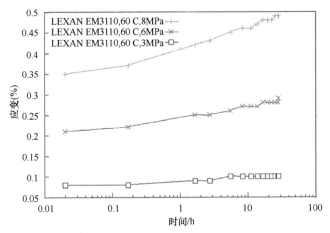

图 8-47　60℃时，Lexan® EM3110 在 3MPa、6MPa 和 8MPa 恒定应力下的蠕变曲线

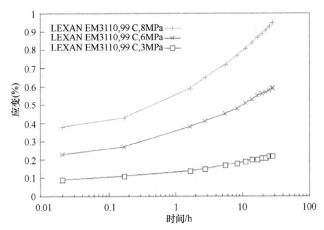

图 8-48　99℃时，Lexan® EM3110 在 3MPa、6MPa 和 8MPa 恒定应力下的蠕变曲线

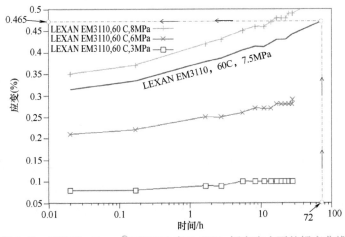

图 8-49　60℃时，Lexan® EM3110 在 7.5MPa 恒定应力下的蠕变曲线

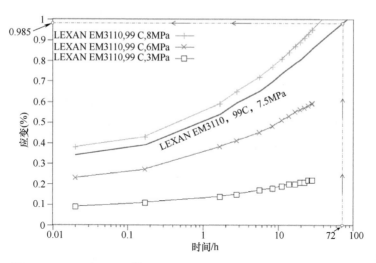

图 8-50 99℃时，Lexan® EM3110 在 7.5MPa 恒定应力下的蠕变曲线

现在，利用图 8-48（99℃时，Lexan® EM3110 在 3MPa、6MPa 和 8MPa 恒定应力下的蠕变曲线），可以画出 7.5MPa 恒定应力下的蠕变曲线（见图 8-50）。它也位于 8MPa 曲线的下方。根据该图我们可以得到 99℃时连续承受载荷 72h（$t=72$）的最大应变为 0.985%。

我们还需要求出 80℃温度下 72h 后的应变。可以通过取 60℃和 99℃时应变的平均值来得到 80℃的应变值

$$\varepsilon_{t=72} = \frac{0.465\% + 0.985\%}{2} = 0.725\% \qquad (8\text{-}114)$$

然后可以得到 80℃时的蠕变模量

$$E_{蠕变} = \frac{7.5}{0.00725}\text{MPa} = 1034\text{MPa} \qquad (8\text{-}115)$$

所以，得到 80℃时承受 72h 的 3.6N 恒定载荷的矩形截面悬臂梁的变形为

$$y_{t=0} = \frac{3.6 \times 12.5^3}{3 \times 1034 \times 9}\text{mm} = 0.252\text{mm} \qquad (8\text{-}116)$$

所以，可以得到 80℃时承受三天 3.6N 恒定载荷的矩形截面悬臂梁的蠕变为

$$y_{蠕变} = 0.252\text{mm} - 0.122\text{mm} = 0.13\text{mm} \qquad (8\text{-}117)$$

从上述计算结果可以看到，仅仅三天时间，梁的变形量就增加了多达 0.13mm，这是因为使用的是无定形热塑性聚合物。相比拥有明显熔点的结晶聚合物，无定形聚合物的熔化范围较大，这也是高温下材料性能下降的原因。

## 8.15　总结

大多数计算假设配合零件（凹槽）和特征具有无限刚性。所有初始设计和计算都应基于这个假设。这是非常好的第一步，可以提升工程设计效率。

某些情况下，设计合格卡扣最容易和最简单的办法是过设计（overdesign）。即使进行了过设计，卡扣相对传统紧固方式还是更划算。过设计的方法是使用更多材料来加大或加厚卡扣。原材料可能较贵，但仅仅给卡扣增加材料并不会显著增加零件成本。

设计卡扣时，应尽量秉持灵活和开放的态度。仅仅专注于某一特定设计不是好主意，特别是设计者不熟悉该设计时。成功的设计者在考虑新设计时，将从设计部门、市场、制造、销售和其他部门寻求建议和帮助。

拓宽思路并挑战现有设计和工艺是有好处的。一个有用的方法是构思出数种完全不同的设计然后评估它们的优点：可装配性、可制造性、工艺性、创新型、质量和其他重要的特性。

对于涉及成型厂、模具制造商或材料供应商的事项，设计者应尽早征求他们的建议。

# 第 9 章
## 黏　　接

黏接技术分为两种：黏合剂黏接和溶剂黏接。

黏合剂黏接是利用表面黏附作用将两个零件结合到一起的一种装配技术，也称为机械联锁。黏合剂可以黏附到待黏接零件表面，并能保持黏接的强度和稳定，这是一种特殊的界面张力现象。利用黏附时的化学反应可以有效区分黏合剂的类型。

溶剂黏接的原理则是利用液体溶剂来溶解黏接表面。随着溶剂的挥发，就可以通过对黏接区域施加较小的压力实现零件装配。

有许多黏合剂和溶剂可供选择，为给定黏接选用最合适的黏合剂或溶剂是一项有难度的工作。

## 9.1　失效理论

黏接失效有两种类型：黏附破坏和内聚破坏。

黏附破坏是指黏合剂从黏接的一个或两个零件表面剥离（见图 9-1），在大多数黏接应用中，这是不能接受的失效。它也可以定义为被黏接零件和黏接装配的同时失效。

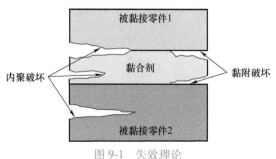

图 9-1　失效理论

内聚破坏是黏接所用的黏合剂被破坏。黏接被破坏后，两个被黏接零件的表面会有黏合剂的残余。内聚破坏也指被黏接零件和黏合剂的同时失效（见图 9-1）。与不能接受的黏附破坏相比，内聚破坏造成的影响要小一些。

## 9.2　表面能

润湿是对黏合剂和溶剂黏接有重要影响的性质。润湿是指液体（液体溶剂或黏合剂）与固体（零件）接触时，液体和固体紧密接触的现象。当零件和液体之间的黏附较好时，润湿也较好。

聚合物通常较难黏接。不同材料的表面能见表 9-1，金属、陶瓷和玻璃是最容易成功黏接的材料，而塑料的表面能低很多。热塑性聚合物尼龙，即聚酰胺（PA），具有聚合物中最高的表面能 46 dyne/cm。聚丙烯（PP）是可黏接性最差的热塑性聚合物，几乎不能黏接，它的表面能小于 30 dyne/cm。

表 9-1　不同材料的表面能　　　　　　　（单位：dyne/cm）

| 固体 | 金属、玻璃、陶瓷 | PA | PET | PC、ABS | PVC | PMMA | PVA | POM | PS、EVA | PE | PP |
|---|---|---|---|---|---|---|---|---|---|---|---|
| 表面能 | >100 | 46 | 43 | 42 | 39 | 38 | 37 | 36 | 33 | 31 | 29 |

| 液体 | 水 | 甘油 | 甲酰胺 | 溶纤剂 | 甲苯 | 正丁醇 | 酒精 |
|---|---|---|---|---|---|---|---|
| 表面能 | 72 | 63 | 58 | 30 | 29 | 25 | 22 |

增强体、填充物、添加剂、颜料、染料和阻燃剂都会影响聚合物的表面能。为了得到准确的聚合物表面能，需要使用接触角测量仪（见图 9-2）。通过它可

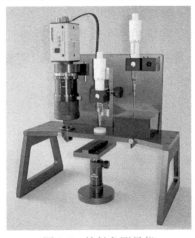

图 9-2　接触角测量仪

以测量热塑性聚合物表面切线和聚合物表面上的蒸馏水滴曲率切线之间的夹角，即接触角。如果两条切线的夹角小于60°，那么热塑性聚合物就拥有极佳的表面能，易于黏接（见图9-3a）。但是，如果夹角大于90°（见图9-3b），聚合物的表面能将相当低，这时就需要额外的步骤提升表面能，我们将在9.3节讨论这个话题。

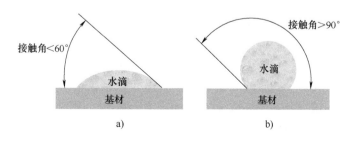

接触角<60°　水滴　基材
a)

接触角>90°　水滴　基材
b)

图 9-3　表面能
a）高的表面能（高润湿性）　b）低润湿性

如果没有接触角测量仪，也可以使用另一种精确测量聚合物表面能的方法，它涉及一套液体墨水。这套测试液体包含6~24小瓶测试液，每瓶都标有表面能数值（达因每厘米）。

使用瓶盖内置的小刷将液体涂抹至待黏接的热塑性聚合物表面（见图9-4）。如果测试液体在1s内变回液滴外形，则被测聚合物的表面能低于液体本身的表面能。通过使用一系列表面能递增或递减的液体，直到液体像薄膜一样铺展到聚合物表面，即可以得到聚合物的表面能（达因水平）数值。

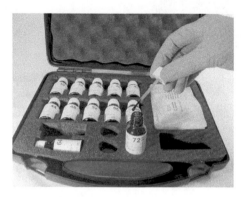

图 9-4　一套表面能测试液，共12瓶液体，表面能从30~72dyne/cm

也可以通过达因笔测试聚合物的表面能。与测试液类似，不同的笔具有不同的达因数值。但是，达因笔的保质期比测试液体短。图9-5所示是一套16只

30~60dyn/cm 的测试笔。

图 9-5　达因测试笔套装

最近几年出现了一种新的测量设备，它由布莱顿技术集团（俄亥俄州，辛辛那提）推出。该设备名叫Surface Analyst™（见图 9-6、图 9-7）。设备利用微液滴脉冲流在热塑性聚合物表面得到数滴去离子水，然后这些聚合物表面的液滴汇聚成一个稍大的液滴。接下来，基于新液滴的体积和平均直径，设备在 3s 内计算出平均接触角。这个方法仅需要使用一个按键，并且不需要任何操作输入。

利用上述几种方法得到零件的表面能之后，接着就要通过一系列过程来增加聚合物的表面能，我们将在 9.3 节讨论该话题。

图 9-6　Surface Analyst™测试套件

图 9-7　Surface Analyst™手持设备

## 9.3　表面处理

业内有三种提升热塑性聚合物表面能的技术，它们分别是电晕、火焰和等离子体处理。

电晕处理技术由丹麦工程师弗纳·艾斯比于 20 世纪 50 年代早期发明，它也被称为开放式等离子体技术。它使用连接到一个电源的两个电极，当电路接通时，两个电极之间产生电火花。该技术利用电火花处理热塑性聚合物表面，可实现高达 50% 的表面能提升。图 9-8 所示是便携式电晕设备的原理图。两个线电极连接到一个电源。电源开启后，风扇也随之打开。风扇产生的气流驱使电火花流向热塑性聚合物，从而实现表面能的提升。电晕处理实物如图 9-9 所示。

电晕处理挤出薄膜的速度可达 800m/min，同时还能实现不同的处理强度（单位为 $W/min/m^2$）。

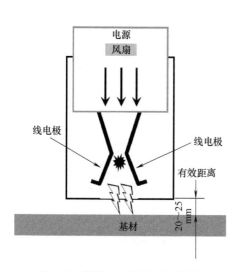

图 9-8　便携式电晕设备原理图

图 9-9　电晕处理实物

处理单侧热塑性聚合物薄膜所需的功率可以使用式（9-1）计算。

$$P = kvw \tag{9-1}$$

式中，$P$ 为功率，单位为 W；$k$ 为工艺常数；$v$ 为线速度，单位为 m/min；$w$ 为宽度，单位为 m。

挤出工艺的工艺常数在 8~15 之间，喷涂的工艺常数为 20，流延薄膜的工艺常数为 20。

如果热塑性聚合物薄膜的双侧都需要处理，那么可以使用式（9-2）计算所需功率。

$$P = 2kvw \qquad (9\text{-}2)$$

另一种提高聚合物表面能的方法是火焰处理法。这种方法使用类似燃气灶的天然气燃烧装置，该装置一般垂直放置。热塑性聚合物零件被安装、放置或挂在传送带上，然后逐个通过燃烧装置产生的火焰，从而实现聚合物的表面处理。

一种更加昂贵的技术是等离子体处理，它需要在封闭腔体内进行。该技术通常用于医疗行业，因为多数医疗设备的零件体积较小。对于诸如汽车行业等其他行业，它们使用的零件较大，所以一般使用电晕处理技术。

需要注意的是，仅应在使用黏合剂之前才对表面进行处理。一些热塑性聚合物对表面处理和施加黏合剂之间的时间间隔特别敏感。随着时间的流逝，一些聚合物的表面处理效果降低得非常快。对于某些热塑性聚合物来说，表面处理的失效时间小于一天。当分析黏接问题时，一个好的方法是检查表面处理和实际黏接操作之间的时间间隔。

从图9-10可以看到，表面处理25h后，某些热塑性聚合物的表面处理已完全失效。如果此时才进行黏接操作，连接将无法达到标准强度。

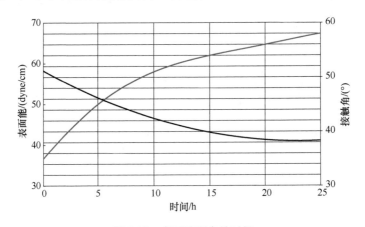

图 9-10　表面处理有效时间

## 9.4　黏合剂的种类

不同黏合剂的性质不尽相同。热固化黏合剂使用热量促进黏合剂的固化。临时黏合剂用于临时黏接零件。美纹纸胶带就是临时黏合剂的一种。热熔黏合剂在熔融状态下使用，并在冷却后固化。瞬时黏合剂能在数秒内固化。结构黏合剂能承受不低于零件原材料 50% 的载荷和应力。

黏合剂含有多种物质，每种物质都用于增强某项性能。例如，活化剂、加速剂和固化剂可以加速固化速度。

图 9-11 所示是选择黏合剂时必须考虑的五种应力。当两个配合零件承受同一水平面上的拉开力时，载荷是拉应力（见图 9-11a）。如果两个零件互相压缩，则黏接面的载荷是压应力（见图 9-11b）。当黏合剂被从黏接面剥离开时，受到的是剥离应力（见图 9-11c）。当载荷受到共面或平行面上的载荷时，产生的是剪切应力（见图 9-11d）。当两个零件在黏接面的末端被拉开时，装配体受到分离应力（见图 9-11e）。

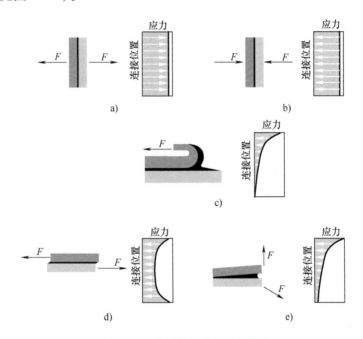

图 9-11 配合零件连接位置的应力

a）拉应力 b）压应力 c）剥离应力 d）剪切应力 e）分离应力

如前所述，黏接失效主要有两种形式：黏附破坏和内聚破坏，其中前者表现为黏合剂被从零件表面剥离，而后者则表现为虽然两个零件表面都有黏合剂残留，但黏合剂本身已被撕裂。

分层是第三种黏接失效，它表现为黏接的零件受到拉力后，一个或两个零件的表层被撕扯分离的现象。此时黏合剂和材料之间的内应力大于材料本身的强度。

## 9.5 黏合剂的优点和缺点

市面上有各种适合不同应用的黏合剂，每种黏合剂都各自的优点和缺点。

热熔黏合剂适用于填充由零件变形造成的缝隙。热熔黏合剂能形成刚性或柔性黏接，需要的固化时间相当短。但是，热熔黏合剂的润湿性较差，且由于固化时间短，它只能提供很短的装配时间。热熔黏合剂有一定安全风险，它可能烫伤作业人员。

硅黏合剂非常适用于低应力应用中的密封。它具有良好的抗水性能，并且可以在 200~260℃ 条件下工作。硅黏合剂具有一定的柔性。然而，硅黏合剂的溶剂抗性较差。另外，它也有腐蚀性且较难清理。

溶剂型黏合剂拥有较好的润湿性和渗透性。它的品种齐全，可用于多种聚合物。溶剂型黏合剂适用于大面积黏接，并且可以通过喷洒来使用。它需要的装配夹紧力较低，且储存期限长、不需要特殊设备。

溶剂型黏合剂的缺点也很明显。它的强度低于待黏接聚合物。它的收缩率高达 70%，固化时间也较长。这类黏合剂通常需要涂覆到待黏接的两个零件上，而且它可能会破坏待黏接聚合物。另外，溶剂型黏合剂是可燃物质，并且需要特殊的储存条件和涂覆工艺。

待黏接零件的材料信息对于选择正确的黏合剂或溶剂十分重要。大多数黏接问题都是由较差的材料黏接兼容性或较低的表面润湿性引起的。

## 9.6 黏接处的应力开裂

当黏合剂被涂抹到已具有内应力的零件上时，就可能出现应力开裂。注射成型问题、尖角或壁厚的突变都能引起内应力。具有金属嵌件的零件通常具有更大的内应力。应力集中会导致零件出现微小裂纹。使用黏合剂或溶剂后，液体通过微裂纹渗入零件，将造成聚合物的进一步损伤。

容易发生应力开裂的聚合物包括丙烯酸聚合物、聚碳酸酯（PC）、聚苯乙烯（PS）、苯乙烯-丙烯腈共聚物（SAN）、聚砜、丙烯腈-丁二烯-苯乙烯共聚物（ABS）和聚苯醚（PPO）。

具有较好开裂抗性的聚合物包括热固性聚合物、缩醛聚合物、聚对苯二甲酸乙二酯（PET）、聚对苯二甲酸丁二酯（PBT）、刚性聚氯乙烯（PVC）、聚酰胺（PA）、聚烯烃和聚苯硫醚。

下述方法有助于控制应力开裂及其相关问题。先用砂纸打磨聚合物表面，然后用异丙醇清洗。接下来涂覆黏合剂，并立即装配零件。一旦装配完成，用中等压力将零件夹紧，并保持适当时间（一般在 30~60s）。

用于避免应力开裂的黏接结构设计如图 9-12 所示。

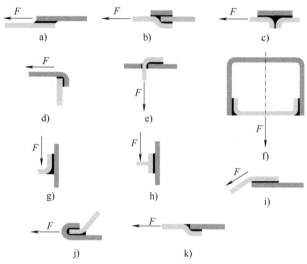

图 9-12　用于避免应力开裂的黏接结构设计

a）剪切　b）拉伸　c）拉伸和剪切　d）压缩和剪切　e）压缩　f）环形剪切

g）分离　h）剥离　i）剪切变体　j）拉伸变体　k）拉伸和剪切变体

## 9.7　黏接结构设计

设计阶段预留的余量有助于实现最佳黏接。承受压缩载荷的黏接比受到拉伸载荷的黏接寿命更长。剪切黏接比剥离和分离黏接的强度高。另外需要注意的是，黏接宽度比黏接长度更重要。

圆搭接式黏接设计如图 9-13 所示，两段式黏接设计如图 9-14 所示。

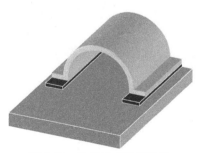

图 9-13　圆搭接式黏接设计

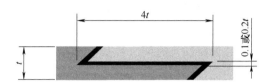

图 9-14　两段式黏接设计

菲亚特克莱斯勒汽车集团在北美研发了第一款塑料车身汽车：克莱斯勒概念车（Chrysler Concept Vehicle，CCV）。CCV 的外车身、内车身和溃缩区（通常是管状结构，在碰撞中通过像手风琴一样溃缩来保护驾驶员和乘客）都由热塑性聚合物制成。图 9-15 所示是十余辆样车中的一辆，它被用于研发阶段的各种场地测试。

图 9-15　克莱斯勒概念车

CCV 车身由四个大型零件组成，这四个零件均使用了气体辅助注射成型技术，它们的模具拥有数个浇口和气体喷嘴，且需要使用大型注塑机。成型时使用了 9000t 级的注塑机，这是当时北美最大的注塑机，属于 Cascade 工程公司（密歇根州，大急流城）。CCV 的黏接结构属于两段式黏接（见图 9-14），因为这种结构在面对使用中的剥离和分离载荷时具有良好性能。

图 9-16 中，机器手臂正将驾驶员一侧的外车身从模具中取出，接下来它将把该零件放入夹具中，以防止零件在冷却过程中变形。

图 9-16　一个夹取放置机器手臂将注塑完成的零件从模具中取出

其他黏接设计如图 9-17 ~ 图 9-25 所示。

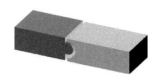

图 9-17 榫槽式黏接设计

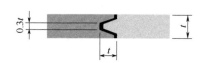

图 9-18 斜搭接式黏接设计

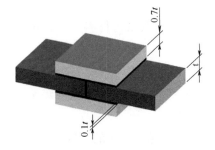

图 9-19 H 式黏接设计

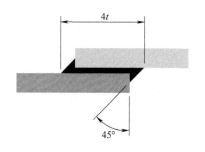

图 9-20 单搭接式黏接设计

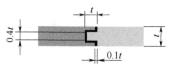

图 9-21 榫槽式黏接设计的变体

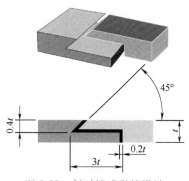

图 9-22 斜对接式黏接设计

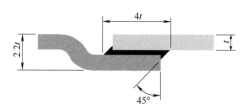

图 9-23 啮合搭接式黏接设计

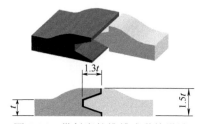

图 9-24 带斜度的榫槽式黏接设计

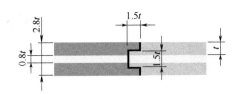

图 9-25　三片榫槽式黏接设计的变体

## 9.8　总结

　　塑料零件的有效装配取决于下述几个因素：应用需求、材料、设计和环境条件。

　　黏接不仅能实现相似热塑性聚合物的黏接，也能实现不同材料的黏接，如无定形聚合物和半结晶聚合物的黏接，在某些案例中，甚至可以黏接热塑性聚合物和热固性聚合物。

　　当选择装配工艺时，也应该考虑诸如成本和对于黏接工艺的经验等因素。

第 **10** 章
模 内 装 配

包胶成型（Overmolding）和模内装配（In-Mold Assembly，IMA）是较新的注射成型技术，它们的应用在近几年有了非常显著的增长。

在包胶成型过程中，若干种不同聚合物或不同颜色的同种聚合物在同一个模具中或不同模具中依次成型。这种工艺也被称为多聚合物注射成型或多材料注射成型，这里的聚合物指的是热塑性聚合物。对于单一聚合物无法实现的某些外观或触感要求，通常利用包胶成型来实现。利用二、三、四甚至五种聚合物的包胶成型，可提供优于传统设计的视觉吸引力、柔软的质地、功能或销路。包胶成型零件的例子包括汽车转向灯、尾灯和高位刹车灯，以及牙刷手柄、各种密封圈和垫圈。包胶设计没有通用标准或最佳方案，因为不同应用对包胶成型零件的要求不一样。为了满足终端用户的要求，零件的设计需要进行灵活调整。

模内装配，也被称为多零件注射成型，已在数年前投入应用。它完全不需要后续的装配过程。它降低了库存和可变成本，其中最昂贵的是人工成本。相比需要注射成型和零件装配的传统工艺，IMA 由于大量减少甚至去除了装配工序而具有极大的优势。为了实现 IMA，参与成型的所有热塑性聚合物需要具有不同的玻璃化转变温度（$T_g$）和不同的收缩率。IMA 工艺可以成型 2D 甚至是 3D 铰链，从而允许零件之间的二维或三维相对运动。然而，为了实现 IMA，包胶模具和注塑机将会更加复杂。

## 10.1 包胶成型

包胶成型或多材料注射成型成功的关键在于参与成型的聚合物要有非常接近的收缩率。如果参与成型的不同聚合物之间可以形成化学键，也将有助于

269

成型。

包胶成型过程中，不同热塑性聚合物或同种但颜色不同的聚合物之间可以形成化学键。在大多数包胶应用中，上述化学键都没有形成。为了克服这一点，最好的办法是在零件内部添加机械互锁结构，如图 10-1 所示。

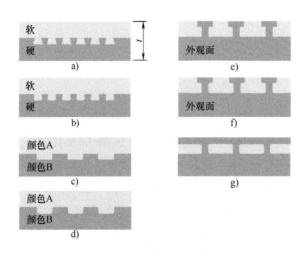

图 10-1　机械互锁结构

a）硬热塑性聚合物和软聚合物共挤成型中的燕尾槽结构

b）硬热塑性聚合物和软聚合物共挤成型中的无尖角燕尾槽结构

c）不同颜色聚合物的锯齿形包胶结构　d）不同颜色聚合物的无尖角锯齿形包胶结构

e）用于外观面的包胶设计　f）用于外观面的无尖角包胶设计

g）一种聚合物被完全包在另一种聚合物之内

除图 10-1 所示外，还有很多其他机械互锁结构，在此不一一赘述。需要注意的是，如果将尖角（见图 10-1a、c 和 e）变为圆角，剥离强度将提升5%~8%。

## 10.2　模内装配

和包胶成型类似，模内装配注射成型技术也要用到多型腔模具。该技术可以用到 2~5 个型腔。首先第一种聚合物在第一个型腔成型完成，模具打开并绕水平轴或与注塑机水平轴垂直的方向旋转。这样模具就能闭合并进行第二个型腔的成型。接下来，第二种聚合物在第二个型腔成型。最后，模具打开。如有两个以上型腔，则重复上述过程。

相比分别成型并装配多个零件的传统工艺，IMA 技术具有以下优点：

1）更少的零件数量和更短的装配时间。

2）无在制品库存。

3）使用的注塑机和模具数量较少，因而可以降低占用的空间。

4）降低采购、检验和仓储成本。

5）降低资金要求和产品单件成本。

6）提升装配体外观面的装配对齐精度。

7）消除了分别成型和装配零件的时间。

8）可以获得传统工艺无法制造的产品。

9）可以获得更好的产品品质，因为零件可以完美互相对齐，且零件配合面具有更低的误差。

IMA 成型的关键在于选择不会在成型时形成化学键的热塑性聚合物，如图 10-2 所示。另一个关键点是，用于 IMA 的不同热塑性聚合物的收缩率应具有显著差异。防止 IMA 中不同聚合物互相黏合的要点如下：

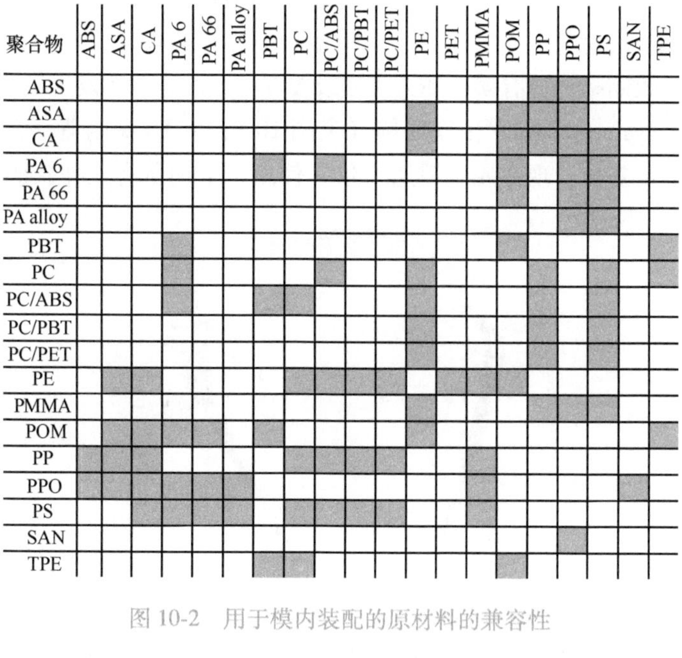

图 10-2　用于模内装配的原材料的兼容性

1）收缩率的差异使得不同聚合物在接合处产生分离力。

2）分子不能成键意味着聚合物之间不会产生交联。

3）使用更低的注射成型压力，以防不同聚合物之间成键。

4）更低的温度有助于阻止不同聚合物之间的黏合。

5）最好能用抗静摩擦添加剂，因为只有克服了静摩擦，静态物体之间才能发生相对运动。

6）较低等级的模具抛光能防止聚合物零件之间的机械互锁。

限制黏合现象的最好办法是选择化学不相容的聚合物，从而防止交联的发生。

## 10.3 铰链设计

IMA 的铰链分三种。

最简单的是轴向铰链，它只能实现平移运动，这种铰链只能提供两个零件的单向相对运动。第二种是旋转铰链，它能实现两个零件在同一平面内的相对转动。最后一种是球铰链，它能实现零件在 3D 空间内的相对运动。也可以将不同类型的铰链整合到同一个设计中。

利用不同聚合物的收缩率差异是设计铰链的最佳方法。收缩率表征同一温度下零件尺寸和模具对应尺寸的差异，其中室温下零件的尺寸比模具型腔中对应的尺寸小。如果收缩率计算有误，那么缩痕或较厚区域的空洞的发生概率将会增加。

例如，Pulsafe FitLogic™安全眼镜（见图 10-3，由 Uvex 制造，它曾经属于法国 Bacou-Dalloz 公司，现在属于霍尼韦尔）使用了上述所有三种铰链设计。

图 10-3　Pulsafe FitLogic™安全眼镜

使用时，眼镜臂从折叠位置旋转 90°至打开位置。该旋转铰链由两种聚合物通过 IMA 成型实现（见图 10-4）。

另外，上述铰链成型完成后，它并不会被顶出模具，取而代之的是模具旋转并再次关闭，然后进行装配体第三个零件，即眼镜臂柔性零件的成型（见图 10-5）。

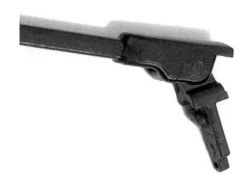

图 10-4 旋转铰链（2D）的细节，它是眼镜臂的铰链

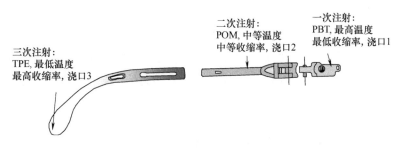

图 10-5 眼镜臂

眼镜臂旋转铰链的关键是连接处的轴、孔配合，其中小孔的公称直径为 2mm（见图 10-6）。眼镜臂材料的收缩率见表 10-1。

图 10-6 眼镜臂小孔的细节

表 10-1 收缩率

| 聚合物 | 收缩率 $\xi$（%） | 熔化温度/℃ |
|---|---|---|
| PBT | 1.4 | 250 |
| POM | 2.2 | 195 |
| TPE | 2.5 | 175 |

轴的收缩量由式（10-1）计算

$$S_{轴}=\xi_{PBT}D_{轴}=0.014\times2\text{mm}=0.028\text{mm} \tag{10-1}$$

类似可得孔的收缩量为

$$S_{孔} = \xi_{POM} D_{孔} = 0.022 \times 2mm = 0.044mm \qquad (10\text{-}2)$$

同时考虑孔（POM 零件）和轴（PBT 零件）的收缩，可以得到旋转铰链的间隙值 $C$ 为

$$D_{孔} = 2mm + 0.044mm = 2.044mm$$

$$D_{轴} = 2mm - 0.028mm = 1.972mm \qquad (10\text{-}3)$$

$$C = D_{孔} - D_{轴} = 0.072mm$$

考虑到不同批次聚合物成型工艺参数的变化、模具的磨损以及其他因素，应该为式（10-3）引入误差值，可通过式（10-4）和式（10-5）计算，其中式（10-4）为最大误差，式（10-5）为最小误差。

$$T_{Max} = D_{孔}^{Max} - D_{轴}^{Min} \qquad (10\text{-}4)$$

$$T_{Min} = D_{孔}^{Min} - D_{轴}^{Max} \qquad (10\text{-}5)$$

具有最高熔化温度和最低收缩率的聚合物应被安排到一次注射。接下来，对于二次注射，应安排熔化温度较低和收缩率稍高的聚合物，以此类推。

类似地，安全眼镜的鼻托也使用了模内装配技术。一次注射聚合物是透明聚碳酸酯（PC）。模具打开后，不顶出零件，而是旋转型腔，随后模具再次闭合。接下来使用热塑性聚烯烃弹性体进行二次注射，它的收缩率比聚碳酸酯高。为确保用户能将软鼻托调整到舒适位置，并保持其位置不变，需要对工艺参数进行调整。安全眼镜拥有一条狭长的轨道结构，利用它可以实现鼻托（见图 10-7）的调节和固定。

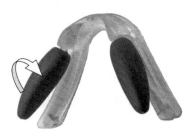

图 10-7　鼻托

## 10.4　模具设计

有两种截然不同的 IMA 模具设计方案。

第一种方案使用诸如滑块等抽芯机构，如图 10-8 所示。

方案需要用到数个通用型螺杆（在某些情况下，例如需要在成型时进行染色，则可以使用分离型螺杆）。首先，在第一个螺杆驱动下，具有最高熔融温度和最低收缩率的聚合物先被注射。一次注射的高熔融温度聚合物固化后，模具保持闭合，由电动、气动或液压驱动的抽芯机构启动，随后第二个螺杆实现低熔融温度和高收缩率聚合物的注射。

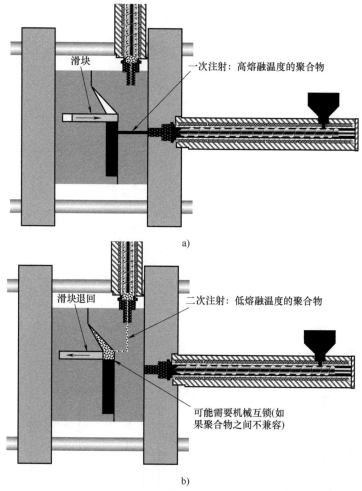

图 10-8　使用抽芯机构的模具

a）注射高熔融温度的聚合物　b）注射低熔融温度的聚合物

图 10-8a 中的抽芯机构是一个模具内部的滑块，这种形式的模具成本较低。但是，它能生产的零件类型有限。图 10-9 所示是其他类型的抽芯机构。

第二种 IMA 模具使用带可动板的注塑机，通过它的旋转，同一个型芯可以与不同型腔配对（见图 10-10）。模具可以分为多分型面叠模和单分型面模具。为了实现不同聚合物的型腔切换，多分型面叠模使用传统线性或新型旋转台设计，单分型面模具使用旋转或滑动模板。近年来，通过使用一个或多个中心转台，单分型面模具和多分型面叠模的适用范围变得更广。每个转台可以实现多达四个分型面，每个分型面都可以实现不同的功能。

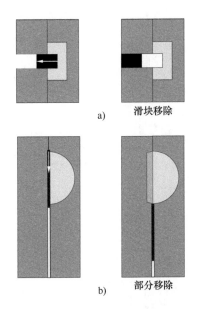

图 10-9　抽芯机构

a) 可以完全移除　b) 只能部分移除

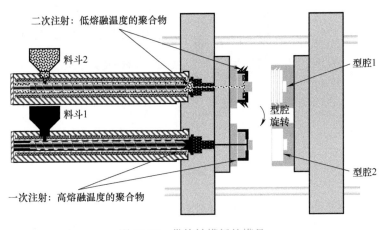

图 10-10　带旋转模板的模具

通过以下方式可以实现旋转：

1）旋转整块可动模板。

2）一次旋转可动模板的一部分。

3）旋转叠模的中心模板。

4）旋转时滑动或移动一个或多个型芯，或者一次或多次滑动或移动一个或多个型芯。

IMA 技术被用于多种行业,如眼镜、汽车、家用电器、消费产品、玩具和工具。图 10-11 所示是使用 IMA 技术制造的玩具。

图 10-11 几种儿童玩具:大象、黑猩猩、熊猫和大猩猩

图 10-12 中的黑猩猩完全在模具内装配。在整个成型周期末期,模具打开并顶出装配体,得到的装配体具有可以转动的手臂和腿。另外,它还拥有可以旋转和上下移动的头部。为了实现玩具内的旋转和 3D 铰链,模具拥有三个不同型腔以实现三种不同聚合物的注射成型。

图 10-12 从左到右:黑猩猩、熊猫和大猩猩

成型周期如下:模具第一次闭合后,注射第一种聚合物,黄色的聚对苯二甲酸丁二醇酯(PBT),见图 10-13 第 1 次注射。这种黄色聚合物用于成型黑猩猩的脸部。脸部成型完成后,模具打开但不顶出零件,取而代之的是型腔旋转。然后,注射第二种聚合物,聚酰胺 6(PA6),见图 10-13 第 2 次注射。

接下来,模具再次打开但不顶出零件,随后型腔旋转。第三个型腔用于

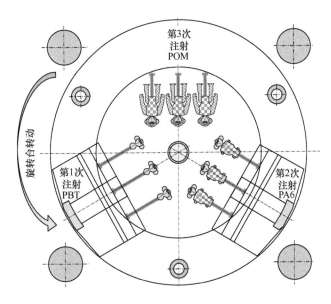

图 10-13　带有旋转型腔的模具，共三个型腔

成型黑猩猩的手臂、腿和头部，使用的第三种聚合物为聚甲醛（POM）或缩醛。最后，模具打开，并顶出完整装配体。装配体不需要另外的加工或装配工艺。

用于黑猩猩玩具的三种聚合物的收缩率和熔融温度见表 10-2。

表 10-2　用于黑猩猩玩具的三种聚合物的收缩率和熔融温度

| 聚合物 | 收缩率 $\xi$ (%) | 熔融温度/℃ |
| --- | --- | --- |
| PBT | 1.2 | 250 |
| PA6 | 1.5 | 220 |
| POM | 1.9 | 195 |

IMA 技术要求最先注射的聚合物具有最高的熔融温度和最低的收缩率。第二种聚合物应具有第二高的熔融温度和较高的收缩率，以此类推。熔融温度和收缩率的差别可确保聚合物之间不会形成化学连接。如果熔融温度的差异不够大，那么就要在模具顶出装配体后，快速转动旋转铰链或快速拉动轴向铰链以阻止形成化学连接。

图 10-14 所示电话键帽的成型使用了旋转型腔模具。两种聚合物都是 ABS，但颜色不同，分别是浅灰色和深灰色。

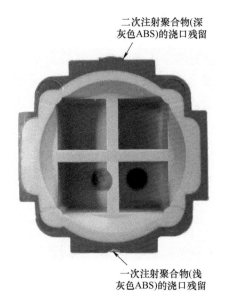

二次注射聚合物(深灰色ABS)的浇口残留

一次注射聚合物(浅灰色ABS)的浇口残留

图 10-14 电话键帽的浇口残留

## 10.5 案例：IMA 在汽车行业的应用

本节的第一个案例是发动机舱的相关应用，第二个案例则是汽车内饰件。

空气和汽油的混合蒸气在内燃机内部燃烧。其中汽油来自油箱，空气来自进气歧管。在燃油喷射技术出现之前，需要使用化油器混合燃油蒸气和空气，然后通过进气歧管将混合气体输送到气缸。

现在，更高效的计算机控制燃油喷射系统早已取代了化油器。在该系统中，进气歧管仅输送空气。燃油喷射系统将汽油输送至更靠近气缸的位置，即气缸盖进气阀附近的进气歧管底部，在气缸中汽油与空气混合，从而得到燃油和空气的精确混合蒸气。空气从进气道进入，流经空气净化器，最终进入进气歧管。节流阀在这里调整和测量总空气量。当需要最大功率时，节流阀完全打开。而在空闲时，节流阀关闭，仅利用节流阀周围的少量空气避免车辆熄火。

一旦进入进气歧管，空气就在一个被称为充气室的中央腔体中混合。接下来，通过独立的进气通道，空气被输送到气缸。发动机具有废气再循环（Exhaust Gas Recirculation，EGR）阀。当车辆在特定条件下运行时，EGR 阀将少量废气添加到燃油和空气的混合蒸气中，从而降低燃烧温度和减少废气的排放。

每个气体通道必须具有相同长度和非常平滑的转角，以实现空气均匀流入气缸。为了提升发动机性能和减少油耗，必须用到滚流阀。一些进气歧管具有"滚流"空气的功能。滚流阀位于燃油喷射器的上方。当发动机处于空闲状态时，滚流阀关闭，绕过滚流阀的空气增强了燃油、空气混合气体的涡流效应，使得发动机的运行更加清洁。图 10-15 所示是进气歧管的示意图，图中包括了燃油喷射器上方的滚流阀（见图 10-16）。

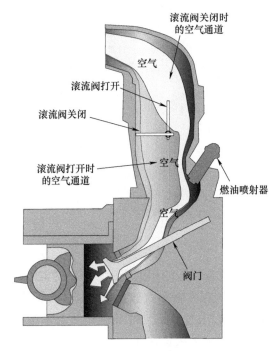

图 10-15　进气歧管

图 10-16　梅赛德斯 C 级轿车发动机的进气歧管滚流阀，使用 IMA 工艺制造

轴的材料是聚酰胺 46（PA46），收缩率 2%，熔融温度 295℃。滚流阀的材料是聚苯硫醚（PPS），收缩率 0.7%，熔融温度 277℃。由于两种材料的收缩率相差很大，所以可以利用 IMA 工艺实现零件之间的相对运动，并且装配体可以承受发动机的运行条件和 150℃的高温。

第二个案例是汽车仪表盘通风口，也称为汽车格栅（见图 10-17）。

图 10-17 汽车格栅，使用 IMA 工艺制造

IMA 工艺也被用于制造格栅装配体。该装配体的 IMA 工艺使用了三种材料，一次注射聚合物是聚酰胺（PA6，6），熔融温度为 290℃。二次注射聚合物是聚酯（PBT），熔融温度为 264℃。三次注射聚合物是聚碳酸酯和苯乙烯-丁二烯-丙烯腈的复合材料（PC/ABS）。三次注射完成后，完整的格栅装配体被从模具中顶出。

收缩率和熔融温度的差异保证了格栅能在其运行温度范围（-40 ~ 120℃）正常工作。

## 10.6 总结

需要注意的是，每个 IMA 工艺制造的装配体都是定制件。IMA 能大幅度降低制造成本，但由于需要特殊的设备和模具，它也会导致注塑机和模具的成本大幅上升。

# 第 11 章
## 紧 固 件

多种紧固件能用于塑料零件的装配：螺钉、螺栓、金属嵌件、扣子、弹簧垫圈等。螺钉和螺栓的区别是螺栓和螺母、垫圈一起使用，不需要被紧固零件上的螺纹，而螺钉则需要利用被紧固零件上的螺纹，螺纹可以是零件自带，也可以通过螺钉装配时的螺纹成形或螺纹切割而形成。

本章将讨论两种螺钉：自挤螺钉和自切螺钉。自挤螺钉，顾名思义，是使聚合物零件的螺钉柱或螺钉孔的材料变形从而成形螺纹。自切螺钉，则是从聚合物螺钉柱或螺钉孔中切除材料从而成形螺纹。如果装配体需要反复拆装，则推荐使用自挤螺钉。

应使用具有扭力限制器（也称传感器）的自动锁紧系统或电动螺丝刀来装配自挤螺钉，扭力限制器可以将装配转速限制在 800r/min 以内。开始装配自挤螺钉时，应先将螺钉轻轻压入导向孔或导向柱。自挤螺钉可以拆卸数次，以便维护或维修。

多种螺钉头部形状和槽形在不同行业中得到了应用，如图 11-1 所示，其中一些种类相当常见，如六角头螺钉，但也有一些较新的类型，如 Uni 槽，由英国的一家公司研发。

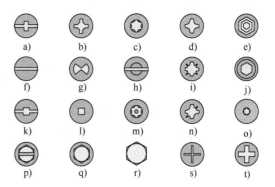

图 11-1　螺钉头部形状和槽形的种类

a）十字槽 H 型和开槽的组合槽　b）十字槽 H 型和内
四方槽的组合槽（Quadrex）　c）内六角花形槽
d）十字槽 H 型　e）Uni 槽　f）开槽　g）防拆开槽（单向）
h）Torx 开槽　i）十字槽 Z 型　j）内六角槽
k）内四方槽和开槽的组合槽　l）内四方槽
m）防拆内六角花形槽　n）Supadriv 槽
o）内六角花形槽（改进型）（Torx plus）
p）开槽六角凸缘头　q）六角凸缘头
r）六角头　s）Frearson 槽
t）十字槽 H 型（ACR 增强型）（ACR Phillips）

## 11.1 螺纹成形

如前文所述，装配时，自挤螺钉能使聚合物变形，从而成形螺纹。对于金属零件的装配，可以使用 AB 型、B 型和 C 型螺钉（见图 11-2）。不推荐在聚合物零件中使用这三种螺钉，因为它们的 60°牙型角可能会造成聚合物螺钉柱或螺钉孔的开裂，特别是当锁紧区域存在或靠近熔接线时。但是，AB 型和 B 型螺钉可以用于含有较多增强物的聚合物，即增强纤维含量超过 35%的聚合物。C 型螺钉（见图 11-2c）是最不适用于聚合物零件的类型，因为它的螺距过小。

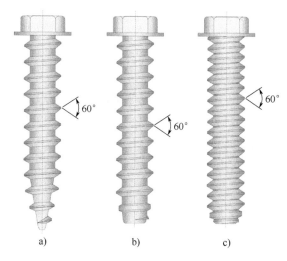

图 11-2 用于金属的自挤螺钉

a）AB 型 b）B 型 c）C 型

下面是几种专用于装配聚合物零件的螺钉。Hilo®是伊利诺伊工具公司推出的一种螺钉。这种螺钉（见图 11-3a）对于中、低拉出力拥有较好的承载能力。拉出力指的是从螺钉柱中拉出自攻螺钉所需的拉力。Hilo®螺钉能降低螺钉柱受到的径向应力，并有助于防止螺钉柱开裂。它需要的锁紧力矩较低。DST（Dual-Spaced Threads，来自斯坦利工程紧固件公司）是一款类似的螺钉，也具有 30°和 60°的牙型角（见图 11-3b）。

另一种自挤螺钉是 Plastite®，由研究工程和制造公司推出，它的螺杆拥有较为少见的圆三角形截面形状（具有圆滑边线的三角形，见图 11-4 的截面 *A—A*）。这种截面形状能降低螺钉所需的锁紧力。同时，这种螺钉还能降低环向应力和根部的干涉摩擦，这些应力和摩擦会导致薄壁螺钉柱的开裂。它的另一个特殊

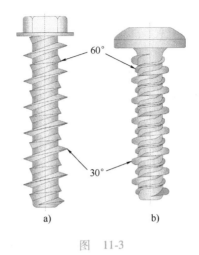

图　11-3

a）Hilo® 自挤螺钉　b）DST 自挤螺钉

之处是 45°或 48°的牙型角。与金属螺纹成型螺钉的 60°牙型角相比，更小的牙型角能更深地嵌入聚合物螺钉柱，从而可以承受更高的拉出力。这种螺钉有单线螺纹或双线螺纹两种规格（见图 11-5）。

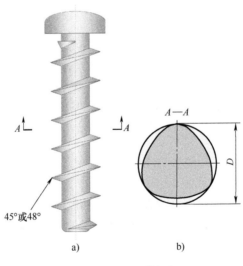

图 11-4　Plastite® 螺钉

a）侧视图　b）截面 A—A

新普利斯公司也针对塑料零件推出了一款名为 Ployfast® 的自挤螺钉（见图 11-6）。其主要特点是拥有不对称的牙型设计，它的总牙型角为 45°，其中前

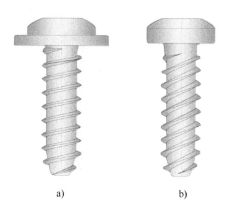

图 11-5　圆三角形Plastite®螺钉

a）单线螺纹　b）双线螺纹

牙侧角为 35°，后牙侧角为 10°。Ployfast®螺纹的锁紧力矩范围为 0.3～1.6N・m。它适用于无增强物和韧性热塑性塑料。

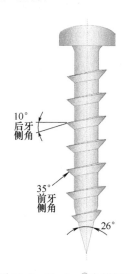

图 11-6　Ployfast®自挤螺钉

　　最适合塑料零件的自挤螺钉可能是塑料螺纹螺钉（Plastic Thread，PT）（见图 11-7）。它的牙型角为 30°，可选单线螺纹或双线螺纹。有两种不同的 PT 螺钉，一种是来自德国 EJOT Verbindungstechnik 公司的Delta PT®螺钉，另一种是土耳其 Keba 紧固件公司的K-PT®螺钉。世界各地的许多供应商都出售上述两种螺钉。

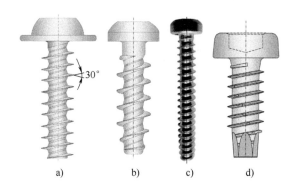

图 11-7　塑料螺纹螺钉

a）带集成垫圈的 PT 螺钉　b）PT 螺钉　c）Delta PT® 螺钉　d）RS Duroplast 螺钉

　　PT 螺钉的关键特征是 30°的牙型角（见图 11-8）。与 60°牙型角的常规自挤螺钉（用于金属零件和高玻璃纤维或芳纶纤维增强的聚合物零件）相比，PT 螺纹能极大地降低径向应力，并在一定程度上增加最大拉出力。图 11-9 显示 PT 螺钉能更深地穿透塑料柱或塑料孔，从而减小环向应力并提升装配体的保持力。

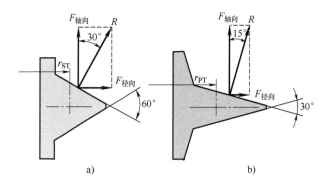

图 11-8　60°常规螺纹和 PT 螺纹的牙型角细节比较

　　根据图 11-8 所示螺纹牙型比较图，可得 60°牙型角的常规螺纹的径向应力为

$$F_{径向} = 0.5R \qquad (11\text{-}1)$$

30°牙型角的塑料螺纹的径向应力为

$$F_{径向} = 0.26R \qquad (11\text{-}2)$$

塑料螺纹的径向应力降幅为 48%，极大地降低了塑料零件开裂的风险。

从图 11-8 还可以得到 60°牙型角的轴向承载能力

$$F_{轴向} = 0.87R \qquad (11\text{-}3)$$

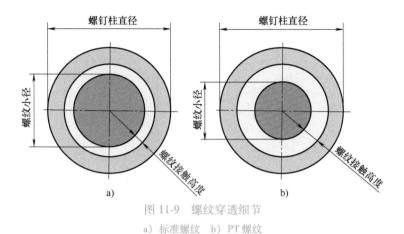

图 11-9 螺纹穿透细节

a）标准螺纹 b）PT 螺纹

对于塑料螺纹，轴向承载能力为

$$F_{轴向} = 0.97R \qquad (11\text{-}4)$$

也就是 12% 的拉出力承载能力的提升。

PT 螺钉的另一个重要特征是杆部的设计（见图 11-10）。杆部没有螺纹的部分由两个成一定角度的面组成，它们之间的角度是 140°。每个牙的应力可以通过拉出力除以牙的面积得到。因此，首先可以利用牙顶部圆的面积减去牙底部圆的面积得到每个牙的面积 A。

$$A = \frac{\pi(d_{M}^{2} - d_{m}^{2})}{4} \qquad (11\text{-}5)$$

然后得到拉出应力为

$$\sigma = \frac{4F}{\pi(d_{M}^{2} - d_{m}^{2})} \qquad (11\text{-}6)$$

当螺钉开始锁紧并在螺钉柱或螺钉孔中成形螺纹时，140° 的角度使得聚合物可以发生塑性或弹性变形（见图 11-11）。这种现象仅在塑料零件中引起相当低的径向应力，同时还提高了螺纹的承载能力，并能防止聚合物的塑性应力松弛。PT 螺钉的螺钉柱或螺钉孔的壁厚可以非常薄，约为 0.5~0.67 倍零件壁厚。

自挤螺钉装配的一个重要方面是塑料螺钉柱或螺钉孔的设计（见图 11-12）。为使自挤螺钉和相应的柱子或孔对齐，需要在柱子或孔上添加一个沉头孔，这个沉头孔需要比螺钉公称直径大至少 0.2mm。根据不同的聚合物类型，沉头孔的深度范围为螺钉公称直径的 30%~50%。螺纹的安装深度也和聚合物类型有关（见表 11-1）。

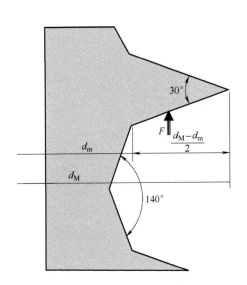

图 11-10　塑料螺纹牙的截面

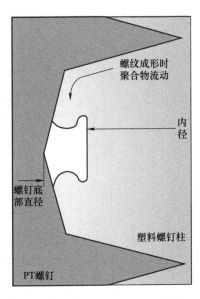

图 11-11　螺纹成形过程中的聚合物流动

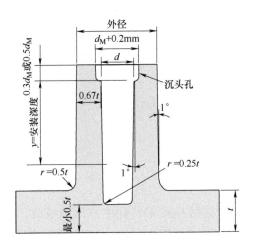

图 11-12　PT 螺钉的建议螺钉柱设计

表 11-1　不同聚合物螺钉柱或螺钉孔的建议尺寸（$d_M$ 为公称直径）

| 聚合物 | 内径 | 外径 | 最小安装深度 |
|---|---|---|---|
| ABS | $0.8d_M$ | $2d_M$ | $2d_M$ |
| ABS/PC | $0.8d_M$ | $2d_M$ | $2d_M$ |
| ASA | $0.8d_M$ | $2d_M$ | $2d_M$ |

（续）

| 聚合物 | 内径 | 外径 | 最小安装深度 |
|---|---|---|---|
| HDPE | $0.75d_M$ | $1.8d_M$ | $1.8d_M$ |
| LDPE | $0.7d_M$ | $2d_M$ | $2d_M$ |
| PA4, 6 | $0.7d_M$ | $1.85d_M$ | $1.8d_M$ |
| PA6 | $0.75d_M$ | $1.85d_M$ | $1.7d_M$ |
| PA6 GR | $0.8d_M$ | $2d_M$ | $1.9d_M$ |
| PA6, 6 | $0.75d_M$ | $1.85d_M$ | $1.7d_M$ |
| PA6, 6 GR | $0.8d_M$ | $2d_M$ | $1.8d_M$ |
| PBT | $0.75d_M$ | $1.85d_M$ | $1.7d_M$ |
| PBT GR | $0.8d_M$ | $1.8d_M$ | $1.7d_M$ |
| PC | $0.9d_M$ | $2.5d_M$ | $2.2d_M$ |
| PC GR | $0.9d_M$ | $2.2d_M$ | $2d_M$ |
| PET | $0.75d_M$ | $1.85d_M$ | $1.7d_M$ |
| PET GR | $0.8d_M$ | $1.8d_M$ | $1.7d_M$ |
| POM | $0.75d_M$ | $1.95d_M$ | $2d_M$ |
| POM GR | $0.8d_M$ | $1.95d_M$ | $2d_M$ |
| PP | $0.7d_M$ | $2d_M$ | $2d_M$ |
| PP GR | $0.72d_M$ | $2d_M$ | $2d_M$ |
| PP TR | $0.72d_M$ | $2d_M$ | $2d_M$ |
| PPO | $0.85d_M$ | $2.5d_M$ | $2.2d_M$ |
| PS | $0.8d_M$ | $2d_M$ | $2d_M$ |
| PVC | $0.8d_M$ | $2d_M$ | $2d_M$ |
| SAN | $0.77d_M$ | $2d_M$ | $1.9d_M$ |

　　需要注意的是，使用自攻螺钉时，应该使用扭力限制器控制装配工具的扭力输出。从图 11-13 可以看出，如果没有扭力限制器，很容易出现滑牙。应将螺钉装配工具的转速控制在 300~800r/min 之间，以避免损坏塑料材料，并确保装配的可靠性。螺钉锁紧过程中产生的热量可能熔化塑料，这将导致螺钉装配体无法承受某些应用所要求的载荷。因此螺钉装配工具的转速应低于 800r/min，以避免损坏塑料零件。为了降低或消除螺钉滑牙的现象，滑牙扭力和装配扭力

的比值应尽可能小。

即使配备了扭力限制器，气动螺丝刀的扭力输出精度也较差。对于较小的扭力，上述扭力限制器的误差为15%，对于较大扭力，其误差为20%。电动工具具有更高的扭力输出精度，误差为±(2%~4%)。全自动电动工具的滑牙扭力和装配扭力的比值应该是1~5。手动工具的比值更低，在1~2。

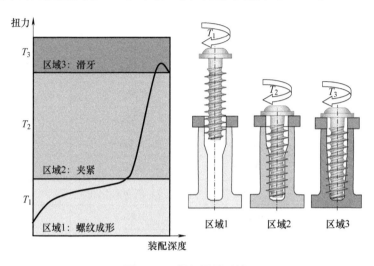

图 11-13　螺钉滑牙区域

依据经验，螺钉越长，其能承受的拉出力和滑牙扭力就越大。然而，承载能力的提高并不直接和螺纹锁紧长度成正比。

自挤螺钉价格合适，并且相当可靠，它能确保多达10次的装配体反复拆装。但是，使用自挤螺钉的装配体可能在螺钉装配区域出现应力集中。当使用螺钉装配产品时，较高的人工成本也可能是一个主要问题。

## 11.2　案例：汽车底盘挡泥板

由于北美竞品的油耗优势，欧洲的汽车代工厂必须为底盘配备挡泥板（见图11-14），以利于提高空气动力性能并降低每公里油耗。带有底盘挡泥板的汽车于20世纪80年代出现在北美市场。数年后，亚洲的汽车制造商也开始利用挡泥板降低汽车的油耗。

几乎所有挡泥板的材料都是商用聚合物，如聚丙烯（PP）或聚乙烯（PE）。但是，多数情况下零件使用的是再生聚合物。根据制造过程中聚合物被加热的次数（聚合物被回收并投入注塑机的次数），其力学性能可降低高达50%。当使

图 11-14　典型汽车底盘挡泥板

用再生聚合物时，加热次数应低于 7 次。

　　一家亚洲汽车代工厂使用再生未增强聚丙烯（PP）作为一款汽车底盘挡泥板的原材料。为将挡泥板装配到车架上，使用了不带垫片的米制六角头螺栓（见图 11-15）。很多汽车在保修期内出现了挡泥板损坏问题。挡泥板在螺栓装配位置出现了开裂，而该位置正好也存在熔接线。

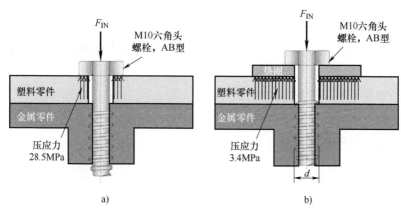

图 11-15　挡泥板、车架和 M10 六角头螺栓的装配截面图

a）不带垫圈　b）带垫圈

　　螺栓的头部形状是外六角形（见图 11-16）。六边形面积减去螺杆面积就是螺栓头底部的面积。六边形由六个等边三角形组成。等边三角形的边长为

$$a = \frac{2h}{\sqrt{3}} = \frac{10}{\sqrt{3}}\,\text{mm} = 5.77\,\text{mm} \tag{11-7}$$

等边三角形的面积为

$$A_T = \frac{a^2}{4}\sqrt{3} = 14.42\,\text{mm}^2 \tag{11-8}$$

六边形的面积是等边三角形面积的六倍

$$A_{\mathrm{H}} = 6A_{\mathrm{T}} = 86.5\mathrm{mm}^2 \qquad (11\text{-}9)$$

可以得到螺栓头底部面积为

$$A_{\mathrm{B}} = A_{\mathrm{H}} - \frac{\pi d^2}{4} = 86.5\mathrm{mm}^2 - \frac{\pi 5.85^2}{4}\mathrm{mm}^2 = 60\mathrm{mm}^2$$

$$(11\text{-}10)$$

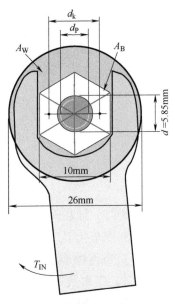

图 11-16　将螺栓装配到
车架时使用的扭力

螺钉在锁紧时被拉伸，从而夹紧挡泥板和车架，防止它们的相对运动和嘎吱声等噪声的产生。式（11-11）定义了扳手扭力和螺栓所受拉力的关系式

$$T_{\mathrm{IN}} = F_{\mathrm{C}} k d \qquad (11\text{-}11)$$

式中，$T_{\mathrm{IN}}$ 是扳手扭力；$F_{\mathrm{C}}$ 是锁紧时螺栓承受的拉力；$k$ 是摩擦系数；$d$ 是螺栓大径（公称直径）。

摩擦系数 $k$ 包括了影响夹紧力的所有因素。它们中的大多数都需要通过机械测试测定。摩擦系数，也被称为螺母系数，不能通过工程计算获得，但可由合适的测试获得。

影响摩擦系数 $k$ 的因子包括：

$\mu_{\mathrm{k}}$：螺钉头底面的摩擦系数。

$\mu_{\mathrm{G}}$：螺纹的摩擦系数。

$d_{\mathrm{P}}$：螺纹中径。

$P$：螺纹螺距。

$d$：螺栓大径。

$d_{\mathrm{k}}$：作用直径，用于决定紧固件头部的摩擦力矩。

因此，可得 $k$ 的值为。

$$k = \frac{0.36P + 1.16\mu_{\mathrm{G}}d_{\mathrm{P}} + \mu_{\mathrm{k}}d_{\mathrm{k}}}{2d} \qquad (11\text{-}12)$$

所以锁紧时螺栓承受的拉力 $F_{\mathrm{C}}$ 为

$$F_{\mathrm{C}} = \frac{T_{\mathrm{IN}}}{kd} = \frac{2\mathrm{N} \cdot \mathrm{m}}{0.2 \times 5.85\mathrm{mm}} = 1709\mathrm{N} \qquad (11\text{-}13)$$

可以计算不带垫圈时，由拉力引起的挡泥板压应力

$$\sigma_{\mathrm{C}} = \frac{F_{\mathrm{C}}}{A_{\mathrm{B}}} = 28.5\mathrm{MPa} \qquad (11\text{-}14)$$

通过使用 26mm 外径的垫圈，可以极大地减小挡泥板受到的压应力。

垫片面积为

$$A_{\mathrm{W}} = A_{\mathrm{OD}} - A_{\mathrm{ID}} = 504\mathrm{mm}^2 \qquad (11\text{-}15)$$

挡泥板受到的压力和前文一致，因此可以得到低得多的压应力。

$$\sigma_{\mathrm{C}} = \frac{F}{A_{\mathrm{W}}} = 3.4\mathrm{MPa} \qquad (11\text{-}16)$$

带垫圈时，挡泥板受到的压应力降低了 88%。未增强聚丙烯能承受的最大应力可以达到 34.5MPa。底盘挡泥板使用的是再生聚丙烯，所以能承受的应力值会低很多，只有约 17MPa。另外，注射成型零件的螺钉孔附近还会存在熔接线，它由熔融聚合物的流动引起，使得强度再次降低 50% 到 8MPa 左右（见图 11-17a）。

注射成型时，当不同流体前端的冷却层汇合、熔化并再度冷却时，就会出现熔接线。熔接线附近聚合物分子的取向与流体前端垂直。这些聚合物分子取向的巨大差异造成了强度的大幅降低。可以通过更改浇口位置，在熔接线之后产生熔合线，从而提高熔接线强度（见图 11-17b）。

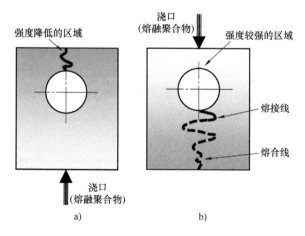

图 11-17 熔接线和熔合线形成原理

a）熔接线 b）熔接线和熔合线

在汽车行驶振动的影响下，挡泥板出现了失效，因为不带垫圈的 M10 螺栓对挡泥板施加的应力远大于再生 PP 的极限应力值。为解决此问题，汽车代工厂为螺栓增加了垫圈，使得压应力降低了 9 倍，彻底解决了问题。

可以通过调整注射成型工艺、修改模具和变更塑料零件设计来改善前述熔接线问题。当两股熔融聚合物流体前端的汇合角度大于 135° 时，就会产生熔合线。图 11-18 给出了熔合线的形成过程。

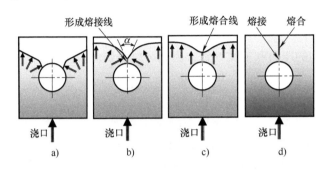

图 11-18　熔合线的形成

a）流动的熔体前端绕过金属杆（用于成型零件的孔）

b）在金属杆后方，熔体前端汇合，其夹角 α<135°，形成典型的熔接线

c）调整注射压力后，聚合物分子的移动方向和熔体流动方向垂直

d）在注射成型的保压阶段，熔合线形成

与熔接线相比，熔合线的强度和外观都更好。

用熔合线完全取代熔接线具有一定的挑战性。但是，通过改变聚合物的注射位置（即浇口位置）或修改壁厚以调整不同流体的填充时间，有可能实现这个目的。这种调整需要通过记录并检查注射成型工艺参数和模具修改记录（参考附录 C 和 D）来实现。其他方法包括提高聚合物熔化温度和模具温度，使得熔体前端可以更好地熔合。优化模具流道也有助于实现完全的熔合线。

聚合物中的添加剂、填充剂或增强物都会加剧熔接线和熔合线对外观的影响。玻璃纤维和金属颜料就是常见例子，它们使得熔接线和熔合线更易发现。

熔接线和熔合线处的强度约为聚合物强度的 15%~85%。通常情况下，熔接线的强度将降低 50%，而熔合线的强度仅降低 30%。

BosScew™ 是一款适用于振动环境（例如汽车）下塑料零件的螺钉。它是伊利诺伊工具公司的专利产品。它的显著特点是 60° 牙型角上的小凹痕（见图 11-19）。该螺钉旋入塑料螺钉柱后，它将与聚合物互锁，进而防止螺钉由于

图 11-19　抗振螺钉：BosScew™

聚合物的蠕变而变松。

## 11.3 螺纹切削

自切螺钉利用切削槽或开槽螺纹在螺钉柱或孔中成形螺纹。在旋入塑料零件时，螺钉切削聚合物，并产生条状废料或碎屑。螺钉柱或孔的底部作为废料腔，容纳掉落的废料或碎屑。

图 11-20 所示是牙型角 60°的标准自切螺钉。BT 型（见图 11-20a）可能是最常用的类型，因为它的螺距较大并具有宽大的切削槽，它曾被称为 25 型螺钉。第二种螺钉类型为 BF 型（见图 11-20b），也有较大的螺距，但它尾部的开槽螺纹可能会造成软聚合物（弹性模量 1400MPa）的堵塞。

图 11-20c 所示是 T 型螺钉，也称为 23 型螺钉。这类螺钉通常仅用于高度强化的聚合物，这些聚合物的纤维含量超过 35%或弹性模量大于 7000MPa。螺纹将聚合物切成条状，使得这种螺钉很难重复拆装。所有自切螺钉的配合长度必须大于自挤螺钉的两倍。

对于较软、未增强的聚合物，建议使用牙型角 30°的自切螺钉。如 11.1 节所述，这些螺纹和聚合物的咬合更深，使其利于承受更大的拉出力。

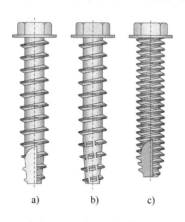

a)          b)          c)

图 11-20　标准自切螺钉
a）BT 型　b）BF 型　c）T 型

图 11-21 所示是名为 Duro-PT® 的自切螺钉，其牙型角为 30°。该螺纹名称是 EJOT 公司的注册商标，它最适合用于热固性聚合物，如聚酯。螺钉拥有对配合零件进行切削的切削槽，30°牙型角使其只需要相当低的安装扭力，且能承受较高的拉出力，特别是用于热塑性聚合物时。Duro-PT® 用于多种行业：消费电子

产品（电话、咖啡机、打印机、玩具等）、家用电器（洗衣机、复印机等）、汽车和其他行业。

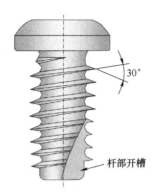

图 11-21　Duro-PT®塑料自切螺钉

## 11.4　总结

一般情况下，如果需要在维护或保修期内拆卸装配体，则使用自挤螺钉。

从另一方面来讲，可以将自切螺钉用于无需维护的产品（大多数为一次性使用产品），因为一旦在塑料零件上切削了螺纹，那么再次装配时螺钉将很难再次利用已切削的螺纹。

# 附　　录

## 附录 A　强制位移

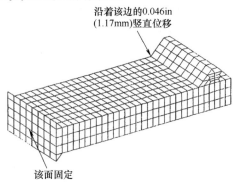

E.M.R.C-display Ⅱ 后处理器，版本91.0

沿着该边的0.046in
(1.17mm)竖直位移

该面固定

图 A-1　单向矩形截面悬臂卡扣的有限元模型（六面体单元，每个单元含八个顶点）
及其强制位移边界条件

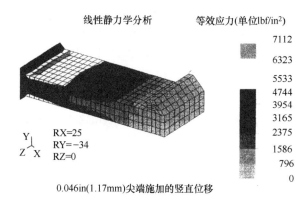

线性静力学分析　　　等效应力(单位lbf/in²)

7112
6323
5533
4744
3954
3165
2375
1586
796
0

RX=25
RY=−34
RZ=0

0.046in(1.17mm)尖端施加的竖直位移

图 A-2　等效应力图，单向矩形截面悬臂卡扣承受强制位移载荷时的线性静力学分析

**297**

FEA 结果输出文件

LISTING OF EXECUTIVE COMMANDS

LINE 1 * * EXECUTIVE

LINE 2 ANAL= STAT

LINE 3 SAVE= 26,27

LINE 4 FILE= SET-DISP

LINE 5 * ELTYPE

1 * * * E M R C N I S A * * * VERSION 91. 0(06/17/91)

* NISA * COMPUTER PROGRAM RELEASE NO. 91. 0

STATIC ANALYSIS

1 * * * E M R C N I S A * * * VERSION 91. 0 (06/17/91)

4:8

SELECTION OF ELEMENT TYPES FROM THE NISA ELEMENT LIBRARY

( * ELTYPE DATA GROUP)

| NSRL | NKTP | NORDR | NODES/EL | DOF/NODE |
|------|------|-------|----------|----------|
| 1 | 4 | 1 | 8 | 3 |
| 2 | 4 | 10 | 6 | 3 |

1 * * * E M R C N I S A * * * VERSION 91. 0 (06/17/91)

5:52

MATERIAL PROPERTY TABLE( * MATERIAL DATA GROUP)

MATERIAL INDEX 1

EX 1 0 3. 1200000E+05 0. 0000000E+00

0. 0000000E+00 0. 0000000E+00 0. 0000000E+00

NUXY 1 0 4. 0000000E-01 0. 0000000E+00

0. 0000000E+00 0. 0000000E+00 0. 0000000E+00

1 * * * E M R C N I S A * * * VERSION 91. 0(06/17/91)

5:53

DEFINITION OF SETS( * SETS DATA GROUP)

SET-ID LABEL MEMBERS( S=SINGLE,R=RANGE,E=EXCLUDED)

1 R 104,936,104

1 * * * E M R C N I S A * * * VERSION 91. 0( 06/17/91) LOAD CASE
ID NO. 1

5:35

OUTPUT CONTROL FOR LOAD CASE ID NO. 1

INTERNAL FORCE AND STRAIN ENERGY KEY.... (KELFR)= 0

REACTION FORCE KEY .............. (KRCTN)= 1

STRESS COMPUTATION KEY ........ (KSTR)= 1

STRAIN COMPUTATION KEY ...... (KSTN)= 0

ELEMENT STRESS/STRAIN OUTPUT OPTIONS .. (LQ1)= -1

NODAL STRESSES OUTPUT OPTIONS .... (LQ2)= 2

DISPLACEMENT OUTPUT OPTIONS .... (LQ7)= 0

STRESS FREE TEMPERATURE ....... (TSFRE)= 0. 00000E+00

TOLERANCE FOR NODE POINT FORCE BALANCE(TOL)= 0. 00000E+00

1 * * * E M R C N I S A * * * VERSION 91. 0(06/17/91) LOAD CASE
ID NO. 1

5:53

SPECIFIED DISPLACEMENT DATA( * SPDISP DATA GROUP)

NODE NO. LABEL DISPLACEMENT VALUE LAST NODE INC LABELES

1 UX 0. 00000E+00 911 26 UY UZ

1191 UX 0. 00000E+00 1215 3 UY UZ

1217 UX 0. 00000E+00 1241 3 UY UZ

104 UY -4. 60000E-02 936 104

1 * * * E M R C N I S A * * * VERSION 91. 0 (06/17/91) LOAD
CASE ID. 1

5:53

SELECTIVE PRINTOUT CONTROL PARAMETERS ( * PRINTCNTL DATA
GROUP)

OUTPUT TYPE---SET NUMBERS(NEGATIVE MEANS NONE, ZERO MEANS ALL)

LOAD VECTOR -1

ELEMENT INTERNAL FORCES -1

ELEMENT STRAIN ENERGY -1

RIGID LINK FORCES -1

REACTIONS 1

DISPLACEMENTS 1

ELEMENT STRESSES -1

AVERAGED NODAL STRESSES -1

1 * * * E M R C N I S A * * * VERSION 91.0(06/17/91)

5:55

PROCESS NODAL COORDINATES DATA

PROCESS ELEMENT CONNECTIVITY DATA

1 * * * E M R C N I S A * * * VERSION 91.0(06/17/91)

SUMMARY OF ELEMENT TYPES USED

NKTP NORDR NO. OF ELEMENTS

4 1 864

4 10 24

TOTAL NUMBER OF ELEMENTS.............=888

TOTAL NUMBER OF NODES ...............=1314

TOTAL NUMBER OF ACTIVE NODES .... =1314

LARGEST NODE NUMBER .................=1449

MAXIMUM X-COORD=0.00000E+00 MAXIMUM X-COORD=0.61200E+00

MAXIMUM Y-COORD=-0.20000E-01 MAXIMUM Y-COORD=0.12600E+00

MAXIMUM Z-COORD=0.00000E+00 MAXIMUM Z-COORD=0.25000E+00

1 * * * E M R C N I S A * * * VERSION 91.0(06/17/91)

GEOMETRIC PROPERTIES OF THE MODEL

TOTAL VOLUME=1.30990E-02

TOTAL MASS=0.00000E+00

X COORDINATE OF C.G. =0.00000E+00

Y COORDINATE OF C.G. =0.00000E+00

Z COORDINATE OF C.G. =0.00000E+00

MASS MOMENT OF INERTIA WITH RESPECT TO GLOBAL AXES AT GLOBAL

ORIGIN

1XX=0.00000E+00 1XY=0.00000E+00

IYY=0.00000E+00 IYZ=0.00000E+00

IZZ=0.00000E+00 IXZ=0.00000E+00

MASS MOMENT OF INERTIA WITH RESPECT TO CARTESIAN AXES AT C.G.

1XX=0.00000E+00 1XY=0.00000E+00

IYY=0.00000E+00 IYZ=0.00000E+00

IZZ=0.00000E+00 IXZ=0.00000E+00

WAVE FRONT STATUS BEFORE MINIMIZATION

MAXIMUM WAVE FRONT ...... =552

RMS WAVE FRONT .................. =398

AVERAGE WAVE FRONT ........ =378

TOTAL NO. OF DOF IN MODEL ... =3942

WAVE FRONT STATUS AFTER MINIMIZATION( ITERATION NO. 1 )

MAXIMUM WAVE FRONT ...... =258

RMS WAVE FRONT ............... =144

AVERAGE WAVE FRONT ......... =139

TOTAL NO. OF DOF IN MODEL ... =3942

WAVE FRONT STATUS AFTER MINIMIZATION( ITERATION NO. 3 )

MAXIMUM WAVE FRONT .... =258

RMS WAVE FRONT ........... =144

AVERAGE WAVE FRONT ........ =139

TOTAL NO. OF DOF IN MODEL ... =3942

WAVE FRONT STATUS AFTER MINIMIZATION( ITERATION NO. 4 )

MAXIMUM WAVE FRONT ..... =255

RMS WAVE FRONT ........ =145

AVERAGE WAVE FRONT ....... =140

TOTAL NO. OF DOF IN MODEL ... =3942

WAVE FRONT STATUS AFTER MINIMIZATION( ITERATION NO. 5 )

MAXIMUM WAVE FRONT ...... =255

RMS WAVE FRONT ........ =154

AVERRAGE WAVE FRONT ...... =148

TOTAL NO. OF DOF IN MODEL .... =3942

* * * * * WAVE FRONT MINIMIZATION WAS SUCCESSFUL, ITERATION NO. 1 IS

SELECTED WAVE FRONT PARAMETERS ARE:

MAXIMUM WAVE FRONT =258

RMS WAVE FRONT =144

AVERAGE WAVE FRONT =139

PROCESS * SPDISP ( SPECIFIED DISPLACEMENT ) DATA FOR LOAD CASE ID

NO. 1

TOTAL NUMBER OF VALID DOFS IN MODEL ...... =3942

TOTAL NUMBER OF UNCONSTRAINED DOFS ..... =3771

TOTAL NUMBER OF CONSTRAINED DOFS ...... =171

TOTAL NUMBER OF SLAVES IN MPC EQS ...... =0

1 * * * E M R C N I S A * * * VERSION 91.0(06/17/91)

LOAD CASE ID NO. 1

* * *WAVE FRONT SOLUTION PARAMETERS * * *

MAXIMUM WAVE FRONT(MAXPA)=249

RMS WAVE FRONT=141

AVERAGE WAVE FRONT=136

LARGEST ELEMENT MATRIX RANK USED(LVMAX)=24

TOTAL NUMBER OF DEGREES OF FREEDOM=3771

ESTIMATED NUMBER OF RECORDS ON FILE 30=52

1 * * * E M R C N I S A * * * VERSION 91.0(06/17/91)

LOAD CASE ID NO. 1

27:42

* * * * * REACTION FORCES AND MOMENTS AT NODES * * * * *

LOAD CASE ID NO. 1

NODE FX FY FZ MX MY MZ

104 0.00000E+00 −3.76834E-01 0.00000E+00 0.00000E+00
0.00000E+00 0.00000E+00

208 0.00000E+00 −6.29630E-01 0.00000E+00 0.00000E+00
0.00000E+00 0.00000E+00

312 0.00000E+00 −4.77650E-01 0.00000E+00 0.00000E+00
0.00000E+00 0.00000E+00

416 0.00000E+00 −3.72895E-01 0.00000E+00 0.00000E+00
0.00000E+00 0.00000E+00

520 0.00000E+00 −3.37551E-01 0.00000E+00 0.00000E+00
0.00000E+00 0.00000E+00

624 0.00000E+00 −3.72895E-01 0.00000E+00 0.00000E+00
0.00000E+00 0.00000E+00

728 0.00000E+00 −4.77650E-01 0.00000E+00 0.00000E+00
0.00000E+00 0.00000E+00

832 0.00000E+00 −6.29630E−01 0.00000E+00 0.00000E+00

0.00000E+00 0.00000E+00

936 0.00000E+00 −3.76834E−01 0.00000E+00 0.00000E+00

0.00000E+00 0.00000E+00

SUMMATION OF REACTION FORCES IN GLOBAL DIRECTIONS

FX FY FZ

−3.240727E−12 −3.128608E−13 2.470107E−12

1 ＊ ＊ ＊ E M R C N I S A ＊ ＊ ＊ VERSION 91.0(06/17/91)

LOAD CASE ID NO.1

＊ ＊ ＊ ＊ ＊ ＊ DIASPLACEMENT SOLUTION ＊ ＊ ＊ ＊ ＊ ＊

LOAD CASE ID NO.1

NODE UX UY UZ ROTX ROTY ROTZ

104 5.62012E−03 −4.60000E−02 −6.93937E−06 0.00000E+00

0.00000E+00 0.00000E+00

208 5.62012E−03 −4.60000E−02 1.62906E−05 0.00000E+00

0.00000E+00 0.00000E+00

312 5.62012E−03 −4.60000E−02 1.79085E−05 0.00000E+00

0.00000E+00 0.00000E+00

416 5.62012E−03 −4.60000E−02 1.01867E−05 0.00000E+00

0.00000E+00 0.00000E+00

520 5.62012E−03 −4.60000E−02 −3.88374E−15 0.00000E+00

0.00000E+00 0.00000E+00

624 5.62012E−03 −4.60000E−02 −1.01867E−05 0.00000E+00

0.00000E+00 0.00000E+00

728 5.62012E−03 −4.60000E−02 −1.79085E−05 0.00000E+00

0.00000E+00 0.00000E+00

832 5.62012E−03 −4.60000E−02 −1.62906E−05 0.00000E+00

0.00000E+00 0.00000E+00

936 5.62012E−03 −4.60000E−02 6.93937E−06 0.00000E+00

0.00000E+00 0.00000E+00

LARGEST MAGNITUDES OF DISPLACEMENT VECTOR=

1.20547E−02 −6.16490E−02 −7.23358E−04 0.00000E+00 0.00000E+00

0. 00000E+00

AT NODE 1428 1050 917 1 1 1

1 * * * E M R C N I S A * * * VERSION 91. 0(06/17/91)LOAD CASE
ID NO. 1

* * * * NODAL PRINCIPAL STRESSES - LOAD CASE ID NO. 1 * * * *

NODE SG1 SG2 SG3 EQUIV.

STRESS

MAX. SHEAR

VON MISES OCTAHEDRAL SHEAR

LARGEST MAGNITUDES OF STRESS FUNCTIONS

7. 94462E+03 3. 76937E+03 −7. 94468E+03 4. 01583E+03

7. 11230E+03 3. 35277E+03

AT NODES 497 1215 419 419 419 419

1 * * * E M R C N I S A * * * VERSION 91. 0(06/17/91)

LOAD CASE ID NO. 1

OVERALL TIME LOG IN SECONDS

INPUT(READ,GENERATE)......................... =43. 180

DATA STORING AND CHECKING........................ =16. 200

REORDERING OF ELEMENTS..................... =75. 320

FORM ELEMENT MATRICES............................ =160. 600

FORM GLOBAL LOAD VECTOR............................ =0. 000

MATRIX TRANSFORMATION DUE TO MPC................... =0. 000

PRE-FRONT..................................... =3. 360

SOLUTION OF SYSTEM EQUATIONS............................ =366. 420

INTERNAL FORCES AND REACTIONS............. =1. 940

STRESS CALCULATION........................ =124. 460

LOAD COMBINATION............................. =0. 000

TOTAL CPU............................ =791. 480

TOTAL ELAPSED TIME IS.................................. =1670. 000

* * NOTE * * – RUN IS COMPLETED SUCCESSFULLY

TOTAL NO. OF COMPLETED CASES=1

LAST COMPLETED CASE-ID=1

FILE 26 IS SAVED,NAME=set_disp26.dat,STATUS=NEW

FILE 27 IS SAVED,NAME=set_disp27.dat,STATUS=NEW

# 附录 B　点力

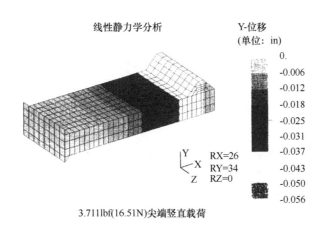

图 B-1　Y 方向位移图，单向矩形截面悬臂卡扣受到点力载荷时的线性静力学分析

FEA 结果输出文件

LISTING OF EXECUTIVE COMMANDS

LINE 1 ＊＊EXECUTIVE

LINE 2 ANAL=STAT

LINE 3 SAVE=26,27

LINE 4 FILE=SET-FORCE

LINE 5 ＊ELTYPE

1 ＊＊＊ E M R C N I S A ＊＊＊ VERSION 91.0(06/17/91)

＊NISA＊ COMPUTER PROGRAM RELEASE NO.91.0

STATIC ANALYSIS

1 ＊＊＊ E M R C N I S A ＊＊＊ VERSION 91.0(06/17/91)

4:8

SELECTION OF ELEMENT TYPES FROM THE NISA ELEMENT LIBRARY

( ＊ELTYPE DATA GROUP)

NSRL NKTP NORDR NODES/EL DOF/NODE

1 4 1 8 3

2 4 10 6 3

1 * * * E M R C N I S A * * * VERSION 91. 0( 06/17/91)

5:52

MATERIAL PROPERTY TABLE( * MATERIAL DATA GROUP)

MATERIAL INDEX 1

EX 1 0 3. 1200000E+05 0. 0000000E+00 0. 0000000E+00

0. 0000000E+00 0. 0000000E+00

NUXY 1 0 4. 0000000E-01 0. 0000000E+00 0. 0000000E+00

0. 0000000E+00 0. 0000000E+00

1 * * * E M R C N I S A * * * VERSION 91. 0( 06/17/91)

5:53

DEFINITION OF SETS( * SETS DATA GROUP)

SET-ID LABEL MEMBERS( S = SINGLE, R = RANGE, E = EXCLUDED)

1 R 104,936,104

1 * * * E M R C N I S A * * * VERSION 91. 0( 06/17/91)

LOAD CASE ID NO. 1

5:35

OUTPUT CONTROL FOR LOAD CASE ID NO. 1

INTERNAL FORCE AND STRAIN ENERGY KEY.... ( KELFR) = 0

REACTION FORCE KEY ............... ( KRCTN) = 1

STRESS COMPUTATION KEY ........ ( KSTR) = 1

STRAIN COMPUTATION KEY ...... ( KSTN) = 0

ELEMENT STRESS/STRAIN OUTPUT OPTIONS .. ( LQ1) = -1

NODAL STRESSES OUTPUT OPTIONS .... ( LQ2) = 2

DISPLACEMENT OUTPUT OPTIONS .... ( LQ7) = 0

STRESS FREE TEMPERATURE ....... ( TSFRE) = 0. 00000E+00

TOLERANCE FOR NODE POINT FORCE BALANCE( TOL) = 0. 00000E+00

1 * * * E M R C N I S A * * * VERSION 91. 0( 06/17/91) LOAD CASE

ID NO. 1

5:53

SPECIFIED DISPLACEMENT DATA( * SPDISP DATA GROUP)

NODE NO. LABEL DISPLACEMENT VALUE LAST NODE INC LABELES

1 UX 0. 00000E+00 911 26 UYUZ

1191 UX 0.00000E+00 1215 3 UYUZ

1217 UX 0.00000E+00 1241 3 UYUZ

1 * * * E M R C N I S A * * * VERSION 91.0(06/17/91)

LOAD CASE ID.1

5:53

CONCENTRATED NODAL FORCE AND MOMENT DATA( * CFORCE DATA GROUP)

NODE NO. LABEL FORCE VALUE LASTNODE INC LFN

104 FY -2.31938E-01 104 1 0

208 FY -4.63875E-01 208 1 0

312 FY -4.63875E-01 312 1 0

416 FY -4.63875E-01 416 1 0

520 FY -4.63875E-01 520 1 0

624 FY -4.63875E-01 624 1 0

728 FY -4.63875E-01 728 1 0

832 FY -4.63875E-01 832 1 0

936 FY -2.31938E-01 936 1 0

1 * * * E M R C N I S A * * * VERSION 91.0(06/17/91)

LOAD CASE ID.1

5:53

SELECTIVE PRINTOUT CONTROL PARAMETERS ( * PRINTCNTL DATA GROUP)

OUTPUT TYPE---SET NUMBERS(NEGATIVE MEANS NONE,ZERO MEANS ALL)

LOAD VECTOR -1

ELEMENT INTERNAL FORCES -1

ELEMENT STRAIN ENERGY -1

RIGID LINK FORCES -1

REACTIONS-0

DISPLACEMENTS -1

ELEMENT STRESSES -1

AVERAGED NODAL STRESSES -1

1 * * * E M R C N I S A * * * VERSION 91.0(06/17/91)

5:55

PROCESS NODAL COORDINATES DATA

PROCESS ELEMENT CONNECTIVITY DATA

1 * * * E M R C N I S A * * * VERSION 91.0( 06/17/91 )

SUMMARY OF ELEMENT TYPES USED

NKTP NORDR NO. OF ELEMENTS

4 1 864

4 10 24

TOTAL NUMBER OF ELEMENTS............. =888

TOTAL NUMBER OF NODES ............... =1314

TOTAL NUMBER OF ACTIVE NODES.... =1314

LARGEST NODE NUMBER ................. =1449

MAXIMUM X-COORD=0.00000E+00 MAXIMUM X-COORD=0.61200E+00

MAXIMUM Y-COORD=-0.20000E-01 MAXIMUM Y-COORD=0.12600E+00

MAXIMUM Z-COORD=0.00000E+00 MAXIMUM Z-COORD=0.25000E+00

1 * * * E M R C N I S A * * * VERSION 91.0( 06/17/91 )

GEOMETRIC PROPERTIES OF THE MODEL

TOTAL VOLUME=1.30990E-02

TOTAL MASS=0.00000E+00

X COORDINATE OF C.G. =0.00000E+00

Y COORDINATE OF C.G. =0.00000E+00

Z COORDINATE OF C.G. =0.00000E+00

MASS MOMENT OF INERTIA WITH RESPECT TO GLOBAL AXES AT GLOBAL

ORIGIN

1XX=0.00000E+00 1XY=0.00000E+00

IYY=0.00000E+00 IYZ=0.00000E+00

IZZ=0.00000E+00 IXZ=0.00000E+00

MASS MOMENT OF INERTIA WITH RESPECT TO CARTEZIAN AXES AT C.G.

1XX=0.00000E+00 1XY=0.00000E+00

IYY=0.00000E+00 IYZ=0.00000E+00

IZZ=0.00000E+00 IXZ=0.00000E+00

WAVE FRONT STATUS BEFORE MINIMIZATION

MAXIMUM WAVE FRONT ...... =552

RMS WAVE FRONT ................... =398

AVERAGE WAVE FRONT ........ =378

TOTAL NO. OF DOF IN MODEL ... =3942

WAVE FRONT STATUS AFTER MINIMIZATION( ITERATION NO. 1 )

MAXIMUM WAVE FRONT ...... =258

RMS WAVE FRONT ............... =144

AVERAGE WAVE FRONT ........ =139

TOTAL NO. OF DOF IN MODEL ... =3942

WAVE FRONT STATUS AFTER MINIMIZATION( ITERATION NO. 3)

MAXIMUM WAVE FRONT .... =258

RMS WAVE FRONT ........... =144

AVERAGE WAVE FRONT ....... =139

TOTAL NO. OF DOF IN MODEL ... =3942

WAVE FRONT STATUS AFTER MINIMIZATION( ITERATION NO. 4)

MAXIMUM WAVE FRONT ..... =255

RMS WAVE FRONT ........ =145

AVERAGE WAVE FRONT ....... =140

TOTAL NO. OF DOF IN MODEL ... =3942

WAVE FRONT STATUS AFTER MINIMIZATION( ITERATION NO. 5)

MAXIMUM WAVE FRONT ...... =255

RMS WAVE FRONT ........ =154

AVERRAGE WAVE FRONT ...... =148

TOTAL NO. OF DOF IN MODEL .... =3942

　* * * * * WAVE FRONT MINIMIZATION WAS SUCCESSFUL, ITERATION
NO. 1 IS

SELECTED WAVE FRONT PARAMETERS ARE –

MAXIMUM WAVE FRONT =258

RMS WAVE FRONT =144

AVERAGE WAVE FRONT =139

PROCESS　* SPDISP ( SPECIFIED  DISPLACEMENT ) DATA  FOR  LOAD
CASE ID

NO. 1

TOTAL NUMBER OF VALID DOFS IN MODEL ...... =3942

TOTAL NUMBER OF UNCONSTRAINED DOFS . . . . . =3780

TOTAL NUMBER OF CONSTRAINED DOFS . . . . . . =162

TOTAL NUMBER OF SLAVES IN MPC EQS . . . . . . =0

1 * * * E M R C N I S A * * * VERSION 91. 0( 06/17/91)

LOAD CASE ID NO. 1

* * * WAVE FRONT SOLUTION PARAMETERS * * *

MAXIMUM WAVE FRONT( MAXPA)= 258

R. M. S. WAVE FRONT =144

AVERAGE WAVE FRONT =138

LARGEST ELEMENT MATRIX RANK USED( LVMAX)= 24

TOTAL NUMBER OF DEGREES OF FREEDOM =3780

ESTIMATED NUMBER OF RECORDS ON FILE 30 =52

1 * * * E M R C N I S A * * * VERSION 91. 0( 06/17/91)

LOAD CASE ID NO. 1

27:42

* * * * * REACTION FORCES AND MOMENTS AT NODES * * * * *

LOAD CASE ID NO. 1

NODE FX FY FZ MX MY MZ

1 1. 23015E+00 −2. 97004E-01 5. 79761E-01 0. 00000E+00
0. 00000E+00 0. 00000E+00

27 6. 00778E-01 −4. 24355E-01 2. 84386E-01 0. 00000E+00
0. 00000E+00 0. 00000E+00

53 6. 00795E-01 −4. 24352E-01 −2. 84388E-01 0. 00000E+00
0. 00000E+00 0. 00000E+00

79 −1. 23017E+00 −2. 97002E-01 −5. 79762E-01 0. 00000E+00
0. 00000E+00 0. 00000E+00

105 1. 84443E+00 −2. 91119E-01 4. 95901E-01 0. 00000E+00
0. 00000E+00 0. 00000E+00

131 8. 45580E-01 −4. 58696E-01 2. 38757E-01 0. 00000E+00
0. 00000E+00 0. 00000E+00

157 −8. 45600E-01-4. 58692E-01 −2. 38746E-01 0. 00000E+00
0. 00000E+00 0. 00000E+00

183 −1. 84445E+00 −2. 91116E-01-4. 95893E-01 0. 00000E+00

0. 00000E+00 0. 00000E+00
209 2. 18672E+00 −1. 76931E-01 3. 17524E-01 0. 00000E+00
0. 00000E+00 0. 00000E+00
235 9. 44319E-01 −2. 72644E-01 1. 55582E-01 0. 00000E+00
0. 00000E+00 0. 00000E+00
261 −9. 44316E-01 −2. 72644E-01 −1. 55568E-01 0. 00000E+00
0. 00000E+00 0. 00000E+00
287 −2. 18672E+00 −1. 76931E-01-3. 17513E-01 0. 00000E+00
0. 00000E+00 0. 00000E+00
313 2. 41479E+00 −1. 43099E-01 1. 35066E-01 0. 00000E+00
0. 00000E+00 0. 00000E+00
339 1. 03693E+00 −2. 33928E-01 6. 79948E-02 0. 00000E+00
0. 00000E+00 0. 00000E+00
365 −1. 03691E+00 −2. 33931E-01 −6. 79863E-02 0. 00000E+00
0. 00000E+00 0. 00000E+00
391 −2. 41478E+00 −1. 43102E-01 1. 35059E-01 0. 00000E+00
0. 00000E+00 0. 00000E+00
417 2. 48344E+00 −1. 37930E-01 1. 89043E-13 0. 00000E+00
0. 00000E+00 0. 00000E+00
443 1. 06349E+00 −2. 26386E-01 9. 84768E-14 0. 00000E+00
0. 00000E+00 0. 00000E+00
469 −1. 06347E+00 −2. 26391E-01 −9. 06497E-14 0. 00000E+00
0. 00000E+00 0. 00000E+00
495 −2. 48342E+00 −1. 37933E-01 −1. 89349E-13 0. 00000E+00
0. 00000E+00 0. 00000E+00
521 2. 41479E+00 −1. 43099E-01 −1. 35066E-01 0. 00000E+00
0. 00000E+00 0. 00000E+00
547 1. 03693E+00 −2. 33928E-01 −6. 79948E-02 0. 00000E+00
0. 00000E+00 0. 00000E+00
573 −1. 03691E+00 −2. 33931E-01 −6. 79863E-02 0. 00000E+00
0. 00000E+00 0. 00000E+00
599 −2. 41478E+00 −1. 43102E-01 1. 35059E-01 0. 00000E+00
0. 00000E+00 0. 00000E+00

625 2.18672E+00 −1.76931E−01 −3.17524E−01 0.00000E+00
0.00000E+00 0.00000E+00

651 9.44319E−01 −2.72644E−01 −1.55582E−01 0.00000E+00
0.00000E+00 0.00000E+00

677 −9.44316E−01 −2.72644E−01 1.55568E−01 0.00000E+00
0.00000E+00 0.00000E+00

703 −2.18672E+00 −1.76931E−01 3.17513E−01 0.00000E+00
0.00000E+00 0.00000E+00

729 1.84443E+00 −2.91119E−01 −4.95901E−01 0.00000E+00
0.00000E+00 0.00000E+00

755 8.45580E−01 −4.58696E−01 −2.38757E−01 0.00000E+00
0.00000E+00 0.00000E+00

781 −8.45600E−01 −4.58692E−01 2.38746E−01 0.00000E+00
0.00000E+00 0.00000E+00

807 −1.84445E+00 −2.91116E−01 4.95893E−01 0.00000E+00
0.00000E+00 0.00000E+00

822 1.23015E+00 −2.97004E−01 −5.79761E−01 0.00000E+00
0.00000E+00 0.00000E+00

859 6.00778E−01 −4.24355E−01 −2.84386E−01 0.00000E+00
0.00000E+00 0.00000E+00

885 −6.00795E−01 −4.24355E−01 2.84388E−01 0.00000E+00
0.00000E+00 0.00000E+00

911 −1.23017E+00 −2.97002E−01 5.79762E−01 0.00000E+00
0.00000E+00 0.00000E+00

1191 −8.80627E−02 3.90951E−01 1.67639E−01 0.00000E+00
0.00000E+00 0.00000E+00

1194 −1.24923E−01 7.03079E−01 −4.86747E−02 0.00000E+00
0.00000E+00 0.00000E+00

1197 −2.43708E−01 8.64341E−01 −4.67474E−02 0.00000E+00
0.00000E+00 0.00000E+00

1200 −2.94883E−01 9.56620E−01 −1.75823E−02 0.00000E+00
0.00000E+00 0.00000E+00

1203 −3.09217E−01 9.85387E−01 −3.69704E−14 0.00000E+00

0.00000E+00 0.00000E+00

1206 −2.94883E-01 9.56620E-01 1.75823E-02 0.00000E+00
0.00000E+00 0.00000E+00

1209 −2.43708E-01 8.64341E-01 4.67474E-02 0.00000E+00
0.00000E+00 0.00000E+00

1212 −1.24923E-01 7.03079E-01 4.86747E-02 0.00000E+00
0.00000E+00 0.00000E+00

1215 −8.80627E-02 3.90951E-01 1.67639E-01 0.00000E+00
0.00000E+00 0.00000E+00

1217 8.80614E-02 3.90947E-01 1.67638E-01 0.00000E+00
0.00000E+00 0.00000E+00

1220 1.24921E-01 7.03074E-01 4.86762E-02 0.00000E+00
0.00000E+00 0.00000E+00

1223 2.43708E-01 8.64341E-01 4.67490E-02 0.00000E+00
0.00000E+00 0.00000E+00

1226 2.94885E-01 9.56625E-01 1.75832E-02 0.00000E+00
0.00000E+00 0.00000E+00

1229 3.09219E-01 9.85394E-01 1.52101E-14 0.00000E+00
0.00000E+00 0.00000E+00

1232 2.94885E-01 9.56620E-01 −1.75832E-02 0.00000E+00
0.00000E+00 0.00000E+00

1235 2.43708E-01 8.64341E-01 −4.67490E-02 0.00000E+00
0.00000E+00 0.00000E+00

1238 1.24921E-01 7.03074E-01 −4.86762E-02 0.00000E+00
0.00000E+00 0.00000E+00

1241 8.80614E-02 3.90947E-01 −1.67638E-01 0.00000E+00
0.00000E+00 0.00000E+00

SUMMATION OF REACTION FORCES IN GLOBAL DIRECTIONS
FX FY FZ
−2.119041E-12 3.711001E+00 2.083833E-12
1 * * * E M R C N I S A * * * VERSION 91.0(06/17/91)
LOAD CASE ID NO.1
* * * * * * DIASPLACEMENT SOLUTION * * * * * *

LOAD CASE ID NO. 1

NODE UX UY UZ ROTX ROTY ROTZ

104 5. 14670E-03 -4. 20879E-02 1. 21035E-05 0. 00000E+00

0. 00000E+00 0. 00000E+00

208 5. 15380E-03 -4. 21168E-02 2. 48283E-05 0. 00000E+00

0. 00000E+00 0. 00000E+00

312 5. 14526E-03 -4. 21475E-02 2. 27875E-05 0. 00000E+00

0. 00000E+00 0. 00000E+00

416 5. 13840E-03 -4. 21692E-02 1. 27362E-05 0. 00000E+00

0. 00000E+00 0. 00000E+00

520 5. 13587E-03 -4. 21768E-02 -8. 15310E-16 0. 00000E+00

0. 00000E+00 0. 00000E+00

624 5. 13840E-03 -4. 21692E-02 -1. 27362E-05 0. 00000E+00

0. 00000E+00 0. 00000E+00

728 5. 14526E-03 -4. 21475E-02 -2. 27875E-05 0. 00000E+00

0. 00000E+00 0. 00000E+00

832 5. 15380E-03 -4. 21168E-02 -2. 48283E-05 0. 00000E+00

0. 00000E+00 0. 00000E+00

936 5. 14670E-03 -4. 20879E-02 -1. 21035E-05 0. 00000E+00

0. 00000E+00 0. 00000E+00

LARGEST MAGNITUDES OF DISPLACEMENT VECTOR=

1. 10589E-02 - 5. 64997E-02 - 6. 62681E-04 0. 00000E + 00 0. 00000E

+00

0. 00000E+00

AT NODE 1428 1050 917 1 1 1

1 * * * E M R C N I S A * * * VERSION 91. 0( 06/17/91)

LOAD CASE ID NO. 1

* * * * NODAL PRINCIPAL STRESSES - LOAD CASE ID NO. 1 * * * *

NODE SG1 SG2 SG3 EQUIV. STRESS

MAX. SHEAR

VON MISES OCTAHEDRAL SHEAR

LARGEST MAGNITUDES OF STRESS FUNCTIONS

7. 27692E+03 3. 45248E+03 -7. 27698E+03 3. 67833E+03

6. 51458E+03 3. 07100E+03

AT NODES 497 1215 419 419 419 419

1 ＊＊＊ E M R C N I S A ＊＊＊ VERSION 91. 0(06/17/91)

LOAD CASE ID NO. 1

OVERALL TIME LOG IN SECONDS

INPUT(READ,GENERATE)......................... =39. 540

DATA STORING AND CHECKING....................... =14. 78016. 200

REORDERING OF ELEMENTS...................... =73. 260

FORM ELEMENT MATRICES............................ =160. 600

FORM GLOBAL LOAD VECTOR........................... =0. 100

MATRIX TRANSFORMATION DUE TO MPC................... =0. 000

PRE-FRONT.................................. =3. 240

SOLUTION OF SYSTEM EQUATIONS............................. =379. 320

INTERNAL FORCES AND REACTIONS............. =1. 820

STRESS CALCULATION....................... =124. 940

LOAD COMBINATION............................ =0. 000

TOTAL CPU............................ =797. 060

TOTAL ELAPSED TIME IS................................. =1618. 000

＊＊ NOTE ＊＊ – RUN IS COMPLETED SUCCESSFULLY

TOTAL NO. OF COMPLETED CASES=1

LAST COMPLETED CASE-ID=1

FILE 26 IS SAVED,NAME=set_force26. dat,STATUS=NEW

FILE 27 IS SAVED,NAME=set_force27. dat,STATUS=NEW

# 附录 C　成型工艺数据记录

以下成型工艺数据记录卡用于注射成型零件的打样、开发、试产和量产。

**成型工艺数据记录**

职位：
作业员：
工程师：

模具描述：
螺杆：
注塑机编号：

机器设置：
喷嘴编号：

测量仪器：
安全检查：

| 日期 时间 | 树脂 | | | 温度/°C | | | | 模具 | | | | 压力/MPa | | | | | 成型周期/s | | | | 喷嘴 回流量 | 注射速度 mm/每秒 | RPM | 重量/g | | 运行状况 |
|---|---|---|---|---|---|---|---|---|---|---|---|---|---|---|---|---|---|---|---|---|---|---|---|---|---|---|
| | 聚合物 含量 | 含百分比 | | 喷嘴 | 前部 | 中部 | 后部 | 温度 | 动模 定模 | 浇口 | | 注射第一段压力 | 注射第二段压力 | 背压 bar/t | | | 注射 | 保压 | 冷却 | 总时间 | 背压 | | | 重量 | 检查重量 | |

对于成型工艺、起动等的评价

# 附录 D　修模和检查记录

以下修模和检查记录卡用于注射成型零件的打样、开发、试产和量产。

## 修模、检查记录

模具名：＿＿＿＿＿＿＿＿＿＿　　　模具编号：＿＿＿＿＿＿

零件号：＿＿＿＿＿＿＿＿＿＿　　　模具尺寸：

客户零件号：＿＿＿＿＿＿＿＿　　　长＿＿＿＿ × 宽＿＿＿＿ × 高＿＿＿＿

适用压力：＿＿＿＿＿＿＿＿＿　　　接收日期：＿＿＿＿＿＿

需要的特殊设备：＿＿＿＿＿＿＿＿＿＿＿＿＿＿＿＿＿＿＿＿

如果模具状况良好，则打钩(√)，如果模具需要修理，则标记(R)并说明原因

| 日期 | 模具状况 | | | | | | | | | | | | 维护需求描述 | 日期 | 维护完成描述 | 日期 |
| --- | --- | --- | --- | --- | --- | --- | --- | --- | --- | --- | --- | --- | --- | --- | --- | --- |
| | 浇口套 | 导柱、导套 | A板、B板 | 模腔 | 唧嘴、流道 | 顶针板 | 冷却系统 | 排气系统 | 其他1 | 其他2 | | | | | | |
| | | | | | | | | | | | | | | | | |
| | | | | | | | | | | | | | | | | |
| | | | | | | | | | | | | | | | | |
| | | | | | | | | | | | | | | | | |
| | | | | | | | | | | | | | | | | |

# 附录 E  和塑料零件设计相关的网站

▶符号表示必看网站。

协会、组织

| | |
|---|---|
| ABIPLAST-巴西塑料工业协会 | www. abiplast. org. br |
| ABIQUIM-巴西化学工业协会 | www. abiquim. org. br |
| AVK-增强塑料工业协会 | www. avk-tv. de |
| 印度塑料制造商协会（AIPMA） | www. aipma. net |
| 美国化学学会 | www. acs. org |
| 美国化学委员会 | www. americanchemistry. com |
| ASM 国际 | www. asminternational. org |
| 全国化学工业协会 | www. aniq. org. mx |
| 欧洲塑料制造商协会 | www. plasticseurope. org |
| 意大利塑料橡胶加工机械和模具制造商协会 | www. assocomaplast. org |
| 英国塑料联合会 | www. bpf. co. uk |
| 澳大利亚化学协会 | www. chemistryaustralia. org. au |
| 加拿大塑料工业协会 | www. plastics. ca/home/index. php |
| 中国塑料加工工业协会 | www. cppia. com. cn |
| 西班牙塑料企业家联合会 | www. anaip. es |
| 欧洲塑料加工协会（EuPC） | www. plasticsconverters. eu |
| 奥地利化学工业协会 | www. kunststoffe. fcio. at |
| 塑料联合会 | www. laplasturgie. fr |
| 西班牙化学工业商业联合会 | www. feique. org |
| 塑料橡胶联合会 | www. federazionegommaplastica. it |
| 食品包装研究所 | www. fpi. org |
| ▶ 塑料加工工业总协会（GVK） | www. gkv. de |
| 印度塑料联合会 | www. ipfindia. org |
| 塑料包装工业协会 | www. kunststoffverpackungen. de |
| 塑料技术研究所 | www. aimplas. es |
| 日本塑料工业联合会 | www. jpif. gr. jp |
| JEC 复合材料 | www. jeccomposites. com |

（续）

| | | |
|---|---|---|
| | 综合工业部 | www. kompozit. org. tr |
| | 韩国塑料工业协会 | www. koreaplastic. or. kr |
| | 瑞士塑料协会 | www. kvs. ch |
| | 马来西亚塑料制造商协会（MPMA） | www. mpma. org. my |
| | 捷克塑料制造商协会 | www. plastr. cz |
| | 南非塑料联合会 | www. plasticsinfo. co. za |
| | 塑料工业协会（PIA，前身为SPI） | www. plasticsindustry. org |
| | 新西兰塑料协会 | www. plastics. org. nz |
| | 波兰塑料加工联合会 | www. pzpts. com. pl |
| | 葡萄牙模具工业协会（CEFAMOL） | www. cefamol. pt |
| | 俄罗斯化学联合会 | www. ruschemunion. ru |
| | 塑料和复合材料工业技术中心 | www. poleplasturgie. net |
| ► | 自动机工程师协会（SAE） | www. sae. org |
| | SAMPE | www. sampe. org |
| ► | 塑料工程师学会（SPE） | www. 4spe. org |
| | 泰国塑料工业协会 | www. tpia. org |
| | 瑞典塑料和化学品联合会 | www. plastkemiforetagen. se |
| | 土耳其塑料工业协会（PAGEV） | www. pagev. org. tr |
| | 机械工程工业协会 | www. vdma. org |

## 书籍、杂志

| | | |
|---|---|---|
| | Carl Hanser Verlag 出版社 | www. hanser. de |
| ► | 化学周刊 | www. chemweek. com |
| ► | 设计新闻 | www. designnews. com |
| ► | 注塑世界 | www. injectionworld. com |
| | Hanser 出版社 | www. hanserpublications. com |
| ► | Kunststoff 网站 | www. kunststoffweb. de |
| | Kunststoffe 国际 | www. kunststoffe-international. com |
| | Kunststoff 杂志 | www. kunststoff-magazin. de |
| | GAK Gummi Fasern Kunststoffe | www. gupta-verlag. com/magazines/gak-gummi-fasernkunststoffe |

（续）

| | | |
|---|---|---|
| ▶ | 机器设计 | www. machinedesign. com |
| | 增塑剂 | www. plastverarbeiter. de |
| | Dr. Gupta Verlag | www. gupta-verlag. de |
| | Macplast | www. macplast. it/pagine/home. asp |
| | Euwid Kunststoff | www. euwid-kunststoff. de |
| | Kunststoff 信息 | www. kiweb. de |
| | 瑞士塑料 | www. swissplastics-expo. ch |
| | 塑料新闻 | www. plasticsnews. com |
| ▶ | 塑料技术 | www. ptonline. com |
| | 化学工业出版社 | www. cip. com. cn |

## 论坛

| | | |
|---|---|---|
| | Kunststoff 论坛 | www. kunststofforum. de |
| ▶ | PolySort | www. polysort. com/forum/ |

## 咨询公司

| | | |
|---|---|---|
| | ETS 公司 | www. ets-corp. com |
| | Consultek 咨询集团 | www. consultekusa. com |
| | Robert Eller 联合公司 | www. robertellerassoc. com |
| | WJT 联合公司 | www. wjtassociates. com |

## 材料数据库

| | | |
|---|---|---|
| ▶ | CAMPUS | www. campusplastics. com |
| ▶ | Prospector | www. ulprospector. com |
| ▶ | Autodesk Moldflow | www. autodesk. com/products/moldflow/overview |
| | MatWeb LLC | www. matweb. com |
| | Rapra Technology | www. polymerlibrary. com |

## 材料供应商

| | | |
|---|---|---|
| | Addiplast 公司 | www. addiplast. fr |
| | Aquafil 公司 | www. aquafil. com |
| | Arkema 公司 | www. arkema. com |

（续）

| | |
|---|---|
| Asahi 化学公司 | www. asahi-kasei. co. jp/asahi/en/ |
| Asahi 玻璃公司 | www. agc. com/english/index. html |
| Asahimas 化学公司 | www. asc. co. id |
| Ashland 化学公司 | www. ashland. com |
| Astra Polimer Sanayi ve Ticaret 公司 | www. astra-polymers. com. tr |
| Akzo Nobel 公司 | www. akzonobel. com |
| 巴斯夫公司 | www. basf. com |
| Bhansali 工程塑料有限公司 | www. bhansaliabs. com |
| Borealis 公司 | www. borealisgroup. com |
| Boryszew 公司 | www. boryszew. com. pl |
| Braschem 公司 | www. braskem. com. br |
| 塞拉尼斯公司 | www. celanese. com |
| 长春集团 | www. ccp. com. tw |
| Chevron 菲律宾化学公司 | www. cpchem. com |
| 中国蓝星（集团）股份有限公司 | bluestar. chemchina. com/lanxingen/index. htm |
| 科思创公司 | www. covestro. com |
| Delta Kunststoffe 公司 | www. delta-kunststoffe. de |
| 鼎基化学公司 | www. dingzing. com |
| 陶氏化学公司 | www. dow. com |
| 杜邦公司 | www. dupont. com |
| ▶ 伊士曼公司 | www. eastman. com |
| Elaston Kimya 公司 | www. elastron. com |
| Equate 石化公司 | www. equate. com |
| 埃克森美孚公司 | www. exxonmobil. com |
| Ferro 公司 | www. ferro. com |
| FkuR Kunststoff 公司 | www. fkur. com |
| 百镒金业有限公司 | http：//goldbaiyi. en. ecplaza. net |
| Grupo Idesa 公司 | www. grupoidesa. com |
| Haldia 化工公司 | www. haldiapetrochemicals. com |
| Hipol 公司 | www. hipol. com |
| Interquimica 公司 | www. interquimica. com. br |

（续）

| | |
|---|---|
| 日本 Polychem 公司 | www. pochem. co. jp/english/index. html |
| 高福化学工业股份有限公司 | www. kaofu. com |
| Karbochem 公司 | www. karbochem. co. za |
| Kolon 工业公司 | www. kolonindustries. com |
| 卢克石油公司 | www. lukoil. ru |
| 利安德巴塞尔公司 | www. lyondellbasell. com |
| Mepol Polimeri 公司 | www. mepol. it |
| 三菱工程塑料公司 | www. m-ep. co. jp |
| 迈图公司 | www. momentive. com |
| 国家石化工业公司 | www. natpet. com |
| Ovation Polymers 公司 | www. opteminc. com |
| Palram Industries 公司 | www. palram. com |
| Plastika Kritis 公司 | www. plastikakritis. com |
| Plastiques GyF ltée 公司 | www. plastiquesgyf. ca |
| Plazit Iberica 公司 | www. gerundense. com |
| Polychim Industrie 公司 | www. polychim-industrie. com |
| Polyscope 公司 | www. polyscope. eu |
| 兰蒂奇集团 | www. radicigroup. com |
| Reliance Industries 公司 | www. ril. com |
| 劳士领集团 | www. roechling. com |
| Rompetrol 公司 | www. petrochemicals. ro |
| RTP 公司 | www. rtpcompany. com |
| SABIC 创新塑料公司 | www. sabic-ip. com |
| 圣戈班公司 | www. plastics. saint-gobain. com |
| Sibur Holding 公司 | www. sibur. com |
| 索尔维公司 | www. solvay. com |
| Thai Plastic 公司 | www. thaiplastic. co. t |
| 尤尼吉可公司 | www. unitika. co. jp |
| Vegeplast 公司 | www. vegeplast. com |
| Washington Penn Plastics 公司 | www. washingtonpennplastic. com |
| Yuka Denshi 公司 | www. yukadenshi. co. jp |
| 浙江俊尔新材料有限公司 | www. juner. cn |
| 中发工程塑料有限公司 | www. zhongfa-china. com |

## 博物馆

| | | |
|---|---|---|
| | 酚醛树脂博物馆 | www. thebakelitemuseum. com |
| ▶ | 坎农·桑德雷托塑料博物馆 | museo. cannon. com |
| ▶ | 德国塑料博物馆 | www. deutsches-kunststoff-museum. de |

## 手板快速成型

| | | |
|---|---|---|
| ▶ | 手板快速成型主页 | www. rapidprototypinghomepage. com |
| | 今日快速成型 | www. rapidtoday. com |
| | 俄罗斯科学院 | www. laser. ru/rapid/indexe. html |

## 测试、研究

| | | |
|---|---|---|
| | 阿克隆橡胶开发实验室 | www. ardl. com |
| | 塑料技术实验室 | www. ptli. com |

## 设计和工艺技巧

| | | |
|---|---|---|
| ▶ | 不良人体工程学设计案例 | www. baddesigns. com |
| | 热塑性塑料指南 | www. endura. com/material-selection-guide |

## 模具

| | |
|---|---|
| D-M-E 公司 | www. dme. net |
| 弗伯哈 | www. foboha. de |
| Harbec | www. harbec. com |
| 马斯特模具 | www. milacron. com/our-brands/mold-masters |

## 大学

| | |
|---|---|
| 布朗大学 | www. chem. brown. edu |
| 康奈尔大学材料科学和工程学院 | www. mse. cornell. edu |
| 代尔夫特大学 | www. io. tudelft. nl |
| 塑料加工研究所 | www. ikv-aachen. de |
| 利兹大学聚合物研究所 | www. leeds. ac. uk |
| 马萨诸塞大学洛威尔分校 | www. uml. edu |
| 威斯康星大学密尔沃基分校 | www. uwm. edu |

# 参 考 文 献

1. Annual Book of ASTM Standards, American Society for Testing and Materials, Philadelphia, (1992).

2. C. E. Adams, Plastic Gearing: Selection and Application, Marcel Dekker, New York, (1986).

3. Advanced Materials & Processes, ASM International, Materials Park, OH, (1985-1997).

4. J. Aklonis and A. Tobolsky, Stress Relaxation and Creep Master Curves for Several Polystyrenes, Journal of Applied Physics, 36 (11), (1965).

5. E. Atrek (editor), New Directions in Optimum Structural Design, John Wiley & Sons, New York, (1984).

6. E. A. Avallone and T. Baumeister III, Mark's Standard Handbook for Mechanical Engineers, 9th edition, McGraw-Hill, New York, (1987).

7. J. Avery, Injection Molding Alternatives, Hanser Publishers, Cincinnati, OH, (1998).

8. A. J. Baker and D. W. Pepper, Finite Element 1-2-3, McGraw-Hill, New York, (1991).

9. R. A. Banister, Designing Hinges That Live, Machine Design, Penton Publishing Inc. Cleveland, OH, (July 23, 1987).

10. R. D. Beck, Plastic Product Design, Van Nostrand Reinhold, New York, (1980).

11. A. Benatar and Z. Cheng, Ultrasonic Welding of Thermoplastics II: Far-Field, Edison Welding Institute Research Report, (April 1989).

12. A. F. Benson, Assembling HP's Notebook Computer Is a Snap!, Assembly, Vol. 36, Hitchcock Publishing Co., (July/August 1993).

13. J. Bicerano, Prediction on Polymer Properties, Marcel Dekker, New York, (1993).

14. J. J. Bikerman, The Science of Adhesive Joints, Academic Press, New York, (1968).

15. P. R. Bonenberger, Stretching the Limits of DFM, Machine Design, Penton Publishing, Cleveland, OH, (Sept. 12, 1994).

16. P. R. Bonenberger, A New Design Methodology for Integral Attachments, ANTEC (SPE), Brookfield, CT, (1995).

17. P. R. Bonenberger, The First Snap Fit Handbook, Hanser Gardner Publications, Cincinnati, OH, (2000).

18. P. R. Bonenberger, The Role of Enhancement Features in High Quality Integral Attachments, ANTEC (SPE), Brookfield, CT, (1995).

19. E. Bornschlegel, Successful International Harmonization-Targeted Help for Users of Plastics by CAMPUS®, Der Lichtbogen, 209 (11), (November 1989).

20. J. Bowman and K. E. Pawlak, Snap Fit Cap Design Using Rapid Prototyping and Taguchi Methods, ANTEC (SPE), Brookfield, CT, (1993).

21. D. Braun, Simple Methods for Identification of Plastics, 2nd Edition, Hanser Publishers, Mu-

nich, (1986).

22. C. A. Brebbia, J. C. F. Telles, and L. C. Wrobel, Boundary Element Techniques, Theory and Application in Engineering, Springer Verlag, Berlin, (1984).

23. C. A. Brebbia, The Boundary Element Method for Engineers, McGraw-Hill, London, (1977).

24. H. Breuer, G. Dupp, J. Schmitz, and R. Tüllmann, A Standard Materials Databank-an Idea now Adopted, Kunststoffe German Plastics, 80 (11), (1990).

25. H. Breuer, G. Dupp, R. Jantz, G. Wübken, M. H. Tiba, and R. Tüllmann, CAMPUS vor Weltweiter Verbreitung Teil 2: Mit Version 3 ist der Durchbruch geschafft, Kunststoffe, 84 (8), (1994).

26. T. Brinkmann, CAMPUS® unter Windows, Plastverarbeiter, (January 1996).

27. L. Brooke, Design with a Snap, Automotive Industries, Chilton Company, a division of Capital Cities/ABC Inc. , (January 1992).

28. W. Brostow and R. D. Corneliussen (editors), Failure of Plastics, Hanser Publishers, New York, (1986).

29. O. S. Brueller, On the Nonlinear Response of Polymers to Periodical Sudden Loading and Unloading, Polymer Engineering and Science, 25 (10), (1985).

30. J. A. Brydson, Plastic Materials, Butterworth Scientific, London, (1982).

31. C. B. Bucknall, I. C. Drinkwater, and G. R. Smith, Hot Plate Welding: Factors Affecting Weld Strength, Polymer Engineering and Science, 20 (6), (1980).

32. R. L. Burden and J. D. Faires, Numerical Analysis, 3rd Edition, Prindle, Weber & Schmidt, New York, (1985).

33. R. Callanan, Introduction to RF Sealing for Clamshell Blister Packages, Journal of Packaging Technology, (1991).

34. H. S. Carslaw and J. C. Jaeger, Conduction of Heat in Solids, Clarendon Press, Oxford, (1959).

35. Characteristics of Thermoplastics for Ultrasonic Assembly Applications, Technical Bulletin, Sonics & Materials Inc. , Danbury, CT, (1988).

36. W. Chow, How to Design for Snap Fit Assembly, Plastic Design Forum, Advanstar Communications, Duluth, MN, (March/April 1977).

37. N. Crangulescu, Machine Design, Penton Publishing, Cleveland, OH, (February 1997).

38. R. M. Christensen, Theory of Viscoelasticity, Academic Press, New York, (1982).

39. D. W. Clegg and A. A. Collyer, Mechanical Properties of Reinforced Thermoplastics, Elsevier, Amsterdam, (1986).

40. N. Cristescu, Dynamic Plasticity, North-Holland, Amsterdam, (1967).

41. J. J. Cunningham and J. R. Dixon, Designing with Features: The Origin of Features, ASME Computers in Engineering. San Francisco, CA, (July-August 1988).

42. Designing Parts for Ultrasonic Welding, Branson Ultrasonic Corporation, Danbury, CT, (1989).

43. Designing with Plastic: The Fundamentals, Hoechst Celanese, (1986).

44. K. Dohring, Lost Core Molding: The Technology and Future Outlook, 5th International Molding Conference, Conference Proceedings, New Orleans, LA, (1995).

45. Dow Engineering Thermoplastic Basic Design Manual, Mechanical Assembly, Midland, MI, (1987-1988).

46. Dow Snap Fit Designer Software, Version 1.0, Dow Chemical, Midland, MI, (1990-1991).

47. E. I. DuPont de Nemours and Co. , Design Handbook for DuPont Engineering Plastics, Module I to IV, Wilmington, DE, (1989).

48. G. Dupp, Vorgeschichte, Ziele und Inhalte der Kunststoffdatenbank CAMPUS®-Gemeinschaftsproduktion von vier Rohstoffherstellern, Kunststoff Journal, 4, (1988).

49. J. B. Dym, Product Design with Plastics: A Practical Manual, Industrial Press, New York, (1983).

50. Electromagnetic Welding System for Assembling Thermoplastic Parts, Emabond Systems, division of Ashland Chemicals, Norwood, NJ, (1987).

51. Dr. Endemann, BASF WIS SNAPS, Version 1.6, software for designing snap fits, BASF AG, Ludwigshafen, Germany, (1993).

52. Dr. Endemann, BASF GRAPH1, Version 1.6, software for graphically representing stressstrain functions, BASF AG, Ludwigshafen, Germany, (1993).

53. FEASnap™-Snap-Fit Design Software, User Manual, Bayer Corporation, Pittsburgh, PA (1997).

54. FEASnap™-Snap-Fit Design Software, Version 1.0, Bayer Corporation, Pittsburgh, PA (1997).

55. I. Finnie and W. R. Heller, Creep of Engineering Materials, McGraw-Hill, New York, (1959).

56. M. Fortin and R. Glowinski (editors), Méthodes de Lagrangien Augmenté, Dunod, Paris, (1981).

57. J. Frados (editor), Plastics Engineering Handbook, 5th Edition, edited by M. L. Berins, SPI, (1991).

58. R. H. Gallagher, Finite Element Analysis Fundamentals, Prentice-Hall, Englewood Cliffs, NJ, (1975).

59. G. A. Georgiou and I. A. MacDonald, Ultrasonic and Radiographic NDT of Butt Fusion Joints in Polyethylene, Technology Briefing (TWI), No. 465, (February 1993).

60. A. B. Glanville and E. N. Denton, Injection-Mould Design Fundamentals, Industrial Press, New York, (1965).

61. A. B. Glanville, The Plastics Engineer's Data Book, Industrial Press, New York, (1974).

62. D. Grewell, Applications with Infrared Welding of Thermoplastics, ANTEC (SPE), Brookfield,

CT （1999）.

63. R. Grimm, Through-Transmission Infrared Welding （TTIR） of Teflon® TFE （PTFE）, ANTEC （SPE）, Brookfield, CT, （2000）.

64. K. Ito, Cold Processing of Crystalline Polymers, Modern Plastics, No. 8, （1966）.

65. R. D. Hanna, Molded-in Hinge Polypropylene Components, ANTEC （SPE）, Brookfield, CT, （1961）.

66. R. W. Hertzberg and J. A. Manson, Fatigue of Engineering Plastics, Academic Press, （1980）.

67. C. Higdon and E. Archie （editors）, Mechanics of Materials, 4th Edition, John Wiley & Sons, New York, （1985）.

68. G. S. Holister and C. Thomas, Fiber Reinforced Materials, Elsevier Publishing Co. , London, （1966）.

69. How Ingredients Influence Unsaturated Polyester Properties, Amoco Chemicals Corp. , Bulletin IP-70, （1980）.

70. T. S. Hsu, Stress and Strain Data Handbook, Gulf Publishing Company, Houston, TX, （1986）.

71. D. Hull, An Introduction to Composite Materials, Cambridge University Press, Cambridge, （1981）.

72. D. O. Hummel and F. Scholl, Atlas of Polymer and Plastic Analysis, 2nd edition, Hanser Publishers, Munich, （1982）.

73. R. Jantz, and M. M. Matsco, The World-Wide Material Database Using Uniform Standards for Plastics Design, ANTEC （SPE）, Brookfield, CT, （1992）.

74. C. T. Johnk, Engineering Electromagnetic Fields and Waves, John Wiley & Sons, New York, （1988）.

75. I. Jones and N. Taylor, Use of Infrared Dies for Transmission Welding of Plastics, ANTEC （SPE）, Brookfield, CT, （2000）.

76. R. M. Jones, Mechanics of Composite Materials, McGraw-Hill, New York, （1975）.

77. K. Jost, Chrysler's New V6 Engine Family, Automotive Engineering, （January 1997）.

78. D. H. Kaelble, Computer-Aided Design of Polymers and Composites, Marcel Dekker, New York, （1985）.

79. V. A. Kagan, Innovations in Laser Welding Technology, SAE World Congress, Detroit, MI, （2002）.

80. B. S. Kasatkin, A. B. Kudrin, and L. M. Lobanov, Experimental Methods of Stresses and Deformation Investigations, Manual Naukova Dumba, Kiev, Ukraine, （1981）.

81. H. S. Kaufman and J. J. Falcetta （editors）, Transitions and Relaxations in Polymers: Introduction to Polymer Science and Technology, John Wiley & Sons, New York, （1977）.

82. B. Kenneth, Package Design Engineering, John Wiley & Sons, New York, （1959）.

83. A. J. Kinloch, Adhesion and Adhesives: Science and Technology, Chapman and Hall, London, (1987).

84. W. M. Kolb, Curve Fitting for Programmable Calculators, 3rd Edition, Syntec, (1984).

85. J. L. Lamprecht, ISO-9000: Preparing for Registration, Marcel Dekker, New York, (1992).

86. G. C. Larsen and R. F. Larsen, Parametric Finite-Element Analysis of U-Shaped Snap-Fits, AN-TEC (SPE), Brookfield, CT, (1994).

87. R. F. Larsen and G. C. Larsen, The Next Generation of PC Software for Traditional and FEA Snap-Fit Design, ANTEC (SPE), Brookfield, CT, (1994).

88. A. F. Leatherman, Induction Bonding, Modern Plastics Encyclopedia, McGraw-Hill, New York, (1988).

89. J. Leighton, T. Brantley, and E. Szabo, RF Welding of PVC and Other Thermoplastic Compounds, ANTEC (SPE), Brookfield, CT, (1992).

90. W. Leventon, New Software Simplifies Snap-Fit Design, Design News, (2/10/92).

91. W. Lin, O. Buneman, and A. K. Miller, Induction Heating Model for Graphite Fiber/Thermoplastic Matrix Composite Materials, SAMPE Journal, No. 27, (1991).

92. B. Lincoln, K. J. Gomes, and J. F. Braden, Mechanical Fastening of Plastics-An Engineering Handbook, Marcel Dekker, New York, (1984).

93. D. Lobdell, Snap-Fit Corrections, Plastics World, (August 1992).

94. A. F. Luscher, G. A. Gabriele, P. R. Bonenberger, and R. W. Messler, A Clasification Scheme for Integral Attachment Features, ANTEC (SPE), Brookfield, CT, (1995).

95. M. Maniscalco, Snap Fit Software Closes the Loop, Injection Molding Magazine, (January 1997).

96. N. R. Mann, R. E. Schaffer, and N. D. Singpurwall, Methods for Statistical Analysis of Reliability and Life Data, John Wiley & Sons, New York, (1974).

97. K. Masubuchi, Analysis of Welded Structures, Pergamon Press, New York, (1980).

98. Machine Design, Penton Publishing Inc. Cleveland, OH, (1970-1997).

99. R. R. Mayer and G. A. Gabriele, Systematic Cataloging of Integral Attachment Strategy Case Studies, ANTEC (SPE), Brookfield, CT, (1995).

100. L. H. McCarty, Radio Frequency Welds in Miniature, Design News, (June 5, 1989).

101. Modern Plastics Encyclopedia, McGraw-Hill, New York, (1992).

102. N. I. Muskhelishvili, Some Basic Problems of the Mathematical Theory of Elasticity, P. Noordhoff, Gröningen, The Netherlands, (1953).

103. M. H. Naitove, Resin Suppliers Push for Uniform Global Test Standards, Plastics Technology, (July 1996).

104. NASA Tech Briefs, Associated Business Publications Co., Ltd., New York, (1985-1997).

105. J. A. Newman and F. J. Backhoff, Welding of Plastics, Reinhold Publishing Corp., New York,

(1959).

106. L. E. Nielson, Mechanical Properties of Polymers and Composites, Marcel Dekker, New York, (1974).

107. K. Oberbach, Fundamental Datatables and Database (CAMPUS®) -a Challenge and Opportunity, Kunststoffe German Plastics, 79 (8), (1989).

108. K. Oberbach, and L. Rupprecht, Plastics Properties for Databank and Design, Kunststoffe German Plastics, 77 (8), (1987).

109. J. T. Oden, Finite Elements of Nonlinear Continua, McGraw Hill, New York, (1972).

110. R. M. Ogorkiewicz, Engineering Properties of Thermoplastics, John Wiley & Sons, New York, (1970).

111. M. R. Olds, Hot Tack: Key to Better Seals, Package Engineering, (November 1976).

112. C. R. Oswin, Plastic Films and Packaging, John Wiley & Sons, New York, (1975).

113. Plastic Design Forum, Advanstar Communications, Duluth, MN, (1980-1993).

114. Plastic Engineering, Society of Plastic Engineers Inc., Brookfield, CT, (1980-1997).

115. Plastic Snap-Fit Design Interlocks in Unique and Useful Ways, Product Engineering, (May 1977).

116. H. Potente, Analysis of the Heated Plate Welding of Pipes Made of Semi-Crystalline Thermoplastics, Kunststoffschweissen und Kleben; Vorträge der Internationalen Tagung, Düsseldorf, (1983).

117. H. Potente, P. Michel, and B. Ruthmann, Eine Analyse des Vibrationsschweissens, Kunststoffe, 77, Hanser Publishers, Munich, (1987).

118. H. Potente and M. Uebbing, Computer-Aided Layout of the Vibration Welding Process, ANTEC (SPE), Brookfield, CT, (1992).

119. H. Potente and F. Becker, Weld Strength Behavior of Laser Butt Welds, ANTEC (SPE), Brookfield, CT (1999).

120. N. S. Rao, Design Formulas for Plastics Engineers, Hanser Publishers, New York, (1991).

121. D. Reiff, Integral Fastener Design, Plastic Design Forum, (September/October 1991).

122. R. J. Roark, Formulas for Stress and Strain, 5th Edition, McGraw-Hill, New York, (1975).

123. J. Rotheiser, Joining of Plastics, Hanser Publishers, Cincinnati, OH, (1999).

124. S. Roy and J. N. Reddy, A Finite Analysis of Adhesively Bonded Composite Joints with Moisture Diffusion and Delayed Failure, Computers and Structures, 24, (6), (1988).

125. D. Satas, Plastics Finishing and Decorating, Van Nostrand Reinhold, New York, (1986).

126. A. K. Schlarb and G. W. Ehrenstein, Vibration Welding. A Materials Technology View of Mass Production Methods, Kunststoffe, 78, Hanser Publishers, Munich, (1988).

127. J. Schmitz, E. Bornschlegel, G. Dupp, and G. Erhard, Kunststoff-Datenbank CAMPUS ®, Einheitliche Software der großen Vier, Plastverarbeiter, 4, (1988).

128. J. Schmitz and K. Oberbach, Material Properties for Database-An offer of the Raw Material Suppliers, ANTEC (SPE), Brookfield, CT, (1988).

129. R. Shastri, K. S. Mehta, M. H. Tiba, W. F. Müller, H. Breuer, E. Baur, R. A. Latham, J. A. Grates, P. M. Sarnacke, J. S. Kennedy, and G. P. Diehl, CAMPUS®-Presentation of Comparable data on Plastics Based on Uniform International Standards, NPE, Conf. Proceedings, Vol. II, (1994).

130. R. Shastri, K. S. Mehta, M. H. Tiba, W. B. Hoven-Nieveistein, H. Breuer, E. Baur, R. A. Latham, J. A. Grates, P. M. Sarnacke, J. S. Kennedy, and G. P. Diehl, CAMPUS®-Standardized Presentation of Data on Plastics, ANTEC (SPE), Brookfield, CT, (1996).

131. S. Shillitoe, A. J. Day, and H. Benkreira, A Finite Element Approach to Butt Fusion Welding Analysis, Proceedings of the Institute of Mechanical Engineers, Part E, Vol. 204, (1990).

132. S. Shuzeng and W. Yousheng, Prediction of Long Term Behavior of Fiber Reinforced Plastics, Proceedings of the 7th International Conference on Composite Materials (ICCM), China, (1989).

133. H. R. Simonds, A. J. Weith, M. H. Bigelow, Handbook of Plastics, Van Nostrand Reinhold, New York, (1977).

134. I. Skeist (editor), Handbook of Adhesives, Van Nostrand Reinhold, New York, (1977).

135. Snap Design User's Guide, Version 2.0, Closed Loop Solutions, Inc., Troy, MI, (1997).

136. Snap-Fit Design Guide, Modulus Design Group of Allied Signal Engineered Plastics, Morristown, NJ, (1987).

137. Snap-Fit Joints in Plastics, A Design Manual, Miles Corporation, Troy, MI, (1990).

138. R. C. Snodgren, Handbook of Surface Preparation, Palmerston, New York, (1972).

139. L. Sors, L. Bardocz, and I. Radnoti, Plastic Molds and Dies, Van Nostrand Reinhold, New York, (1981).

140. S. Stevens, Structure Evaluation of Polyethylene and Polypropylene Hot Plate Welds, Technology Briefing (TWI), No. 466, (1993).

141. K. Stoeckhert (editor), Mold-Making Handbook for the Plastic Engineer, Hanser Publishers, Munich, (1983).

142. V. K. Stokes, Cross-Thickness Vibration Welding of Thermoplastics, ANTEC (SPE), Brookfield, CT, (1992).

143. V. K. Stokes, Vibration Welding of Thermoplastics Part 1: Phenomenology of the Welding Process, Polymer Engineering and Science, 28, (11), (1988).

144. V. K. Stokes, Vibration Welding of Thermoplastics Part 2: Analysis of the Welding Process, Polymer Engineering and Science, 28, (12), (1988).

145. L. C. E. Strik, Physical Aging of Amorphous Polymers and Other Materials, Elsevier, Amsterdam, (1978).

146. M. Sturdevant, The Long-term Effects of Ethylene Oxide and Gamma Radiation on the Properties

of Rigid Thermoplastic Materials, ANTEC (SPE), Brookfield, CT, (1993).

147. N. P. Suh, The Principles of Design, Oxford University Press, Oxford, (1990).

148. G. Trantina and M. Minnichelli, Automated Program for Designing Snap Fits, Plastics Engineering, (August 1987).

149. P. E. Teague, Fasteners Take a Custom Twist, Design News-Cahners Publishing Co. , Vol. 47, No. 18, (1991).

150. P. E. Teague, Fasteners that Mate with New Materials, Design News-Cahners Publishing Co. , Vol. 48, No. 18, (1992).

151. S. Timoshenko and G. H. MacCullough, Elements of Strength of Materials, 3rd Edition, D. Van Nostrand Company Inc. , New York, (1957).

152. S. Timoshenko and S. Woinowsky-Krieger, Theory of Plates and Shells, McGraw Hill, New York, (1959).

153. D. S. Tres, Snap Fit Design Software for Engineering Plastics, RETEC (SPE) conference, Rochester, NY, (1993).

154. P. A. Tres, Blow Molding: Process and Part Design Fundamentals, Manual, SPE, Chicago, (1995).

155. P. A. Tres, Bright Future for Plastics, Plastics Insights, Vol. 7, Issue 7, Hanser Gardner Publications, Cincinnati, OH (2002).

156. P. A. Tres, Designing Injection Molded Parts for Assembly: Understanding Safety Factors, International Plastics Design & Processing Conference at Kunststoff'95, SME conference proceedings, Krefeld, Germany, (1995).

157. P. A. Tres, Designing Plastic Parts for Assembly, Manual, University of Wisconsin, College of Engineering, Madison, WI, (1992).

158. P. A. Tres, Fundamentals of Automotive Plastic Parts Design, Manual, SAE International Congress, Detroit, MI, (1996).

159. P. A. Tres, Hinge Design System Software, Version 1. 0, DuPont Automotive, Troy, MI, (1988).

160. P. A. Tres, Hinge Design System Software, Version 2. 0, DuPont Automotive, Troy, MI, (1989).

161. P. A. Tres, Lost Core Injection Molding Technology, SME Automotive Plastics'94, Troy, MI, (1994).

162. P. A. Tres, Plastic Part Design for Assembly, proceedings of the National Manufacturing Week Conference, Reed Exhibitions, Chicago, IL (1998).

163. P. A. Tres, Robust Design:'98MY Daimler Chrysler Upper Intake Manifold, proceedings of the 5th International Manifold Forum, Spitzingsee, Germany (1998).

164. P. A. Tres, K. McDonald, D. S. Tres, and C. Jenings, Snap-Fit Design System Software and

**331**

Manual, Version 3. 1, DuPont Automotive, Troy, MI, (1991).

165. P. A. Tres, K. McDonald, D. S. Tres, and C. Jenings, Snap-Fit Data Entry Software and Manual, Version 3. 1, DuPont Automotive, Troy, MI, (1991).

166. P. A. Tres, Snap-Fit Snapshot, Assembly, Vol. 36, Hitchcock Publishing Co. , (July/August 1993).

167. P. A. Tres, Bright Future for Plastics, Plastics Insights, Cincinnati, OH, Vol. 7, Issue 7, (December 2001/Jan. 2002).

168. P. A. Tres, Plastics...Trends in the Industry, Keynote speech-National Plastics Exhibition (NPE'03), Chicago, IL, (2003).

169. P. A. Tres, Designing Plastic Parts for High Speed Assembly, Assembly Technology Expo, Rosemont, IL, (2004).

170. P. A. Tres, Hollow Glass Microspheres Stronger Spheres Tackle Injection Molding, Plastics Technology, Gardner Publications, New York, NY, (2007).

171. P. A. Tres, Simulation-A Primary Part of the Design Process, Modern Plastics Worldwide-Cannon Communications LLC, Los Angeles, CA, (July 2007).

172. K. Wood, Microspheres: Fillers Filled with Possibilities, CompositesWorld, Gardner Publications, Wheat Ridge, CO, (2008).

173. P. A. Tres, Designing Plastic Parts for High-Speed Assembly, Webinar for Assembly Magazine-BNP Media, Bensenville, IL, (2008).

174. P. A. Tres, Understanding Critical Aspects of Plastic Part Design and Manufacturing, Webinar in conjunction with Geometric Ltd. -Geometric Limited, Mumbai, India, (2011).

175. P. A. Tres, Metals Meet Plastics' Steelier Side, Plastics Technology-Society of Plastics Engineers/John Wiley & Sons, Newtown, CT, (2013).

176. P. A. Tres, Snap Fits Enable Plastic Parts Assembly, Assembly Magazine, BMP Media, Bensenville, IL, (2014).

177. P. A. Tres, Snap Fits for Plastic Assembly, The Assembly Show-BMP Media, Bensenville, IL, (2014).

178. P. A. Tres, Automotive Design, Plastics in Automotive Conference-Plastics News, Detroit, MI, (2015).

179. P. A. Tres, Avoiding Automotive Plastic Design Pitfalls, Society of Plastics Engineers-ANTEC 2015, Fellows Forum, Orlando, FL, (2015).

180. P. A. Tres, Investigation of the Influence of Color on Plastic Product Failure-or-Snap-Fits Which Kill, Society of Plastics Engineers-ANTEC 2015, Product Design and Development Division, Orlando, FL, (2015).

181. P. A. Tres, Automotive Plastic Part Design, Manual, University of Michigan, Dearborn, MI (1999-2016).

182. Ultrasonic Plastic Assembly, Branson Sonic Power Company, Danbury, CT, (1979).

183. S. Utku and M. M. El-Essawi, Error Computation in Finite Element Method, proceedings of the 2nd International Conference on Electronic Computation, ASCE, New York, (August 1979).

184. D. W. Van Krevelen, Properties of Polymers, Elsevier, Amsterdam, (1976).

185. B. Walker, Handbook of Thermoplastic Elastomers, Van Nostrand Reinhold, New York, (1979).

186. L. Wang, G. A. Gabriele, and A. F. Luscher, Failure Analysis of a Bayonet-Finger Snap-Fit, ANTEC (SPE), Brookfield, CT, (1995).

187. M. N. Watson and M. G. Murch, Recent Developments in Hot Plate Welding of Thermoplastics, Polymer Engineering and Science, No. 29, (1989).

188. W. Weibull, Fatigue Testing and Analysis of Results, Pergamon Press, New York, (1961).

189. Welding Handbook, 8th Edition, American Welding Society, (1987).

190. J. G. Williams, Stress Analysis of Polymers, John Wiley & Sons, New York, (1973).

191. S. I. Wu, Polymer Interface and Adhesion, Marcel Decker, New York, (1982).

192. J. Yang and A. Garton, Primers for Adhesive Bonding to Polyolefins, Journal of Applied Polymer Science, 48, (1993).

193. H. Yeh and R. Grimm, Infrared Welding of Thermoplastics, Characterization of Transmission Behavior of Eleven Thermoplastics, ANTEC (SPE), Brookfield, CT, (1998).

194. R. J. Young, Introduction to Polymers, Chapman and Hall Publishers, London, (1981).

195. K. I. Zaitsev, Welding of Polymeric Materials-Handbook, Mashinostrouenie, Moscow, Russia, (1988).